平面几何解题之道

（第1卷）

丁允梓　张耿宇　编著

哈尔滨工业大学出版社
HARBIN INSTITUTE OF TECHNOLOGY PRESS

内 容 简 介

本书问题甄选于《数学奥林匹克命题人讲座》系列丛书《圆》中的习题(其中较简单或较复杂习题未选),其解答均为作者原创.出于对初等数学特别是平面几何的热爱,作者将其多年在几何方面掌握的技巧和长年以来培养的解答几何题的能力分享给读者并撰写成本书.

通过本书的阅读,可以使读者体会到题目解答过程中包含的几何性质和几何美感,感受到作者解题时的巧妙思路和轻松自在.

图书在版编目(CIP)数据

平面几何解题之道.第1卷/丁允梓,张耿宇编著.
—哈尔滨:哈尔滨工业大学出版社,2022.5
ISBN 978-7-5603-6435-3

Ⅰ.①平… Ⅱ.①丁… ②张… Ⅲ.①平面几何
Ⅳ.①O123.1

中国版本图书馆CIP数据核字(2022)第038045号

策划编辑 刘培杰 张永芹
责任编辑 关虹玲 毛 婧
封面设计 孙茵艾
出版发行 哈尔滨工业大学出版社
社 址 哈尔滨市南岗区复华四道街10号 邮编150006
传 真 0451-86414749
网 址 http://hitpress.hit.edu.cn
印 刷 黑龙江艺德印刷有限责任公司
开 本 787 mm×1 092 mm 1/16 印张 11.25 总字数174千字
版 次 2022年5月第1版 2022年5月第1次印刷
书 号 ISBN 978-7-5603-6435-3
定 价 38.00元

前 言 一

近些年来,数学竞赛在中学教育中得到重视,也有不少学生参与到各种数学竞赛相关的活动中.从高中联赛到国际数学奥林匹克竞赛(IMO),一时间"引无数'学子'竞折腰".究其原因,数学竞赛的成绩作为重点学校的敲门砖固然是一部分,而数学本身的魅力和逻辑思考后获得解答的快乐也具有很大的吸引力.

作者于小学二年级时就参加过一些简单的奥数比赛,当时参加的有些比赛还被称为"珠心算",到高中时两度进入集训队,至今为止我的学习生涯可以说是和数学竞赛分不开的.初中时的我开始在上海市和全国的一些比赛中崭露头角,屡次获得竞赛一等奖.初二、初三时我两次代表上海队参赛,获得青少年数学国际城市邀请赛(IMC)的满分金牌,其中第二次竞赛的成绩还是全世界唯一满分.到了高中,面对校内外乃至全国的如云高手,加之数学题目越来越抽象,我用在数学竞赛上的时间越来越多,从数学竞赛中领悟到的东西也越来越多.我在高二、高三两年均获得中国数学奥林匹克(CMO)金牌并入选中国国家集训队.这些数学竞赛带给我的收获和美好,使我在高中毕业以后毅然地选择了北京大学数学学院,继续学习我热爱的数学专业.

我想,之所以我会如此热爱数学,之所以历史上浩如烟海的伟大数学家为数学奉献一生,之所以数学作为绝大部分自然科学(或者说高中教育中的理科科目)的上游学科,是出于数学本身严谨的演绎推理的逻辑结构和巧夺天工的精妙证明过程.之于中学数学竞赛中的几何问题,数学的这两个特点可谓体现得淋漓尽致.

在中学数学竞赛中,一般题目可以大致分为代数、几何、数论、组合四大类.除去高中联赛一试中有一些解析几何和立体几何的题目,其他情况下中学阶段的数学竞赛中,几何一般是指平面几何.这里所说的平面几何,更确切地说是指欧氏几何,即以古希腊数学家欧几里得(Euclid,前330年—前275年)所著《几何原本》为奠基的公理体系.碍于当时科学发展所限,《几何原本》仍然有不少纰漏之处,如欧几里得第五公设"平行公设"的准确性在后世不断地被质疑,从而发展出"非欧几何".然而,欧氏几何仍然由于其直观性和许多美妙的结论而被人们所关注.同时,正如之前所言,欧氏几何中对于命题结论的证明要求十分精确,每步推导都建立在上一步的基础上,逻辑结构清晰严谨;而欧氏几何又不乏点共线、线共点、点共圆等许多看似巧合实则暗藏"玄机"的精彩定理和结论——这两点都是数学的重要特质,也是中学竞赛命题着重关注的要点.因此,欧氏几何始终在中学数学竞赛中占有一隅之地是有迹可循的.

学生在做竞赛几何题时,也能真切地体会到这两个特点.从我个人的经历来看,身边一些做不好几何题的同学,一般能对应于这两个特点:或是由于对于结论的规律性难以把握,发现不了题目的良好几何性质;或是因为推理不够严谨,常有分析漏洞导致题目的解答过程不准确.具体表现是:就是想不出,加上写不出,导致几何题丢掉分数.初中时的我,在接触几何题目时,也往往陷于苦思冥想不得其解的状态.所幸的是我的初中数学老师徐汜给我提供了许多精巧的几何习题,并帮助我分析其中的奥妙,终使我打开了几何天地的大门.几何题做多了之后,我对于其中具有对称性的点线关系,又或者四点共圆的应用,都开始变得熟稔起来,想不出解答的题越来越少;而反复接触几何也使得我对于这些边角关系的推导变得习以为常,写不出解答的题更是近乎没有.之后高中的几何题目愈加复杂,要添加的辅助线也越来越多,甚至有些可谓天马行空.我在做几何题时,也时常整整一个下午,甚至几个下午地盯着草稿上的图翻来覆去地看,反反复复地推导演算.高中时期的周建新老师时常与我讨论几何问题的多种解法,帮我精进了解题的思维方式,每每使我获益匪浅.逐渐掌握了解题窍门之后,几何可以说是我在数学竞赛的四部分中最擅长的部分,以至于我在两次参加集训队时,做出了所有的几何问题.

于是,在完成本书时,我也希望尽可能地把我在几何方面掌握的技巧和长年以来培养的解答几何题的能力分享给更多的学子.本书中的题目有些比较简单,而有些相对难一些,或需要添加复杂的辅助线,或需要对一些关键性的定理相当熟悉.事实上,为了体现我对于几何的理解和一些解题的规律,在写作过程中,我已尽可能地避免使用大量的代数计算方法,着重突出题目本身的几何性质和几何美感.对于高中竞赛生刚刚接触的位似、反演、调和点列等应用也相对比较少,但凡用到之处往往是这些应用特别适合题目的条件,可以使题目解答过程大大简化,并兼具美感.我希望读者在做几何题时,也能避免对于解析手法的迷恋和对于所谓“高级”知识的迷信——毕竟,发掘题目中最重要和深刻的几何性质才是做竞赛几何题的不二之法.

当然,这本书的完成过程中,我在与另一位作者丁允梓的讨论中也获得了不少新的见解.我们大抵各自完成了一半的工作,在此我也要表达个人对他的感谢.而我之所以现在有能力做这些几何题并编写成书,当然也要感谢我的父母在我伏案解题时对我的关心和照顾,以及我的数学老师们曾给我的指点和教导,其中包括我的初中老师陈建豪、徐汜,高中老师冯志刚、顾滨、周建新等.最后,还要感谢田廷彦老师给我们这样一个平台可以把自己解题的心得分享给别的竞赛学生,并承蒙田老师对本书的审阅,提出了宝贵的修改意见.

由于作者的水平有限,本书还存在不足之处,欢迎各位读者与我们探讨,也欢迎专家老师批评指正.

张耿宇

2016 年 9 月

前言二

离开数学竞赛两年之际，当我再次翻开田廷彦老师的《圆》，看到自己曾灵光一现写下的证明时，恍惚回到了几年前喜欢把图形画满整张 A4 纸，端着图在走廊里、操场上来回踱步，画错一条线就会把纸揉成团重新来过的那个与几何共舞的少年时期.

早在初中时，由于当年上海各大数学竞赛侧重代数与数论，我就自然地认为几何是初等数学中最简单的环节，也因此疏于练习. 最初我热衷于利用复杂的辅助线拐弯抹角地解决问题，被同学们戏称为“天(添)线宝宝”(实为缺乏理解图形内在联系的能力)；后来我接触了三角比方法之后，许多难题迎刃而解，从而使得我一度春风得意. 我虽然能够驰骋于初中几何竞赛题，但是我对几何的美感却一无所知.

2010 年，我有幸来到了叶中豪老师的课堂. 在书香环绕的教室里，叶老师一边气定神闲地喝着可乐，一边在几何画板上演示着蒙日定理的证明与应用. 我曾经用正余弦定理辗转腾挪“算”出来的不少问题，经过叶老师的一番抽丝剥茧，竟被化归为一套基本型与几种辅助线方法，寥寥数言便完成了证明. 有机会目睹一位大师循着清晰的脉络将十几年的竞赛题分门别类、系统地对陈题庖丁解牛的同时，还利用灵感与直觉发现新的结论、编出新的问题，让我深感自己对几何认识的浅薄. 从此，我便希望摒弃“强行计算”方法，而寻求更美妙的纯几何解法.

然而，竞赛固有的残酷性决定了对于(大多数)尚未“炉火纯青”的选手来说，想要稳妥地得分，有时就必须“退而求其次”. 我在上海中学的刘宇韬学长(两次进入国家队，在 2013 年 IMO 中取得全球第一的好成绩)精通于利用复数方法解决几何问题，他曾说：“95%以上的几何难题可以通过复数计算在一小时内解决. 方法的精髓在于建立适当的坐标系，利用对称性极大地化简条件与结论”. 这其中蕴含着他对复杂表达式敏锐的直觉和极为丰富的解题经验(当然还需要深厚的代数能力作支撑). 我虽然对方法的精妙叹为观止，但因为对纯几何的“清高”不愿学习此道. 然而，在 2013 年的国家队选拔考试中，我遭遇了几何题的“迎头痛击”，纯几何方法屡屡功亏一篑，不仅浪费了大量考试时间，结果也几乎全军覆没.

集训队惨痛的经历一方面让我意识到了适当的计算能够“雪中送炭”，另一方面坚定了我成为纯几何高手的愿望. 之后的一年，在逐一攻克《圆》的难题的过程中，我和张耿宇(本书另一位作者)的几何水平都得到了长足的进步. 我们在训练时以朴素的几何方法为主，允许使用较简洁的正余弦比和线段转化，而尽量避免长篇幅的三角函数计算与纯复数手段. 一年后再次面对国家队选拔题时,我们都顺利地见招拆招,完成了所有几何题.

回顾七年数学竞赛生涯中与初等几何的"恩怨",从不知天高地厚到仰望其精致美丽;对不依赖图形的计算方法从狂热到厌恶,再到追求纯几何与计算的适当结合,反复受到新颖思想的影响;其中最重要的部分,我个人归因于长期大量的练习与体悟(当然在初等数学中并非绝对:至今与我已有9年同窗的拉达(昵称)很少系统地"狂刷"某一方面的题目,却常常以巧夺天工的方法让各类最复杂的问题回归本真,我们在2014年一同入选了国家集训队).我高中的恩师冯志刚曾说:"遇到几何难题的时候,应该先画一个标准图;要是还看不出什么,再画一个更大更标准的图."体会几何之美的快乐是无与伦比的,其中若即若离的联系、千变万化的精彩,让我在数学竞赛生涯结束之际,心怀长存的感激.

在我的这本处女作即将问世之时,我要感谢我的挚友、本书的共同作者张耿宇,我们分享彼此生活最细微的点滴,一同经历了在竞赛中成长的艰辛与喜悦.感谢并致敬我的恩师们:上海市延安初级中学的柯新立老师,在我步入数学竞赛大门之初,他给了我最珍贵的鞭策、警醒与希冀;上海市上海中学的冯志刚老师、顾滨老师、周建新老师,他们以最高水平的严格训练与细致入微的关怀助我攀登高峰;我非常荣幸遇到了田廷彦老师与叶中豪老师,他们不仅带给了我对几何、对初等数学全新的视角与理解,更以对数学情有独终的热爱感染着我.

本书中的问题精选自《圆》的习题,解答均由我和张耿宇原创,其中不免有思想上的烦冗之处,希望得到各位数学研究者、爱好者的批评与指正.愿几何纯粹的美丽,能在各位读者的初等数学生涯中留下最质朴而曼妙的沿途记忆.

丁允梓

2016年9月

目　录 | Contents

第1讲　反相似[①]

§1.1　题设与结论中不出现圆的简单问题

1.1.1　AD 为锐角 $\triangle ABC$ 的高，$DE\perp AB$，$DF\perp AC$，BE 与 CF 的中垂线交于点 K，求证：$KE=KF$.

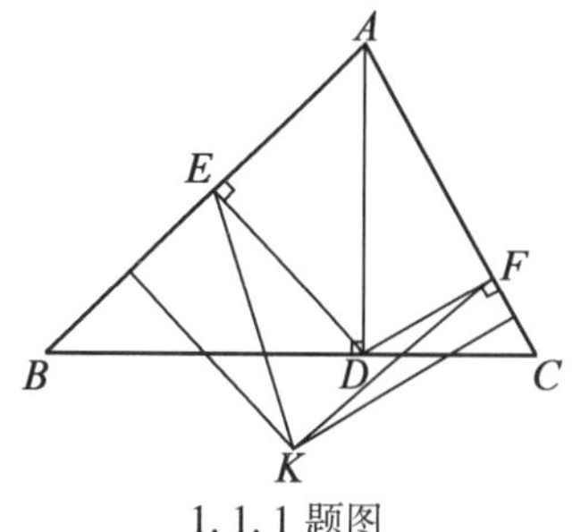

1.1.1 题图

证　如1.1.1题图，由于 $AD\perp BC$，$DE\perp AB$，$DF\perp AC$，故

$$AE\cdot AB=AD^2=AF\cdot AC$$

进而可知 B,C,F,E 四点共圆.

而点 K 为 BE 与 CF 的中垂线交点，故点 K 为四边形 $BCFE$ 外接圆的圆心，因此 $KE=KF$.

综上所述，命题证毕.

1.1.2　如1.1.2题图，在 $\triangle ABC$ 中，BC 最短，AD 是角平分线，$\angle B$，$\angle C$ 的外角平分线分别交射线 AC，AB 于点 E，F，过点 D 作 BC 的垂线，过点 E 作 AC 的垂线，过点 F 作 AB 的垂线，设这3条垂线交于一点 Q，求证：$AB=AC$.

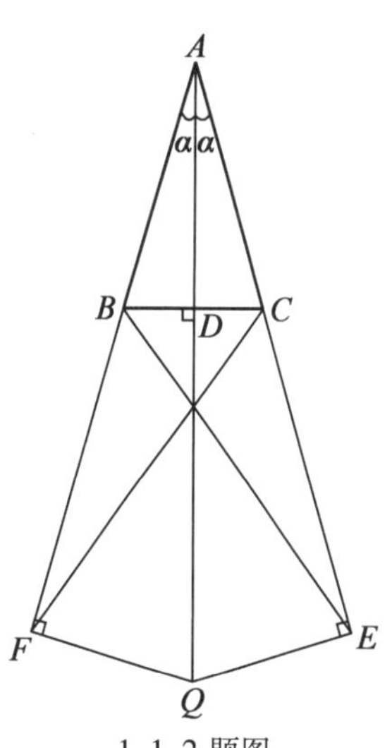

1.1.2 题图

证　由3条垂线交于一点知

$$BD^2-DC^2+CE^2-EA^2+AF^2-FB^2=0$$

$$\Leftrightarrow BD^2-DC^2+CE^2-(AC+CE)^2+(AB+BF)^2-BF^2=0$$

$$\Leftrightarrow BD^2+AB^2+2AB\cdot BF=CD^2+AC^2+2AC\cdot CE \qquad (*)$$

反设 $AB\neq AC$，不妨设

$$AB>AC \qquad ①$$

则

$$\frac{BD}{CD}=\frac{AB}{AC}>1\Rightarrow BD>CD \qquad ②$$

又

① 此讲不需要画出圆的四点共圆.

$$\begin{cases}\dfrac{BF}{AF}=\dfrac{BC}{CA}\\ \dfrac{CE}{AE}=\dfrac{CB}{BA}\end{cases}$$

两式相比,知$\dfrac{AF-AB}{AF\cdot AB}=\dfrac{AE-AC}{AE\cdot AC}$,即$\dfrac{1}{AB}-\dfrac{1}{AF}=\dfrac{1}{AC}-\dfrac{1}{AE}$.

故 $AF>AE$,继而由上式变形得$\dfrac{AB\cdot BF}{AB^2\cdot AF}=\dfrac{AC\cdot CE}{AC^2\cdot AE}$. 故

$$AB\cdot BF>AC\cdot CE \qquad ③$$

由式①②③知,式(*)左边>右边,矛盾!

故必有 $AB=AC$,证毕.

1.1.3 已知锐角△ABC,CC'是高,点 D,E 是 CC'上两个不同的点,点 F,G 分别是点 D 在 AC,BC 上的投影,如果四边形 $DGEF$ 是平行四边形,则△ABC 是等腰三角形.

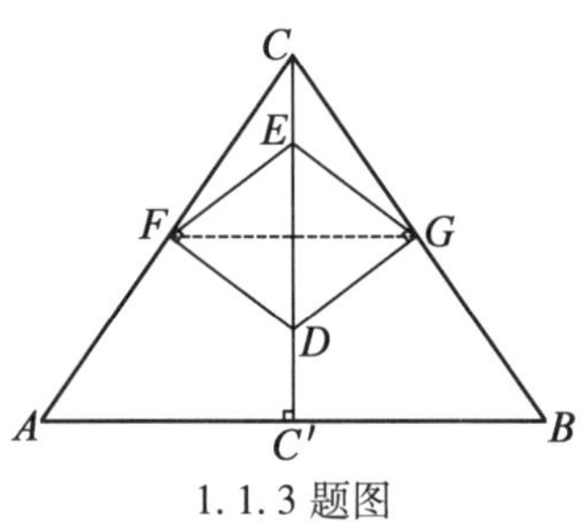

1.1.3 题图

证 如1.1.3题图,联结 FG.

由于 $CC'\perp AB$,$DF\perp AC$,$DG\perp BC$,易知

$$CF\cdot CA=CD\cdot CC'=CG\cdot CB \qquad ①$$

而在平行四边形 $DGEF$ 中,$EG/\!/FD$,$EF/\!/GD$,故 $EG\perp CF$,$EF\perp CG$,故点 E 是△CFG 的垂心. 所以 $CE\perp FG$.

又 $CC'\perp AB$,故 $FG/\!/AB$,所以

$$\frac{CA}{CF}=\frac{CB}{CG} \qquad ②$$

将①②两式相乘即有 $CA^2=CB^2$,即 $CA=CB$.

于是△ABC 是等腰三角形,命题证毕.

1.1.4 在△ABC 中,$\angle C=30°$,外心为点 O,内心为点 I. 点 D,点 E 分别在 BC,AC 上,$BD=AE=AB$,求证:DE 与 IO 垂直且相等.

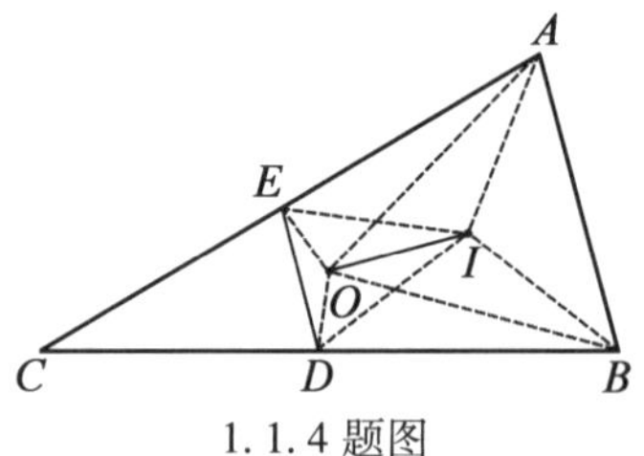

1.1.4 题图

证 如1.1.4题图,由点 I 为△ABC 的内心知$\angle AIB=90°+\dfrac{\angle C}{2}=105°$.

易知△DIB≌△AIB≌△AIE,故

$$\angle EID=360°-3\angle AIB=45°$$

又点 O 为△ABC 的外心,故

$$OA=OB,\angle AOB=2\angle C=60°$$

故△AOB 为正三角形,$AO=AB=AE$.

从而

$$\angle AEO=\angle EOA=\angle EOB-60°=180°-\frac{\angle A}{2}-60°$$

$$=120° - \frac{\angle A}{2} \Rightarrow \angle IEO = \angle AEO - \angle AEI$$

$$=120° - \frac{\angle A + \angle B}{2} = 120° - 75° = 45°$$

因此

$$\angle IEO + \angle EID = 90° \Rightarrow EO \perp ID$$

同理 $DO \perp IE$. 故 O 为 $\triangle IDE$ 的垂心,进而有 $IO \perp DE$ 及 $IO = DE\cot\angle EID = DE$.

证毕.

1.1.5 $\triangle ABC$ 的边 BC,CA,AB 上分别有点 D,E,F,使 $\angle A = \angle EDF$, $\angle B = \angle DEF$, $\angle C = \angle DFE$,求证:若 $\triangle ABC$ 的外心是点 O,则 $DO \perp EF$.

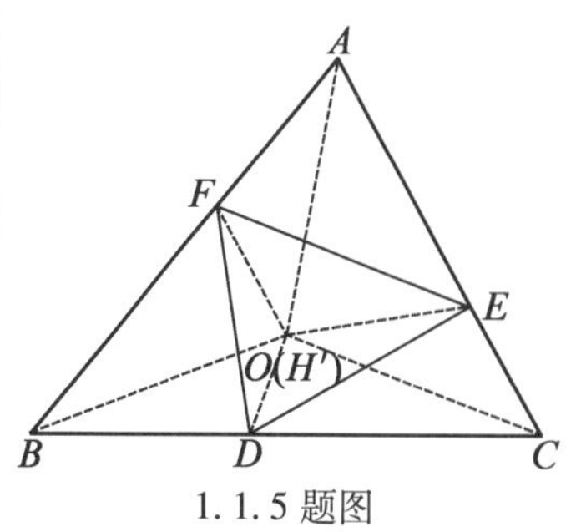

1.1.5 题图

证 如 1.1.5 题图,作 $\triangle DEF$ 的垂心为点 H',联结 AH', BH', CH', DH', EH', FH'.

则 $\angle EH'F = 180° - \angle EDF = 180° - \angle EAF$.

故点 A,E,H',F 四点共圆.

进而可知 $\angle FAH' = \angle FEH' = 90° - \angle DFE$,同理可知

$$\angle FBH' = \angle FDH' = 90° - \angle DFE$$

所以 $\angle FAH' = \angle FBH'$,即 $\triangle H'AB$ 为等腰三角形, $H'A = H'B$.

同理,我们有 $H'A = H'B = H'C$,故点 H' 即为 $\triangle ABC$ 的外心 O. 故 $DO \perp EF \Leftrightarrow DH' \perp EF$,由点 H' 为 $\triangle DEF$ 的垂心知其成立,命题证毕.

1.1.6 在 $\triangle ABC$ 中, BC 最短,点 I 是内心, AB,AC 上分别有点 E,F, $EB = BC = CF$,点 O,O' 分别是 $\triangle ABC$, $\triangle AEF$ 的外心,求证: $OI \perp EF$, $O'I \perp BC$.

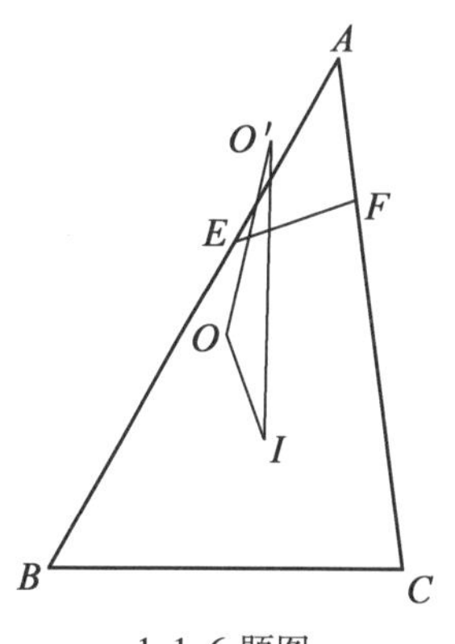

1.1.6 题图

证 如 1.1.6 题图,记 $\triangle ABC$ 的外接圆为 Γ, $\triangle AEF$ 外接圆为 Γ'.

设点 P 为 Γ 与 Γ' 除点 A 外的另一个交点,延长 AI 交 Γ 于另一点 M.

则点 M 为 $\overset{\frown}{BC}$(不含点 A)的中点.

由 $\angle PEA = \angle PFA$, $\angle PBA = \angle PCA$ 知

$$\triangle PEB \backsim \triangle PFC \Rightarrow \triangle PEF \backsim \triangle PBC$$

取对应点进而可知 $\triangle PO'E \backsim \triangle POB \Rightarrow \triangle PO'O \backsim \triangle PEB$.

由 $EB = FC$ 知 $PB = PC$,故点 P 为 $\overset{\frown}{BAC}$ 的中点, $POM \perp BC$ 且为直径.

故有

$$\frac{O'O}{BC}=\frac{O'O}{EB}=\frac{PO}{PB}=\frac{1}{2\cos\frac{A}{2}}=\frac{MB}{BC}$$

故 $O'O=MB=MI$.

又 $\angle POO'=\angle PBE=\angle PMA$,故 $O'O/\!/MI$.

从而四边形 $O'IMO$ 为平行四边形. 由此知 $O'I \mathrel{\underline{/\!/}} OM \mathrel{\underline{/\!/}} OP$.

故四边形 $O'IOP$ 亦为平行四边形,则有

$$\begin{cases}PO'\perp EF\Rightarrow OI\perp EF\\ PO\perp BC\Rightarrow O'I\perp BC\end{cases}$$

证毕.

1.1.7 CH 是直角 $\triangle ABC$ 的斜边上的高,且与角平分线 AM,BN 分别交于点 P,Q,求证:QN,PM 的中点的连线平行于 AB.

证 如1.1.7题图,设 QN 的中点为点 S.

由 BN 为角平分线,知

$$\angle CQN=\angle HQB=90^\circ-\frac{\angle CBA}{2}=90^\circ-\angle CBN=\angle CNQ$$

故 $CN=CQ$,$CS\perp NQ$.

因此,点 C,S,H,B 四点共圆. 由于 SB 为 $\angle CBH$ 的平分线,故 $CS=SH$,点 S 在 CH 的中垂线(即 $\triangle ABC$ 对应边 AB 的中位线)上.

同理,PM 的中点 T 亦在此线上. 故 $ST/\!/AB$. 证毕.

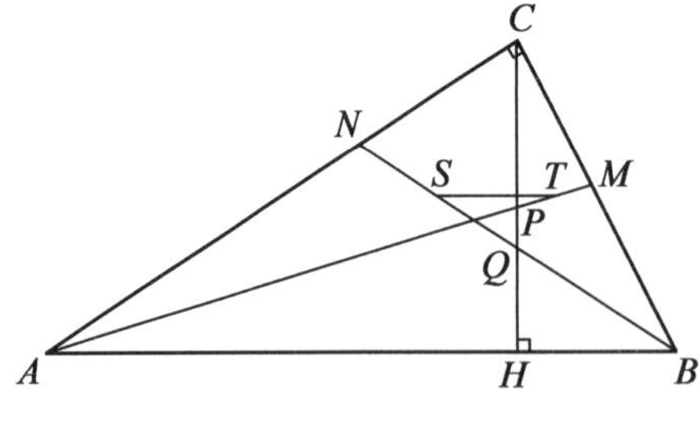

1.1.7 题图

1.1.8 点 M 在平行四边形 $ABCD$ 内部,点 N 位于 $\triangle AMD$ 内部,满足 $\angle MNA+\angle MCB=\angle MND+\angle MBC=180^\circ$,求证:$MN/\!/AB$.

证 如1.1.8题图,延长 NM 交 $\triangle BMC$ 的外接圆于点 P,联

结 PB,PC.

则 $\angle BPN+\angle ANP=\angle BCM+\angle ANM=180°$.

故 $BP /\!/ AN$,又 $BC /\!/ AD$,故

$$\angle PBC=180°-\angle CBA-\angle BAN=\angle NAD$$

同理可得 $\angle PCB=\angle NDA$. 而平行四边形 $ABCD$ 中 $AD=BC$.

所以 $\triangle AND \cong \triangle BPC$(ASA).

所以 $AN=BP$. 由于 $AN \underline{/\!/} BP$,故四边形 $ABPN$ 也是平行四边形.

进而可知 $BA /\!/ PN$,即 $MN /\!/ AB$,命题证毕.

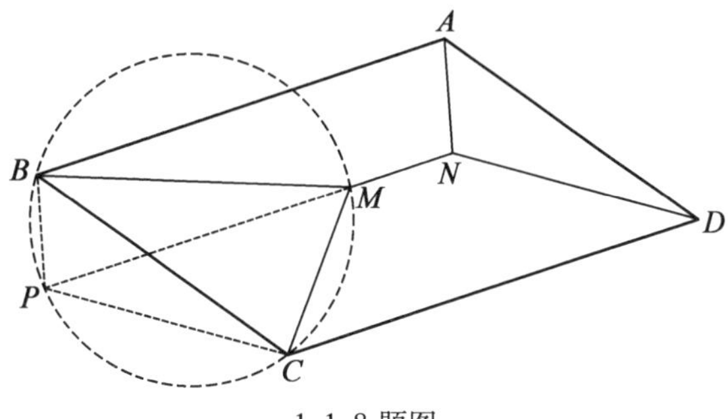

1.1.8 题图

1.1.9 点 D,E 分别是 $\triangle ABC$ 的边 AB,BC 上的点,点 P 是三角形内一点,满足 $PE=PC$,且 $\triangle DEP$ 与 $\triangle PCA$(对应)相似. 求证:$\angle DPB=\angle BAP$.

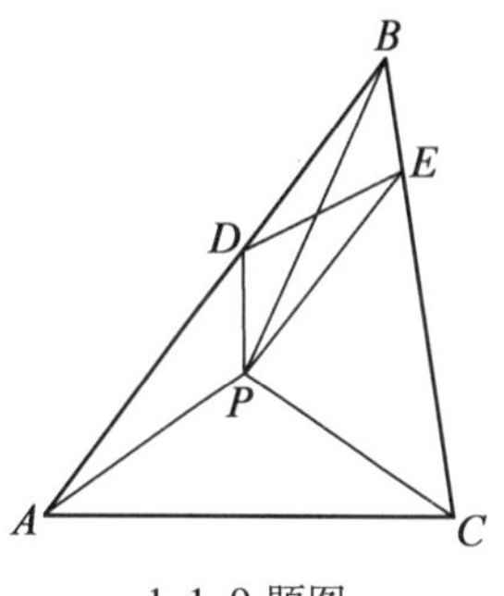

1.1.9 题图

证 如 1.1.9 题图,注意到 $\angle PEC=\angle PCE$,$\angle PED=\angle PCA$,故 $\angle DEC=\angle ACE$.

延长 ED 与 CA 交于点 X. 则 $XC=XE$.

我们先证明:$\dfrac{DB}{BA}=\dfrac{DP^2}{PA^2}$(*).

由 Menelaus 定理,$\dfrac{DB}{BA}\cdot\dfrac{AC}{CX}\cdot\dfrac{XE}{ED}=1$. 故

$$\frac{DB}{BA}=\frac{DE}{AC}=\frac{\frac{1}{2}\cdot DE\cdot EP\sin\angle DEP}{\frac{1}{2}\cdot AC\cdot CP\sin\angle ACP}=\frac{S_{\triangle DEP}}{S_{\triangle PCA}}=\frac{DP^2}{PA^2}$$

因此,设 $\angle DPB=\alpha_1$,$\angle BAP=\alpha_2$,$\angle ABP=\beta$,则

$$\frac{DP^2}{AP^2}=\frac{DB}{BA}=\frac{S_{\triangle BPD}}{S_{\triangle BPA}}=\frac{DP\sin\alpha_1}{AP\sin(\alpha_2+\beta)}$$

故

$$\frac{\sin\alpha_1}{\sin(\alpha_2+\beta)}=\frac{DP}{AP}=\frac{\sin\alpha_2}{\sin(\alpha_1+\beta)}$$

$$\Rightarrow\sin\alpha_1\sin(\alpha_1+\beta)=\sin\alpha_2\sin(\alpha_2+\beta)$$

$$\Rightarrow\cos(2\alpha_1+\beta)=\cos(2\alpha_2+\beta)$$

$$\Rightarrow\sin(\alpha_1-\alpha_2)\sin(\alpha_1+\alpha_2+\beta)=0$$

由于$0<\alpha_1+\alpha_2+\beta<180°$, $-180°<\alpha_1-\alpha_2<180°$,故由上式知$\alpha_1=\alpha_2$.

证毕.

1.1.10 点O是平行四边形$ABCD$内一点,使得$\angle AOB+\angle COD=180°$,求证:$\angle OBC=\angle ODC$.

证 如1.1.10题图,在平面上取点M,使$\overrightarrow{AD}=\overrightarrow{MO}=\overrightarrow{BC}$.

则四边形$AMOD$与$BCOM$均为平行四边形.

所以$AM \underline{\underline{\parallel}} DO$, $BM \underline{\underline{\parallel}} CO$,又$AB \underline{\underline{\parallel}} DC$故$\triangle AMB\cong\triangle DOC$(SAS).

所以$\angle AMB+\angle AOB=\angle AOB+\angle COD=180°$.

所以A,M,B,O四点共圆.

所以$\angle OBC=\angle BOM=\angle BAM=\angle CDO$. 命题证毕.

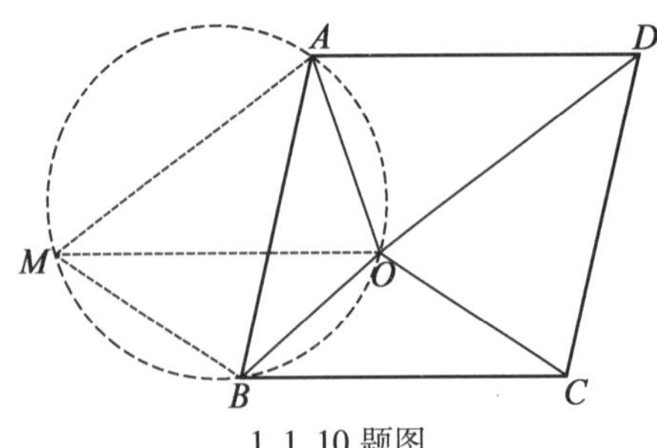

1.1.10题图

1.1.11 已知凸四边形$ABCD$的对角线交于点M, $\angle ACD$的平分线交BA的延长线于点K. 若$MA\cdot MC+MA\cdot CD=MB\cdot MD$,证明:$\angle BKC=\angle BDC$.

证 如1.1.11题图,记$\angle ACD$的平分线与MD的交点为点Q,则有

$$\frac{MC}{MQ}=\frac{DC}{DQ}=\frac{MC+CD}{MD}=\frac{MB}{MA}\quad(\text{由条件})$$

即$MC\cdot MA=MB\cdot MQ$,点A,B,C,Q四点共圆.

从而$\angle KBD=\angle ABQ=\angle ACQ=\angle KCD$,点$K,B,C,D$四点共圆.

故$\angle BKC=\angle BDC$. 证毕.

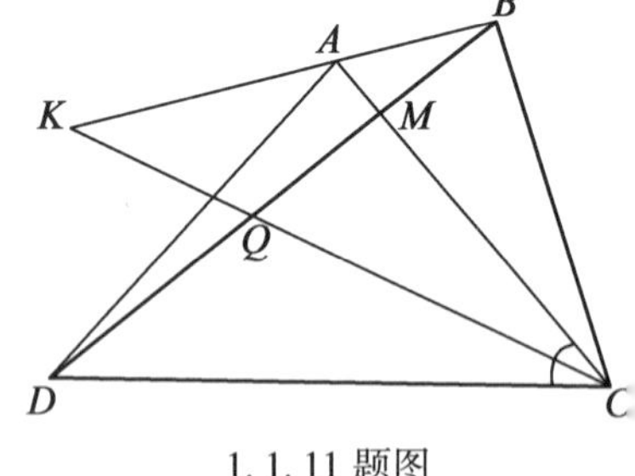

1.1.11题图

1.1.12　$\triangle ABC$ 的 BC 边外有一点 P，$\angle PBC=\angle PCB=\angle A$，$BC$ 的延长线上有一点 Q，$PA\perp QA$，求证：$\angle CPQ=2\angle PAC$.

证　如1.1.12题图，取 BC 边的中点为点 M，联结 AM，PM. 则

$$\frac{\sin\angle BAM}{\sin\angle CAM}=\frac{\dfrac{\sin\angle BAM}{BM}}{\dfrac{\sin\angle CAM}{CM}}=\frac{\dfrac{\sin B}{AM}}{\dfrac{\sin C}{AM}}=\frac{\sin B}{\sin C}=\frac{\sin(A+C)}{\sin(A+B)}$$

$$=\frac{\sin\angle ACP}{\sin\angle ABP}=\frac{\dfrac{\sin\angle ACP}{AP}}{\dfrac{\sin\angle ABP}{AP}}=\frac{\dfrac{\sin\angle CAP}{CP}}{\dfrac{\sin\angle BAP}{BP}}=\frac{\sin\angle CAP}{\sin\angle BAP}$$

又

$$\angle BAM+\angle CAM=\angle BAC=\angle CAP+\angle BAP$$

故有 $\angle BAM=\angle CAP$.

由 $PB=PC$ 且点 M 为 BC 的中点知 $PM\perp BC$.

故 $\angle PMQ=\angle PMC=90°=\angle PAQ$.

故 A,M,P,Q 四点共圆. 进而 $\angle MQP=\angle MAP$.

故

$$\begin{aligned}\angle CPQ&=\angle MCP-\angle CQP\\&=\angle BAC-\angle MAP\\&=\angle BAM+\angle CAP=2\angle PAC\end{aligned}$$

综上所述，命题证毕.

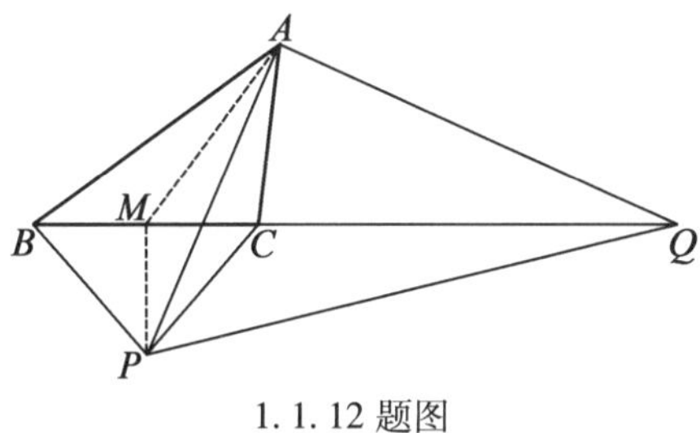

1.1.12 题图

1.1.13　如1.1.13题图，凸四边形 $ABCD$ 中，AB 不平行于 CD，点 X 是凸四边形内一点，满足 $\angle ADX=\angle BCX<90°$，$\angle DAX=\angle CBX<90°$. 设 AB，CD 的中垂线交于点 Y，求证：$\angle AYB=2\angle ADX$.

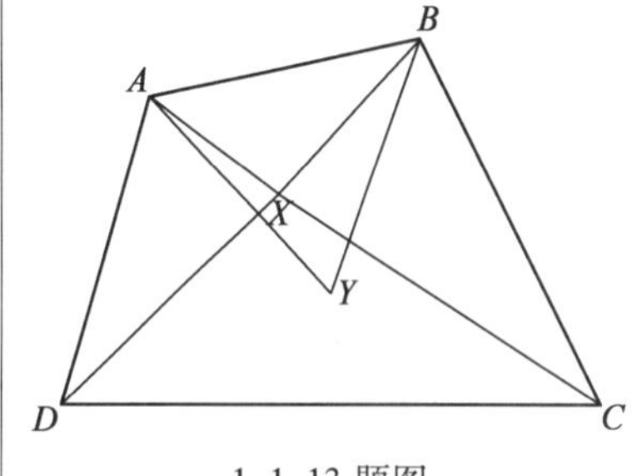

1.1.13 题图

证　记 $\triangle ADX$ 的外接圆 O_1 与 $\triangle BCX$ 的外接圆 O_2 除点 X 外的另一个交点为点 Z.

再设$\triangle ABZ$外接圆O_3与$\triangle CDZ$外接圆O_4除点Z外交于点Y',我们证明点Y'即为点Y.

事实上,由条件知

$$\angle AZX=\angle ADX=\angle BCX=\angle BZX$$

又$O_1O_3\perp AZ$,$O_2O_3\perp BZ$,$O_1O_2\perp XZ$,故

$$\angle O_3O_1O_2=\angle AZX=\angle BZX=\angle O_3O_2O_1$$

所以$O_1O_3=O_2O_3$,同理$O_4O_1=O_4O_2$,得筝形$O_3O_1O_4O_2$,故$O_3O_4\perp O_1O_2$,而$ZY'\perp O_3O_4$.

所以$ZY'\perp XZ$.由于ZX的延长线交圆O_3于$\overset{\frown}{AB}$的中点E,

所以$Y'E$是圆O_3的直径,垂直且平分AB,$Y'A$发$Y'B$,同理$Y'C=Y'D$,因此点Y'为点Y.于是

$$\begin{aligned}\angle AYB&=\angle AZB=\angle AZX+\angle XZB\\&=\angle ADX+\angle BCX=2\angle ADX\end{aligned}$$

证毕.

1.1.14 给定凸四边形$ABCD$及内点E,F,满足$AE=BE$,$CE=DE$,$\angle AEB=\angle CED$,$AF=DF$,$BF=CF$,$\angle AFD=\angle BFC$,求证:$\angle AFD+\angle AEB=180°$.

证 如1.1.14题图,联结AC,BD交于点P.

由于$EA=EB$,$EC=ED$

$$\begin{aligned}\angle AEC&=\angle AED+\angle DEC\\&=\angle DEA+\angle AEB\\&=\angle BED\end{aligned}$$

所以$\triangle AEC\cong\triangle BED$(SAS).

所以$\angle EAC=\angle EBD$.

进而点P,A,B,E四点共圆.

故$\angle AEB=\angle APB$.

类似可证点P,D,A,F四点共圆,进而$\angle AFD=\angle APD$.

所以$\angle AFD+\angle AEB=\angle APD+\angle APB=180°$,命题证毕.

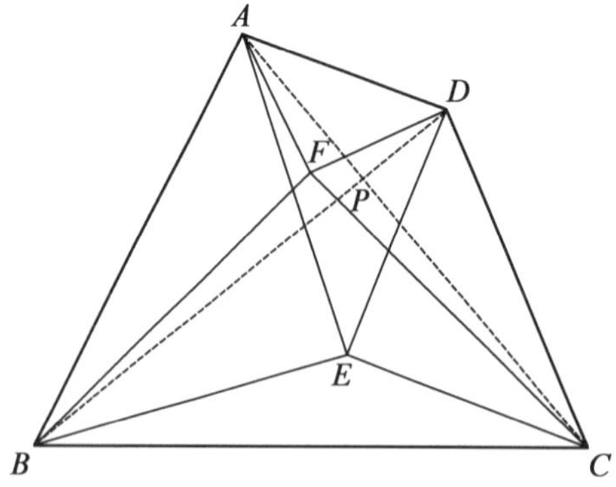

1.1.14 题图

1.1.15　如1.1.15题图,在锐角$\triangle ABC$中,$\angle BAC=60°$,$AB>AC$,点I,H分别是$\triangle ABC$的内心、垂心.求证:$2\angle AHI=3\angle ABC$.

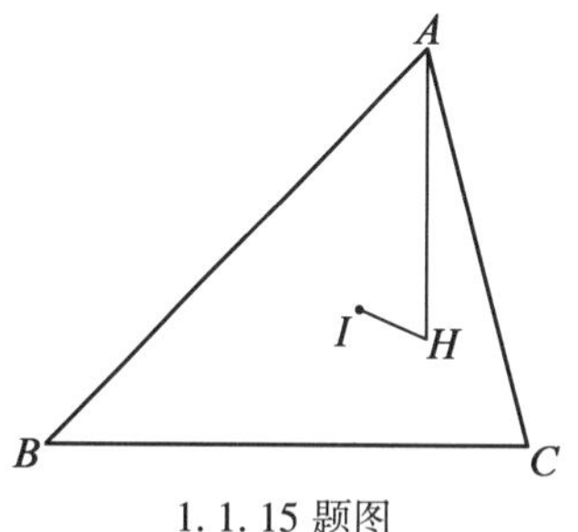

1.1.15题图

证　由点I,H分别是$\triangle ABC$的内心和垂心,有

$$\angle BIC=90°+\frac{1}{2}\angle BAC=120°$$

$$\angle BHC=180°-\angle BAC=120°$$

故B,I,H,C四点共圆.从而

$$\begin{aligned}\angle AHI&=360°-\angle AHC-\angle IHC\\&=(180°-\angle AHC)+(180°-\angle IHC)\\&=\frac{3}{2}\angle ABC\end{aligned}$$

证毕.

1.1.16　已知凸四边形$ABCD$中,$\angle CAD=45°$,$\angle ACD=30°$,$\angle BAC=\angle BCA=15°$,求$\angle DBC$.

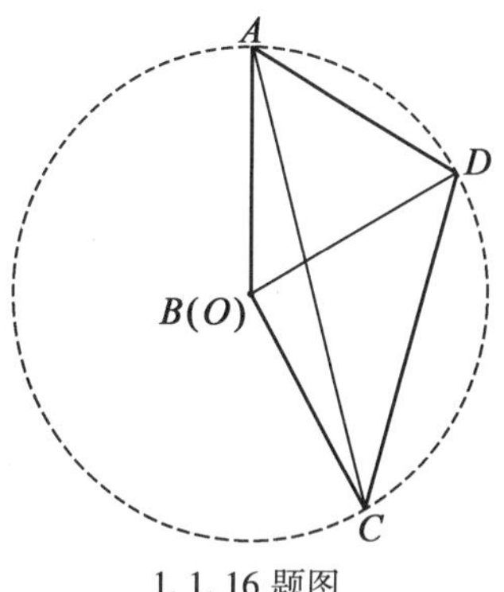

1.1.16题图

解　如1.1.16题图,作$\triangle ACD$的外接圆O.

则由

$$\begin{aligned}\angle AOC&=\angle AOD+\angle DOC\\&=2\angle ACD+2\angle DAC\\&=150°=\angle ABC\end{aligned}$$

由于点B与点O均在线段AC的垂直平分线上,且在线段AC的同侧(与点D在异侧),故点B即为点O.

进而$\angle DBC=\angle DOC=2\angle DAC=90°$,即为所求.

1.1.17　如1.1.17题图,在正方形$ABCD$中,点E,F分别是BC,CD上的点,设AE,BD交于点G,$FG\perp AE$,点K为FG上一点,且满足$AK=EF$,求$\angle EKF$.

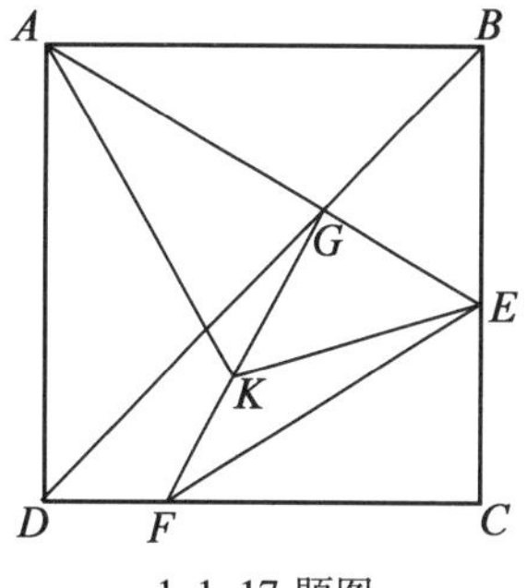

1.1.17题图

解　由$\angle FGA=90°$知点A,G,F,D四点共圆,故$\angle FAG=\angle FDG=45°$.故$FG=AG$.又$FE=AK$,因此$GK=GE$,$\triangle GKE$为等腰直角三角形.

从而$\angle EKF=135°$.

1.1.18　如1.1.18题图,在$\triangle ABC$中,AD,AE分别是$\triangle ABC$的高和中线,且在三角形内部,求证:若$\angle DAB=\angle CAE$,则$\triangle ABC$或者是等腰三角形,或者是直角三角形.

证 由题意知$\angle CAE=\angle DAB=90^\circ-\angle B$,则

$$\angle BAE=\angle BAC-\angle CAE=90^\circ-\angle C$$

在$\triangle BAE$与$\triangle CAE$中,由正弦定理得

$$\begin{aligned}AB\cdot\sin\angle BAE&=BE\cdot\sin\angle BEA\\&=CE\cdot\sin\angle CEA\\&=AC\cdot\sin\angle CAE\end{aligned}\qquad(*)$$

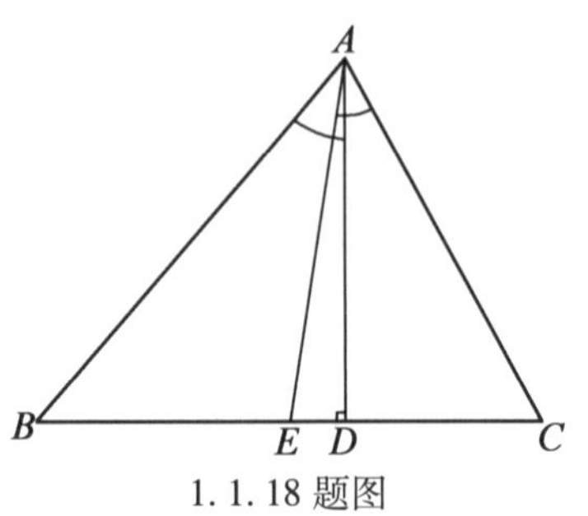

1.1.18 题图

设$BC=a,CA=b,AB=c$.

则

$$\sin\angle BAE=\cos C=\frac{a^2+b^2-c^2}{2ab}$$

$$\sin\angle CAE=\cos B=\frac{a^2+c^2-b^2}{2ac}$$

代入式(*)知

$$\frac{c(a^2+b^2-c^2)}{2ab}=\frac{b(a^2+c^2-b^2)}{2ac}$$

整理得

$$c^2(a^2+b^2-c^2)-b^2(a^2+c^2-b^2)=0$$

$$\text{上式}\Leftrightarrow b^4-c^4-a^2(b^2-c^2)=0$$

$$\Leftrightarrow(b^2-c^2)(b^2+c^2-a^2)=0$$

故$b=c$或$a^2=b^2+c^2$,即$\triangle ABC$中$AB=AC$或$\angle BAC=90^\circ$.

综上可知,命题证毕.

1.1.19 如1.1.19题图,在锐角$\triangle ABC$中,BE是高,点H为垂心,点P为AB的中点,过点C作$CQ\perp PH$,垂足为点Q,求证:$PE^2=PH\cdot PQ$.

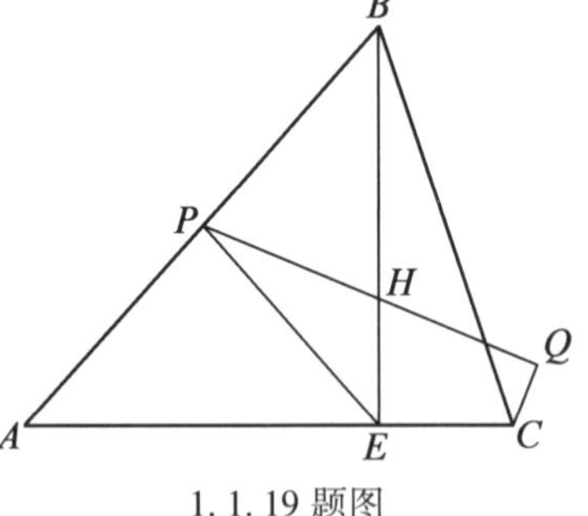

1.1.19 题图

证 由点P是$\mathrm{Rt}\triangle ABE$斜边中点,知$PE=PB$,$\angle PEB=\angle PBE$.

由$\angle HQC=90^\circ=\angle HEC$知$H,Q,C,E$四点共圆,从而

$$\angle HQE=\angle HCE=90^\circ-\angle A=\angle PBE=\angle PEB$$

因此$\triangle PHE\backsim\triangle PEQ$,即得$PE^2=PH\cdot PQ$.

证毕.

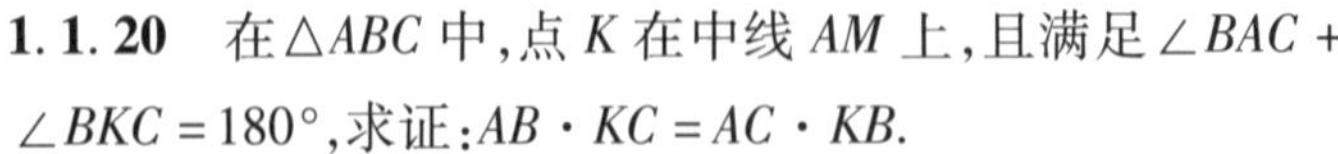
1.1.20 在$\triangle ABC$中,点K在中线AM上,且满足$\angle BAC+\angle BKC=180^\circ$,求证:$AB\cdot KC=AC\cdot KB$.

证 如1.1.20题图,延长KM至点T,使$MT=MK$.

又 $MB=MC$，故四边形 $KBTC$ 为平行四边形.

所以我们有 $\angle BKC=\angle BTC$.

故

$$\angle BAC+\angle BTC=180^\circ$$
$$\Rightarrow \text{点 } A,B,T,C \text{ 四点共圆}$$

故 $\dfrac{AB}{CT}=\dfrac{BM}{MT}=\dfrac{CM}{MT}=\dfrac{AC}{BT}$，即 $AB\cdot BT=AC\cdot CT$.

又由四边形 $KBTC$ 为平行四边形知 $BT=KC, KB=CT$.

故 $AB\cdot KC=AC\cdot KB$，命题证毕.

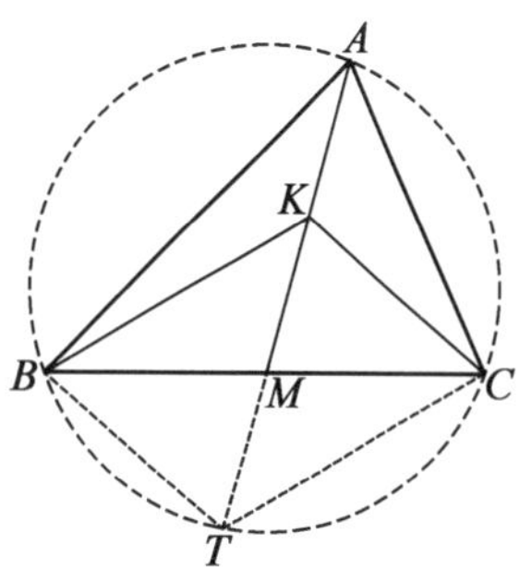

1.1.20 题图

1.1.21 在锐角$\triangle ABC$中，点 D,E,F 分别是 BC,CA,AB 上的点，AD,BE,CF 交于点 H，则点 H 为$\triangle ABC$垂心的充要条件是点 H 为$\triangle DEF$的内心.

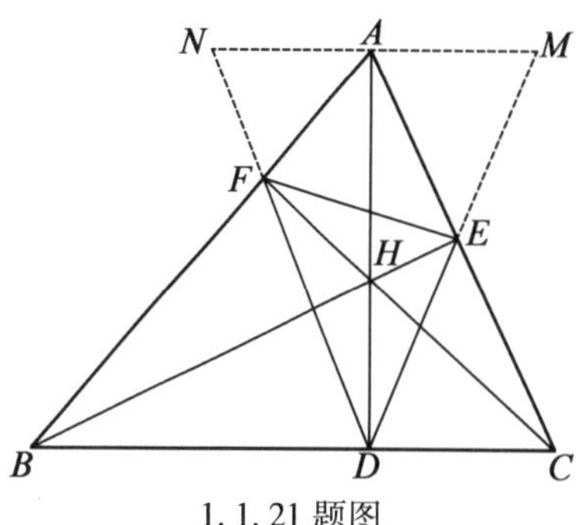

1.1.21 题图

证 如1.1.21题图，过点 A 作 BC 的平行线，延长 DE,DF 分别与其交于点 M、点 N.

对$\triangle ABC$及点 H，由 Ceva 定理知

$$\frac{AF}{FB}\cdot\frac{BD}{DC}\cdot\frac{CE}{EA}=1$$

即

$$BD\cdot\frac{AF}{FB}=CD\cdot\frac{AE}{EC}$$

故

$$\begin{aligned}AN&=BD\cdot\frac{AF}{FB}\\&=CD\cdot\frac{AE}{EC}\\&=AM\end{aligned}$$

进而点 A 为 MN 的中点.

故 $AH\perp BC\Leftrightarrow AH\perp MN\Leftrightarrow DM=DN\Leftrightarrow HD$ 平分$\angle MDN$.

因此

点 H 为$\triangle ABC$的垂心$\Leftrightarrow AH\perp BC, BH\perp CA, CH\perp AB$

$\Leftrightarrow$点 H 在$\angle EDF,\angle DFE,\angle FED$的平分线上

$\Leftrightarrow$点 H 为$\triangle DEF$的内心

命题证毕.

1.1.22 如1.1.22题图,在$\triangle ABC$中,点H是其内部一点,AH,BH延长后分别交对边于点D,E,且$DH\cdot DA=BD\cdot DC$,$EH\cdot EB=AE\cdot CE$.问:点H是否为$\triangle ABC$的垂心?

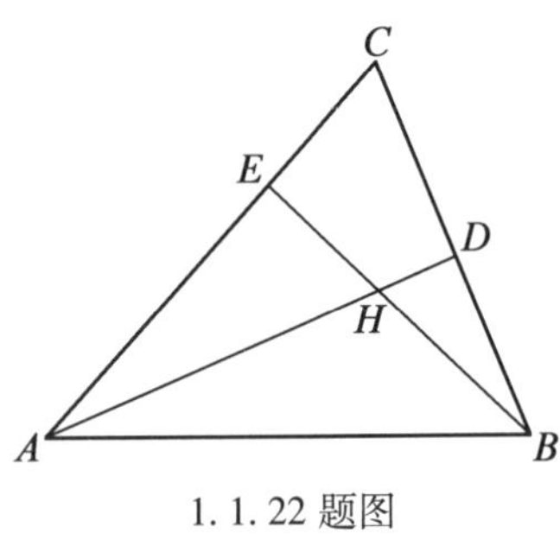

1.1.22题图

解 记$\angle EHA=\angle DHB=\alpha,\angle EAH=\beta,\angle DBH=\gamma$

$$\begin{cases}DH\cdot DA=BD\cdot DC\\EH\cdot EB=EA\cdot EC\end{cases}$$

$$\Leftrightarrow\begin{cases}\dfrac{DH}{DB}=\dfrac{DC}{DA}\\\dfrac{EH}{EA}=\dfrac{EC}{EB}\end{cases}$$

$$\Leftrightarrow\begin{cases}\dfrac{\sin\gamma}{\sin\alpha}=\dfrac{\sin\beta}{\sin C}\\\dfrac{\sin\beta}{\sin\alpha}=\dfrac{\sin\gamma}{\sin C}\end{cases}\Leftrightarrow\begin{cases}\sin\beta=\sin\gamma\\\sin\alpha=\sin C\end{cases}$$

由$0<\beta+\gamma<180°$知$\beta=\gamma$,于是E,D,B,A四点共圆.

若$\alpha+\angle C=180°$,由$\angle CEH=\angle CDH$可知四边形$CDHE$为平行四边形,然而DH与CE相交,矛盾.

故必有$\alpha=\angle C$,从而C,E,H,D四点共圆,再由$\angle CEH=\angle CDH$知它们均为直角,故$BE\perp AC,AD\perp BC$,点H为垂心.

结论是肯定的.

1.1.23 点P是$\triangle ABC$所在平面上一点,证明:(1)如1.1.23题图(1),若满足$\angle BPC=2\angle BAC,\angle CPA=2\angle CBA,\angle APB=2\angle ACB$,则点$P$是$\triangle ABC$的外心;(2)如1.1.23题图(2),若满足$\angle BPC=90°+\frac{1}{2}\angle BAC,\angle CPA=90°+\frac{1}{2}\angle CBA,\angle APB=90°+\frac{1}{2}\angle ACB$,则点$P$是$\triangle ABC$的内心;(3)如1.1.23题图(3),若满足$\angle BPC=180°-\angle BAC,\angle CPA=180°-\angle CBA,\angle APB=180°-\angle ACB$,则点$P$是$\triangle ABC$的垂心.

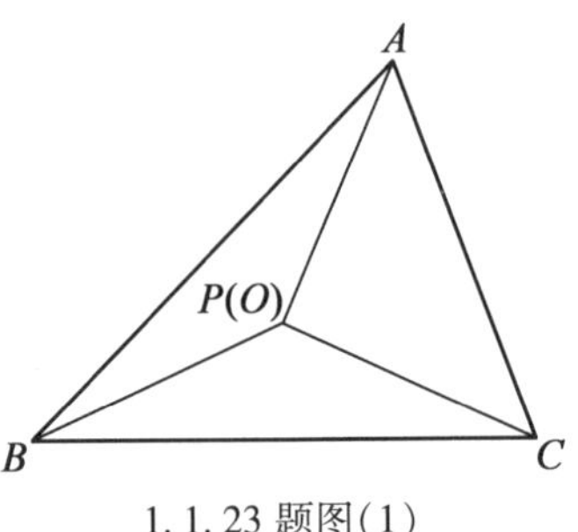

1.1.23题图(1)

证 (1)

$$\begin{aligned}&\angle BPC+\angle CPA+\angle APB\\=&2(\angle BAC+\angle CBA+\angle ACB)=360°\end{aligned}$$

进而可知点P在$\triangle ABC$的内部.

又由

$$2\angle BAC<180°,2\angle CBA<180°,2\angle ACB<180°$$

知$\triangle ABC$为锐角三角形.在$\triangle ABC$内,其外心O满足

$$\angle AOB=2\angle ACB=\angle APB$$

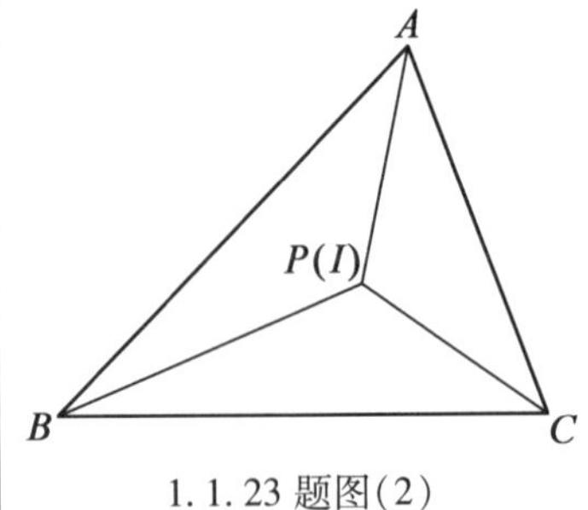

1.1.23题图(2)

$$\angle BOC = 2\angle BAC = \angle BPC$$

故点 P 在 $\triangle AOB$ 和 $\triangle BOC$ 的外接圆上. 又点 P 不是点 B,故只可能点 P 与点 O 重合.

故点 P 是 $\triangle ABC$ 的外心,证毕.

(2)

$$\begin{aligned}&\angle BPC + \angle CPA + \angle APB\\&= 270° + \frac{1}{2}(\angle BAC + \angle CBA + \angle ACB)\\&= 360°\end{aligned}$$

进而可知点 P 在 $\triangle ABC$ 内部. 设 $\triangle ABC$ 的内心为点 I.

由 $\angle APB = \angle AIB$, $\angle BPC = \angle BIC$,类似证明(1)知点 P 与点 I 重合,故点 P 是 $\triangle ABC$ 的内心,证毕.

(3)

$$\begin{aligned}&\angle BPC + \angle CPA + \angle APB\\&= 540° - (\angle BAC + \angle CBA + \angle ACB) = 180°\end{aligned}$$

可知点 P 在 $\triangle ABC$ 内部.

进而由 $\angle BPC > \angle BAC$ 知 $\angle BAC < 90°$,同理 $\angle CBA < 90°$, $\angle ACB < 90°$. 故 $\triangle ABC$ 是锐角三角形.

设 $\triangle ABC$ 的垂心为点 H.

由 $\angle APB = \angle AHB$, $\angle BPC = \angle BHC$,类似证明(1)可知点 P 与点 H 重合.

故点 P 是 $\triangle ABC$ 的垂心,证毕.

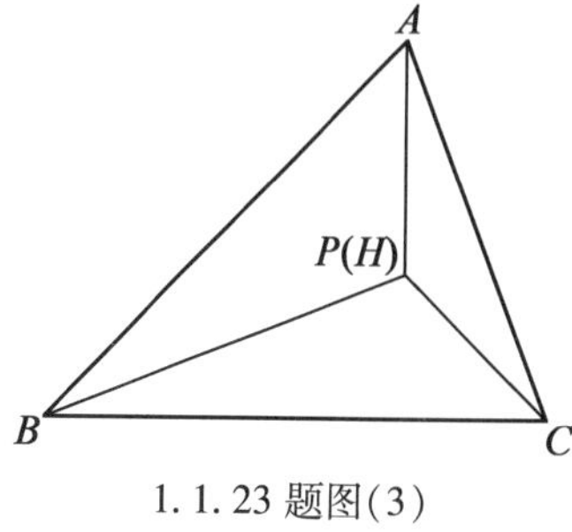

1.1.23 题图(3)

1.1.24 已知凸四边形 $ABCD$, $\angle ABC = \angle ADC$, $BM \perp AC$,点 M' 是 AC 上一点,满足 $\frac{AM \cdot CM'}{AM' \cdot CM} = \frac{AB \cdot CD}{BC \cdot AD}$,证明:$DM'$ 与 BM 的交点与 $\triangle ABC$ 的垂心重合.

证　如1.1.24题图,取 $\triangle ABC$ 的垂心 H,联结 HA, HC. 再联结 HD 交 AC 于点 N. 由条件知

$$\begin{aligned}\frac{AM'}{CM'} &= \frac{\frac{AM}{AB} \cdot AD}{\frac{CM}{CB} \cdot CD}\\&= \frac{AD \cdot \cos\angle BAC}{CD \cdot \cos\angle BCA}\\&= \frac{AD \cdot \cos\angle CHM}{CD \cdot \cos\angle AHM}\\&= \frac{AD \cdot \frac{HM}{CH}}{CD \cdot \frac{HM}{AH}} = \frac{AD}{CD} \cdot \frac{AH}{CH}\end{aligned}$$

又由 $\angle AHC = 180° - \angle ABC = 180° - \angle ADC$,且点 D 与点 H

在 AC 异侧可知 A,H,C,D 四点共圆.

故

$$\frac{AM'}{CM'}=\frac{AD}{CH}\cdot\frac{AH}{CD}=\frac{AN}{HN}\cdot\frac{HN}{CN}=\frac{AN}{CN}$$

又点 M' 在线段 AC 上自点 A 至点 C 移动过程中 $\frac{AM'}{CM'}$ 单调递增,故 $\frac{AM'}{CM'}=\frac{AN}{CN}$,说明点 M' 即为点 N.

再由点 N 的定义知 DM' 过点 H,命题证毕.

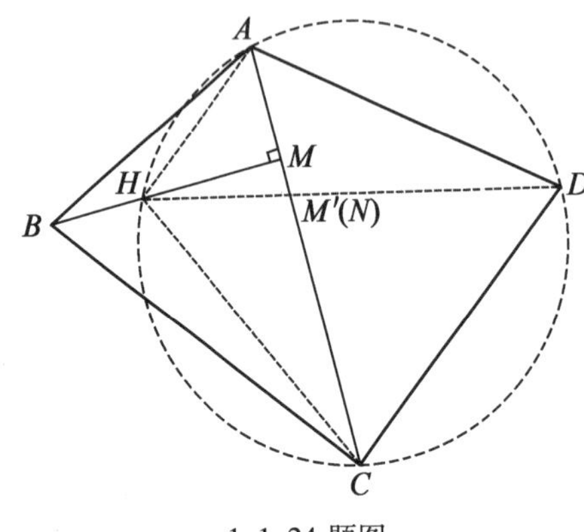

1.1.24 题图

1.1.25 若凸四边形 $ABCD$ 中,仅 $\angle BAD$ 是直角,$AC=BD$,AB 与 CD 的中垂线交于点 Q,AD 与 BC 的中垂线交于点 P,则点 P,Q,A 共线.

证 如1.1.25题图,在平面上取点 M,使得四边形 $ABMD$ 为矩形.

由于四边形 $ABCD$ 中仅 $\angle BAD$ 为直角,故点 M 与点 C 不重合.

联结 AM,BM,CM,DM.

由四边形 $ABMD$ 为矩形知 AD 的中垂线即为 BM 的中垂线.

故点 P 为 BM 与 BC 的中垂线交点,进而可知点 P 为 $\triangle BCM$ 的外心,故点 P 也在线段 CM 的垂直平分线上.

同理可知,点 Q 也在线段 CM 的垂直平分线上.

而 $AM=BD=AC$,故点 A 也在线段 CM 的垂直平分线上.

因此 P,Q,A 三点共于线段 CM 的中垂线上,命题证毕.

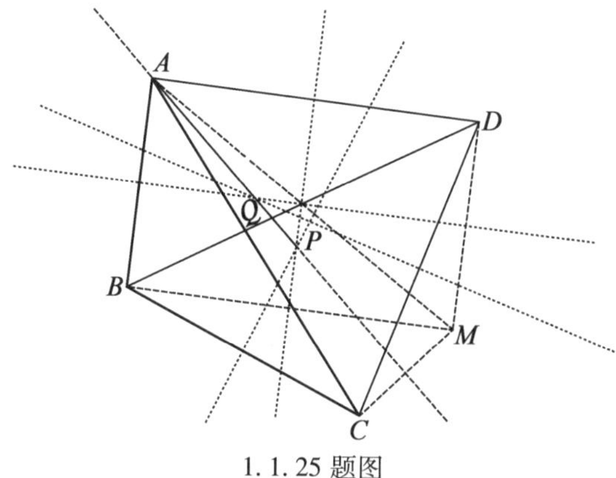

1.1.25 题图

1.1.26 如1.1.26题图(1),已知点 P,Q,R 分别是锐角 $\triangle ABC$ 的三边 BC,CA,AB 上的点,使得 $\triangle PQR$ 是正三角形,且在所有这些正三角形中有最小的面积. 证明:由点 A, B,C 分别向 QR,RP,PQ 所作的垂线共点.

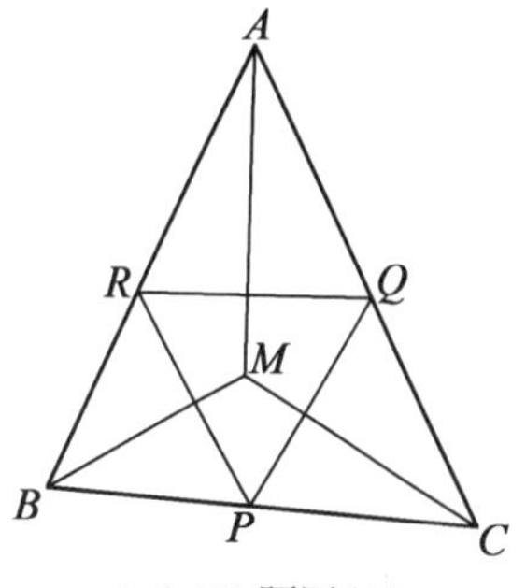

1.1.26 题图(1)

证法一 记 $\triangle ARQ$ 与 $\triangle BRP$ 的外接圆除点 R 外另一个交点为点 S,则有

$$\begin{aligned}\angle PSQ &= 360° - \angle RSQ - \angle PSR \\ &= (180° - \angle RSQ) + (180° - \angle PSR) \\ &= \angle A + \angle B = 180° - \angle C\end{aligned}$$

所以点 P,S,Q,C 四点共圆.

过点 S 作 BC,CA,AB 的垂线,设垂足分别为点 P_1,Q_1,R_1,则由 $\angle SPP_1 = \angle SQQ_1$(先假设 P_1 与 P, Q_1 与 Q 不重合)知 $\text{Rt}\triangle SPP_1 \backsim \text{Rt}\triangle SQQ_1$.

这里 $\angle Q_1SP_1 = 180° - \angle C = \angle QSP$ 保证了点 Q_1,P_1 不全在 $\angle QSP$ 的内部或外部.

故 $\triangle QSP \backsim \triangle Q_1SP_1$, $\angle Q_1P_1S = \angle QPS$.

同理 $\angle R_1P_1S = \angle RPS$,故

$$\begin{aligned}\angle R_1P_1Q_1 &= \angle R_1P_1S + \angle Q_1P_1S \\ &= \angle RPS + \angle QPS = \angle RPQ = 60°\end{aligned}$$

同理可知 $\angle P_1Q_1R_1 = 60°$,所以 $\triangle P_1Q_1R_1$ 也为正三角形,而 $\dfrac{P_1Q_1}{PQ} = \dfrac{P_1S}{PS} \leqslant 1$,因此由 $\triangle PQR$ 为所有这些正三角形中面积最小者知上述等号可取到,即 $P_1S = PS$,导出 $SP \perp BC$. 同理 $SQ \perp AC$, $SR \perp AB$.

注意到点 A,R,S,Q 四点共圆, $\angle ARQ = \angle ASQ = 90° - \angle SAQ$.

所以过点 A 作 RQ 的垂线关于 $\angle A$ 与 AS 共轭,同理关于 $\angle B$,

$\angle C$ 有对应结论.

故由点 A,B,C 分别向 QR,RP,PQ 所作垂线共于 $\triangle ABC$ 的中点 S 的等角共轭点.

证毕.

证法二 如 1.1.26 题图(2),作 $\triangle ABC$ 的 Fermat 点 K(即 $\angle AKB=\angle BKC=\angle CKA=120^\circ$ 的点,由 $\triangle ABC$ 为锐角三角形知该点存在于 $\triangle ABC$ 内部).

联结 PK,QK,RK,再联结 AK 交 RQ 于点 D,BK 交 PR 于点 E,CK 交 QP 于点 F.

则由 $\angle DKE=\angle EKF=\angle FKD=120^\circ$ 知点 R,E,K,D 四点共圆,点 P,F,K,E 四点共圆,点 Q,D,K,F 四点共圆.

$$\begin{aligned}\text{故 } S_{\triangle ABC}&=S_{\text{四边形}ARKQ}+S_{\text{四边形}BPKR}+S_{\text{四边形}CQKP}\\&=\frac{1}{2}AK\cdot RQ\cdot\sin\angle RDK+\\&\quad\frac{1}{2}BK\cdot PR\cdot\sin\angle PEK+\frac{1}{2}CK\cdot QP\cdot\sin\angle QFK\\&=\frac{1}{2}(AK+BK+CK)\cdot PQ\cdot\sin\angle PEK\end{aligned}$$

$$\text{故 } PQ=\frac{2S_{\triangle ABC}}{(AK+BK+CK)\cdot\sin\angle PEK}\geqslant\frac{2S_{\triangle ABC}}{AK+BK+CK}.$$

在 $\triangle PQR$ 面积最小时即要求 PQ 长度最小,故要 $\sin\angle PEK=1$,即 $BK\perp PR$ 时取到.

此时有 $AK\perp RQ,BK\perp PR,CK\perp QP$.

即点 A,B,C 分别向 QR,RP,PQ 所作垂线共点于点 K,命题证毕.

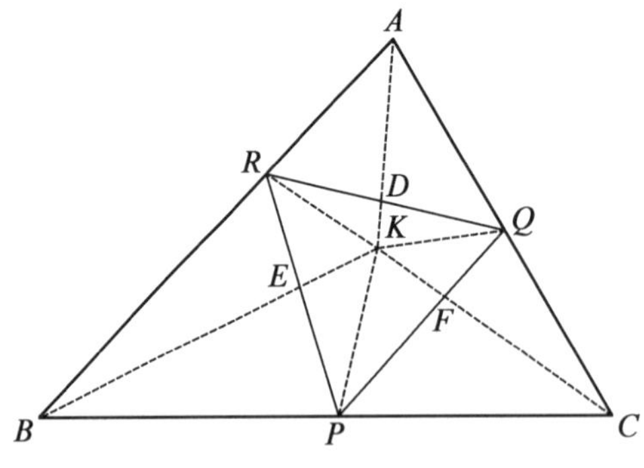

1.1.26 题图(2)

1.1.27 如1.1.27题图,在凸四边形 $ABCD$ 中,$\angle A=60°$,$\angle B=90°$,$\angle C=120°$,AC,BD 交于点 S,且 $2BS=SD=2d$,点 P 为 AC 的中点,PM 垂直 BD 于点 M,SN 垂直 BP 于点 N. 证明:(1)$MS=NS=\frac{d}{2}$;(2)$AD=DC$;(3)$S_{四边形ABCD}=\frac{9}{2}d^2$.

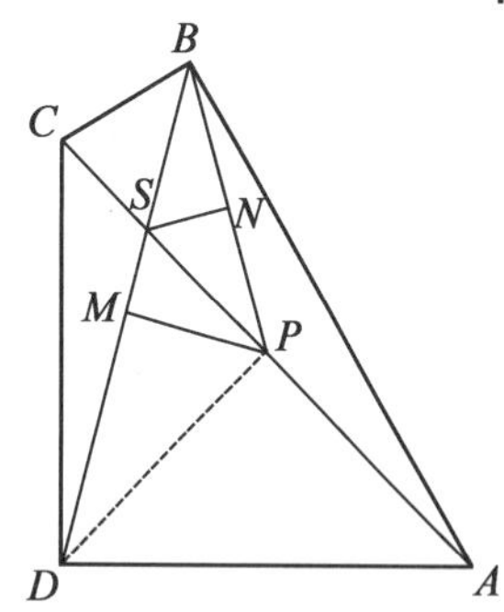

1.1.27题图

证 (1)首先,由点 P 是 $\text{Rt}\triangle ABC$ 和 $\text{Rt}\triangle ADC$ 的斜边中点,知 $BP=\frac{1}{2}AC=DP$,又 $PM\perp BD$,故点 M 为 BD 的中点. 故

$$MB=\frac{1}{2}BD=\frac{3}{2}d, MS=MB-BS=\frac{d}{2}$$

由 $SN\perp BP$ 知,点 S,N,P,M 四点共圆;易知点 P 为 A,B,C,D 所共圆之圆心,故

$$\angle BSN=\angle MPB=\frac{1}{2}\angle BPD=\angle BAD=60°$$

因此 $NS=\frac{1}{2}BS=\frac{d}{2}$.

(2)由 $MS=NS$ 知 $\angle MPS=\angle NPS=\frac{1}{2}\angle MPN=30°$.

又 $\angle SPN=2\angle CAB$,故 $\angle CAB=15°$. 于是 $\angle CAD=45°$,在 $\text{Rt}\triangle CAD$ 中有 $AD=DC$.

(3)由 $\angle MBP=90°-\angle MPB=30°=\angle SPB$ 知 $SP=SB=d$,从而 $BP=\sqrt{3}d$,$AC=2\sqrt{3}d$,又 $\angle BSP=120°$,所以

$$\begin{aligned}S_{四边形ABCD}&=\frac{1}{2}\cdot BD\cdot AC\sin\angle BSA\\&=\frac{1}{2}\cdot 3d\cdot 2\sqrt{3}d\cdot\sin 120°=\frac{9}{2}d^2\end{aligned}$$

1.1.28 如1.1.28题图,已知锐角 $\triangle ABC$,求 $\triangle ABC$ 内一点 M 的轨迹,使得 $AB-FG=\frac{MF\cdot AG+MG\cdot BF}{CM}$,其中点 F,G 分别是点 M 在 BC,AC 上的投影.

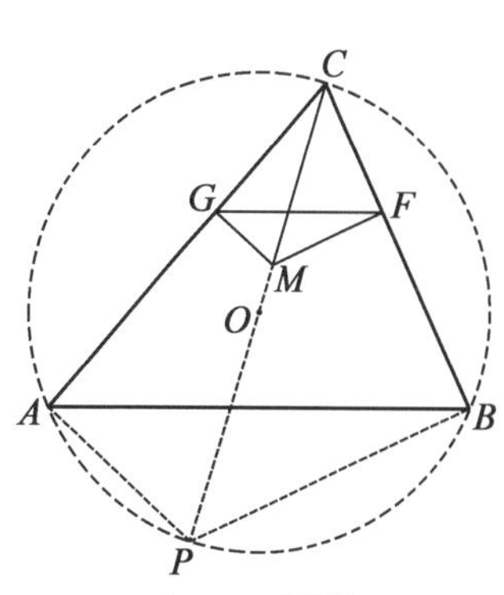

1.1.28题图

证 设点 M 满足条件,则等价于

$$AB\cdot CM=FG\cdot CM+MF\cdot AG+MG\cdot BF \qquad (*)$$

设⊙O 为 $\triangle ABC$ 的外接圆. 延长 CM 交⊙O 于点 P.

联结 PA,PB. 由 $MG\perp CG$,$MF\perp CF$ 知点 C,G,M,F 四点共圆.

由 Ptolemy 定理知

$$FG\cdot CM=MF\cdot CG+MG\cdot CF$$

式$(*)\Leftrightarrow AB\cdot CM=MF\cdot AC+MG\cdot BC$

$$\Leftrightarrow AB = AC \cdot \frac{MF}{CM} + BC \cdot \frac{MG}{CM}$$

$$\Leftrightarrow AB = AC \cdot \sin\angle PCB + BC \cdot \sin\angle PCA$$

$$= \frac{AC \cdot PB + BC \cdot PA}{2R} \quad (\text{其中 } R \text{ 是} \odot O \text{ 的半径})$$

$$\Leftrightarrow AB \cdot 2R = AC \cdot PB + BC \cdot PA$$

又由 Ptolemy 定理知, $AB \cdot PC = AC \cdot PB + BC \cdot PA$.

故 $AB \cdot 2R = AB \cdot PC$, 即 $PC = 2R$.

由点 P 和点 C 在 $\odot O$ 上知 PC 即为 $\odot O$ 的直径, 进而知条件成立等价于点 M 在直线 OC 上.

故所求点 M 的轨迹为直线 OC 在 $\triangle ABC$ 内的部分.

§1.2 题设与结论中不出现圆的复杂问题

1.2.1 点 O 是 $\triangle ABC$ 的外心, $AB = AC$, 角 B 的平分线交 AC 于点 K, AB 上有一点 S, $SO \perp BK$, AC 上有一点 Q, $QS \perp SO$. 求证: $AS = QK$.

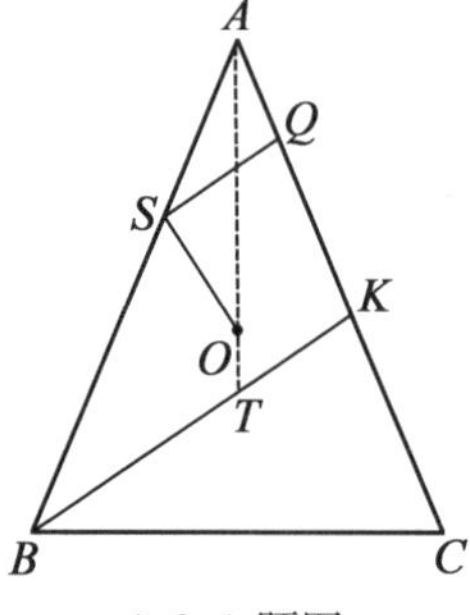

1.2.1 题图

证 如1.2.1题图, 设直线 AO, BK 交于点 T(图中点 T 在 AO 的延长线上). 由

$$\angle AOS = 90° - \angle ASQ - \angle SAO = 90° - \frac{\angle B}{2} - \frac{\angle A}{2} = \frac{\angle B}{2} = \angle SBT$$

知点 S, O, T, B 四点共圆, 从而

$$\angle STA = \angle SBO = 90° - \angle C = \frac{\angle A}{2} = \angle SAT$$

故 $AS = ST$.

又

$$\angle STB = 180° - \angle SBT - \angle TSB = 180° - \frac{\angle B}{2} - \angle A = \frac{\angle B}{2} + \angle C = \angle QKB$$

知 $ST /\!/ QK$. 又 $SQ \perp SO$, $SO \perp BK \Rightarrow SQ /\!/ TK$. 从而四边形 $SQKT$ 为平行四边形.

故 $AS = ST = QK$. 证毕.

1.2.2 在$\triangle ABC$中，$\angle A=60^\circ$，$AB>AC$，点O是外心，高BE，CF交于点H，点M，N分别在线段BH，HF上，且满足$BM=CN$，求$\frac{MH+NH}{OH}$.

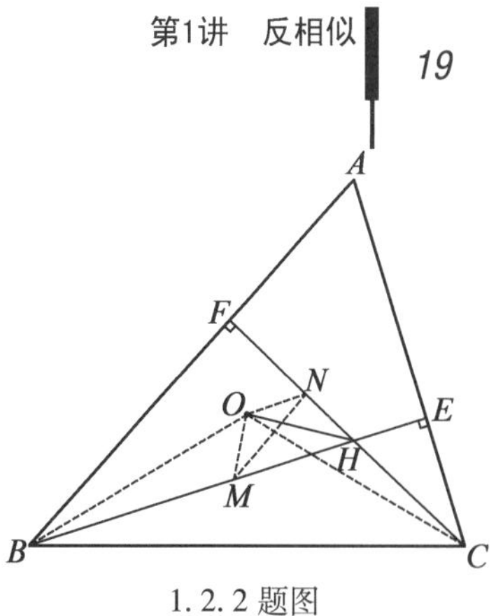

1.2.2 题图

证 如1.2.2题图，联结OB，OC，OM，ON，MN.

在$\triangle ABC$中$\angle BOC=2\angle A=120^\circ$

$$\angle BHC=180^\circ-\angle A=120^\circ$$

所以$\angle BOC=\angle BHC$，故点O，B，C，H四点共圆.

所以$\angle OBH=\angle OCH$. 于是我们有

$$\begin{cases}OB=OC\\ \angle OBM=\angle OCN\\ MB=NC\end{cases}$$

故$\triangle OBM\cong\triangle OCN$(SAS).

于是$OM=ON$，且$\angle OMB=\angle ONC$，进而点O，M，H，N四点共圆.

由于$\angle FHB=180^\circ-\angle BHC=60^\circ$，故$\angle MON=180^\circ-\angle MHN=120^\circ$.

所以$\triangle OMN$是顶角为120°的等腰三角形，故$MN=\sqrt{3}OM=\sqrt{3}ON$.

又在圆内接四边形$OMHN$中由Ptolemy定理有

$$ON\cdot MH+OM\cdot NH=MN\cdot OH$$

进而$\frac{MH+NH}{OH}=\frac{MN}{OM}=\sqrt{3}$即为所求.

1.2.3 如1.2.3题图，设点D是$\triangle ABC$内一点，满足$\angle DAC=\angle DCA=30^\circ$，$\angle DBA=60^\circ$，点$E$是$BC$的中点，点$F$在$AC$上，$AF=2CF$. 求证：$DE\perp EF$.

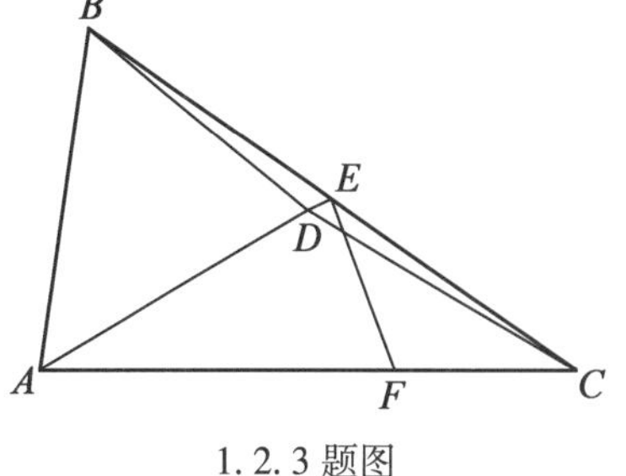

1.2.3 题图

证 在AC上取一点G使$CG=2AG$.

则易知$\angle ADG=30^\circ$，$\angle DGF=60^\circ=\angle DBA$，点$A$，$B$，$D$，$G$四点共圆.

另外，我们有点F是CG的中点，$\angle FDC=30^\circ$，$FD=FC$.

作$FN\perp CD$于点N，则点N为CD的中点. 又点E为CB的中点，故$\triangle FNE\backsim\triangle GDB$，从而

$$\angle FDC=30^\circ=\angle DAG=\angle DBG=\angle NEF$$

知点D，E，N，F四点共圆.

所以$\angle DEF=\angle DNF=90^\circ$，$DE\perp EF$.

证毕.

1.2.4 在锐角$\triangle ABC$中,$AB\neq AC$,点H为垂心,点M为BC的中点,点D,E分别在AB,AC上,且$AE=AD$,点D,H,E共线,求证:HM平行于$\triangle ABC$,$\triangle ADE$的外心连线.

证 如1.2.4题图,联结HA,HB,HC,延长HM至点Q使$HM=MQ$.

联结QB,QC,由点M为BC的中点且$MH=MQ$得平行四边形$HBQC$.

故$\angle BQC=\angle BHC=180^\circ-\angle BAC$,所以点$A,B,Q,C$四点共圆.

设$\triangle ABC$的外接圆为$\odot O$.

由$QB\parallel CH$知$QB\perp AB$,故AQ为$\odot O$的直径,延长QH交$\odot O$于点P.则

$$AP\perp QP \tag{$*$}$$

由于$AE=AD$,故

$$\angle BDH=180^\circ-\angle ADE=180^\circ-\angle AED=\angle CEH$$

又$\angle DBH=90^\circ-\angle BAC=\angle ECH$.故$\triangle BDH\backsim\triangle CEH$.

所以$\frac{CE}{BD}=\frac{CH}{BH}=\frac{BQ}{CQ}=\frac{BQ}{BM}\cdot\frac{CM}{CQ}=\frac{CP}{PM}\cdot\frac{PM}{BP}=\frac{CP}{BP}$.

而$\angle PBA=\angle PCA$,故$\triangle DBP\backsim\triangle ECP$.

所以$\angle DPB=\angle EPC$.进而

$$\begin{aligned}\angle DPE&=\angle BPE+\angle DPB\\&=\angle BPE+\angle EPC\\&=\angle BPC=\angle BAC\end{aligned}$$

所以点A,D,E,P四点共圆.

设$\triangle ADE$的外接圆为$\odot O'$,则AP为$\odot O$与$\odot O'$的公共弦.

所以OO'为AP的垂直平分线,故$OO'\perp AP$.

结合式($*$)即知$QP\parallel OO'$,即$HM\parallel OO'$.命题证毕.

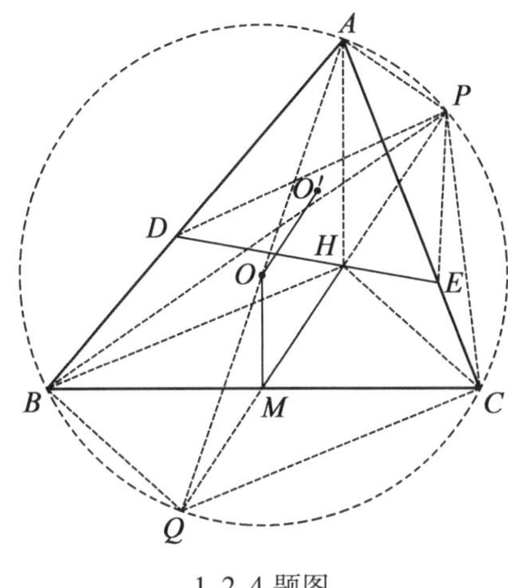

1.2.4 题图

1.2.5　如1.2.5题图，P,Q 是 $\triangle ABC$ 的位于 $\angle BAC$ 内部的两点，直线 PQ 是 BC 的中垂线，且满足 $\angle ABP+\angle ACQ=180^\circ$. 求证：$\angle BAP=\angle CAQ$.

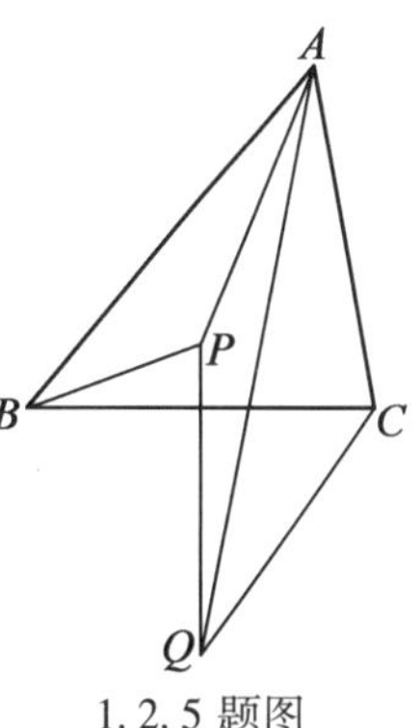

1.2.5 题图

证　记点 T 是 $\triangle ABP$ 的外接圆与直线 PQ 除点 P 外的另一个交点.

则 $\angle ATP=\angle ABP=180^\circ-\angle ACQ\Rightarrow T,A,C,Q$ 四点共圆，从而

$$\angle QAC=\angle QTC=\angle PTB(\text{因 } PQ \text{ 是 } BC \text{ 的中垂线})=\angle PAB$$

证毕.

1.2.6　在直角 $\triangle ABC$ 中，点 D 是斜边 AB 的中点，$MB\perp AB$，MD 交 AC 于点 N，MC 的延长线交 AB 于点 E，求证：$\angle DBN=\angle BCE$.

证　如1.2.6题图，联结 CD，则由点 D 是斜边 AB 的中点知 $CD=DB$.

故 $\angle DCB=\angle DBC$.

进而

$$\begin{aligned}\angle ACD&=90^\circ-\angle DCB\\&=90^\circ-\angle DBC\\&=\angle MBC\end{aligned}$$

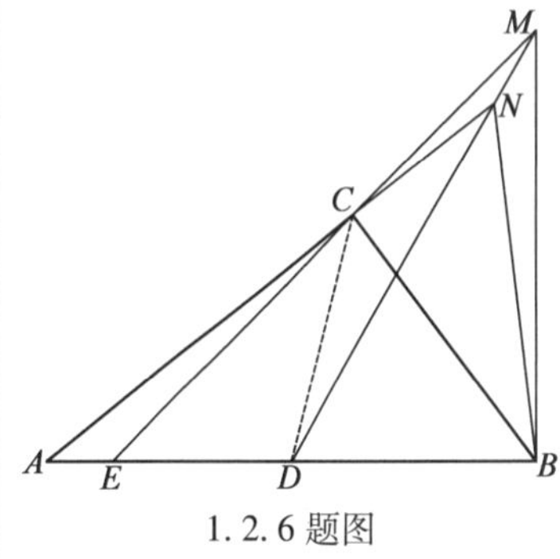

1.2.6 题图

又由正弦定理得

$$\frac{\sin\angle ACE}{\sin\angle MBN}=\frac{\dfrac{\sin\angle MCN}{MN}}{\dfrac{\sin\angle MBN}{MN}}=\frac{\dfrac{\sin\angle CMN}{CN}}{\dfrac{\sin\angle BMN}{BN}}$$

$$=\frac{\sin\angle CMD}{\sin\angle BMD\cdot\dfrac{CN}{BN}}=\frac{\sin\angle CMD}{\dfrac{BD}{MD}\cdot\sin\angle CBN}$$

$$=\frac{\sin\angle CMD\cdot\dfrac{MD}{CD}}{\sin\angle CBN}$$

$$=\frac{\sin\angle MCD}{\sin\angle CBN}=\frac{\sin\angle DCE}{\sin\angle CBN}$$

即$\dfrac{\sin\angle ACE}{\sin\angle DCE}=\dfrac{\sin\angle MBN}{\sin\angle CBN}$.

又

$$\angle ACE+\angle DCE=\angle ACD=\angle MBC=\angle MBN+\angle CBN$$

故$\angle DCE=\angle CBN$.

进而

$$\begin{aligned}\angle DBN&=\angle DBC+\angle CBN\\&=\angle DCB+\angle DCE\\&=\angle BCE\end{aligned}$$

命题证毕.

1.2.7 如1.2.7题图,已知锐角$\triangle ABC$的外心、垂心分别为点O,H,点D为高CH的垂足,过点D作OD的垂线与BC交于点E.证明:$\angle DHE=\angle ABC$.

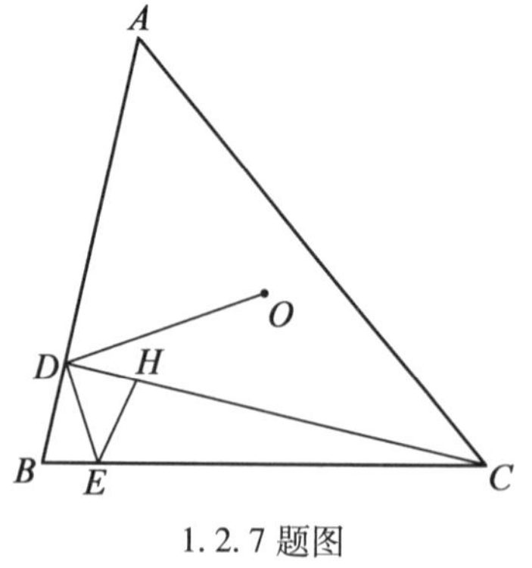

1.2.7 题图

证 作$OM\perp AB$于点M,设$\triangle DHE$的外接圆与BC除点E外的另一个交点为点R,记$AH\perp BC$于点F.

由于点D,H,R,E四点共圆,有

$$\angle HRF=\angle HDE=90^\circ-\angle ODH=\angle ODM$$

故$\mathrm{Rt}\triangle HRF\backsim\mathrm{Rt}\triangle ODM$,从而

$$\frac{RF}{FH}=\frac{DM}{MO}$$

$$RF=\frac{FH\cdot DM}{MO}=\frac{FH\cdot DM}{\dfrac{1}{2}CH}=2DM\cos B$$

故$BR=BF-RF=(AB-2DM)\cos B=2BD\cos B$.

若作$DQ\perp BC$于点Q,则$BR=2BQ$,点Q为BR的中点,这说明$BD=DR$,从而$\angle ABC=\angle DRE=\angle DHE$.

证毕.

1.2.8 在$\triangle ABC$中,$\angle ABC=90°$,点D,G是CA上的点,联结BD,BG,过点A,G分别作BD的垂线,垂足分别为点E,F,联结CF,已知$BE=EF$,求证:$\angle ABG=\angle DFC$.

证 如1.2.8题图,联结AF.

作点F关于AC的对称点H,联结HA,HB,HC,HD,HG.

由$AE\perp BF$且$BE=FE$知$AB=AF$,故$\angle ABF=\angle AFB$.故

$$\angle AHD=\angle AFD=180°-\angle AFB=180°-\angle ABD$$

所以点A,B,D,H四点共圆,故$\angle ABH=\angle ADH$.

由对称性知$\angle GHD=\angle GFD=90°$,故

$$\angle CGH=90°-\angle HDA=90°-\angle ABH=\angle CBH$$

所以点G,B,C,H四点共圆.故

$$\angle GFC=\angle GHC=180°-\angle GBC \qquad (*)$$

又$\angle GFC=90°+\angle DFC$,$\angle GBC=90°-\angle ABG$,结合式$(*)$即知$\angle ABG=\angle DFC$,命题证毕.

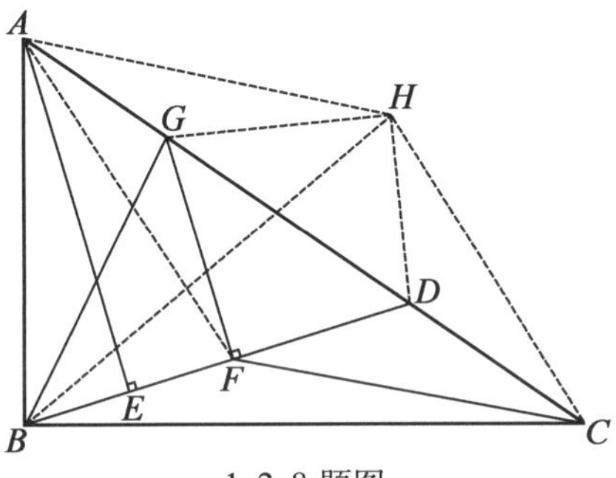

1.2.8题图

1.2.9 凸四边形$ABCD$内,AB,CD的中垂线交于点E,$\angle AEB=\angle CED$,AD,BC的中垂线交于点F,$\angle AFD=\angle BFC$.求证:$\angle AFD+\angle AEB=180°$.

证 如1.2.9题图,设$\triangle ABE$的外接圆与$\triangle CDE$的外接圆除点E外的另一个交为点G,则

$$\angle DGE=180°-\angle DCE=180°-\angle BAE=180°-\angle BGE$$

这里易知等腰$\triangle EAB$与$\triangle ECD$相似.

故点B,G,D共线.同理A,G,C共线,得点G是凸四边形$ABCD$的对角线交点.

同样地可以知道,$\triangle ADF$的外接圆与$\triangle BCF$的外接圆除点F外的另一个交点也是点G.

因此,$\angle AFD+\angle AEB=\angle AGD+\angle AGB=180°$.

证毕.

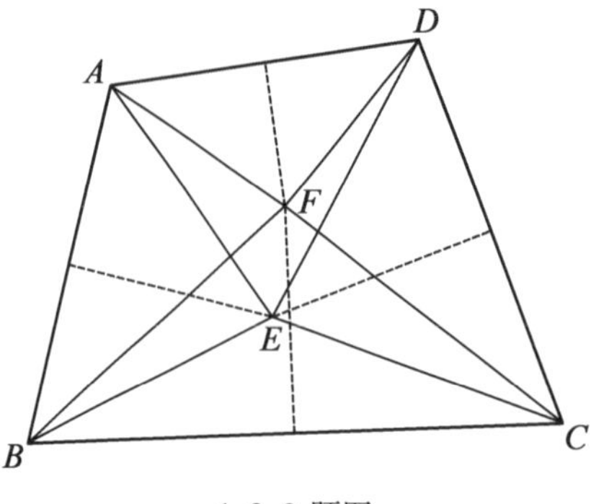

1.2.9 题图

1.2.10 如1.2.10题图,已知凸四边形 $ABCD$,$\angle ABD = 14°$,$\angle DBC = 32°$,$\angle ACB = 46°$,$\angle ACD = 28°$. 求$\angle ADB$的大小.

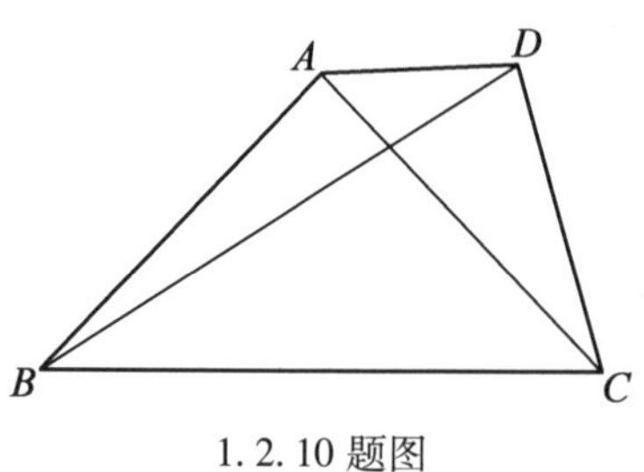

1.2.10 题图

解 由$\angle DBC = 32°$,$\angle DCB = \angle DCA + \angle ACB = 74°$,故

$$\angle BDC = 180° - 32° - 74° = 74° = \angle DCB$$

从而 $BD = BC$.

以 BC 为边向含点 A 的一侧作正$\triangle BCK$. 则 AK 为 BC 的中垂线

$$BD = BC = BK, \angle ABK = 60° - \angle ABC = 14° = \angle ABD$$

于是$\triangle ABD \cong \triangle ABK$,$\angle ADB = \angle AKB = \dfrac{\angle BKC}{2} = 30°$.

1.2.11 $\triangle ABC$内有两点 P,P',它们互为等角共轭点,它们在 BC,CA,AB 上的射影分别为点 X,Y,Z;X',Y',Z'. 证明:$PX \cdot P'X' = PY \cdot P'Y' = PZ \cdot P'Z'$.

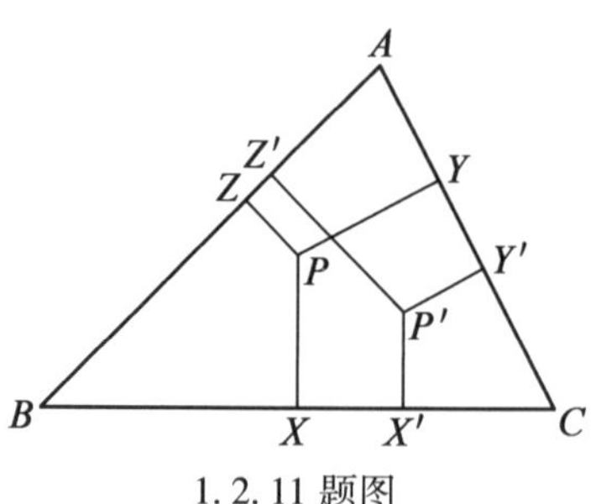

1.2.11 题图

证 如1.2.11题图,我们先证明

$$PX \cdot P'X' = PY \cdot P'Y' \quad (*)$$

其余结论类似.

事实上,由点 P,X,C,Y 四点共圆及点 P',X',C,Y'四点共圆,有

$$\frac{PX}{PY} = \frac{\sin\angle PCX}{\sin\angle PCY} = \frac{\sin\angle P'CY'}{\sin\angle P'CX'} \quad \text{(由等角共轭的定义)}$$
$$= \frac{P'Y'}{P'X'}$$

化简即得式$(*)$. 得证.

注:若点 P,P'满足

$$PX \cdot P'X' = PY \cdot P'Y' = PZ \cdot P'Z'$$

则可得点 P,P' 关于 $\triangle ABC$ 等角共轭(即逆命题为真).

1.2.12　点 G,O 分别为 $\triangle ABC$ 的重心、外心,GA,GB,GC 的中垂线两两交于点 A_1,B_1,C_1,证明:点 O 是 $\triangle A_1B_1C_1$ 的重心.

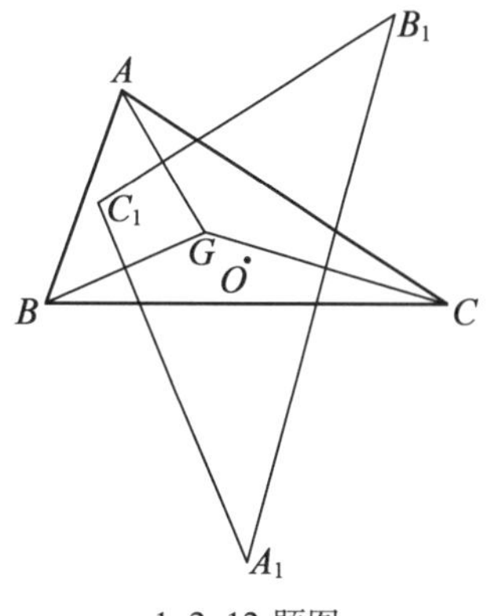

1.2.12 题图

证　如1.2.12题图,首先,由点 A_1,B_1,C_1 的取法,知 $A_1B=A_1G=A_1C$. 因此 A_1O 为 BC 的中垂线. 同理 B_1O,C_1O 分别为 AC,AB 的中垂线.

设点 D,E,F 分别为 BC,CA,AB 中点.

记 AG,BG,CG 中点分别为点 M,N,P. 我们先证明 $S_{\triangle A_1OC_1}=S_{\triangle A_1OB_1}$.

只需证

$$\frac{A_1C_1}{A_1B_1}\cdot\frac{\sin\angle C_1A_1O}{\sin\angle B_1A_1O}=1$$

$$\Leftrightarrow\frac{\sin\angle C_1B_1A_1}{\sin\angle B_1C_1A_1}=\frac{\sin\angle B_1A_1O}{\sin\angle C_1A_1O}\qquad(*)$$

故 $\angle C_1B_1A_1=180°-\angle AGC$.

同理 $\angle B_1C_1A_1=180°-\angle AGB$.

故由重心性质

$$\frac{\sin\angle C_1B_1A_1}{\sin\angle B_1C_1A_1}=\frac{\sin\angle AGC}{\sin\angle AGB}=\frac{BG}{GC}\qquad①$$

又

$$\frac{\sin\angle B_1A_1O}{\sin\angle C_1A_1O}=\frac{\sin\angle GCB}{\sin\angle GBC}=\frac{GB}{GC}\qquad②$$

由式①②知式(*)成立.

同理可知,$S_{\triangle A_1OC_1}=S_{\triangle A_1OB_1}=S_{\triangle B_1OC_1}$.

因此点 O 为 $\triangle A_1B_1C_1$ 的重心. 证毕.

1.2.13　在 $\triangle ABC$ 中,点 I 是内心,点 I 在 BC,CA 上的垂足分别是点 M,N,射线 BI,MN 交于点 P. 证明:点 P 在 $\triangle ABC$ 的边 BC 的中位线 $B'C'$ 所在直线上.

证　如1.2.13题图,由 $\angle AIB=90°+\frac{\angle C}{2}=\angle ANM$ 知点 A,N,P,I 四点共圆,从而

$$\angle API=\angle ANI=90°,AP\perp BP$$

联结 AP 并延长交 BC 于点 D,则由 BP 是 $\angle ABD$ 的平分线及

$AP\perp BP$ 知 $AP=PD$.

所以,点 P 在中位线 $B'C'$ 所在直线上.

证毕.

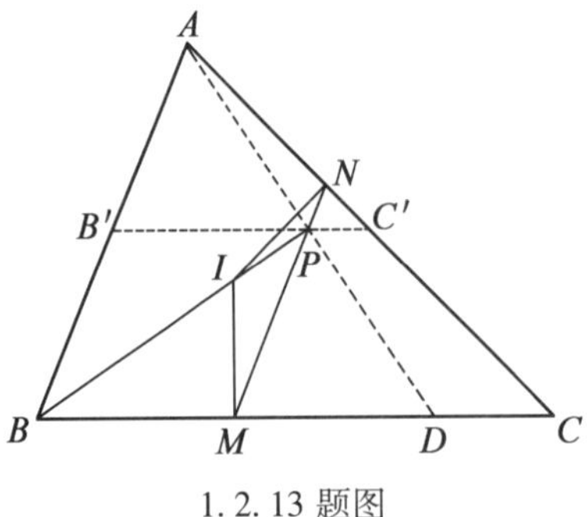

1.2.13 题图

1.2.14 如1.2.14题图,设点 D 是 $\triangle ABC$ 的边 BC 上一点,但非其中点,点 O_1,O_2 分别是 $\triangle ABD,\triangle ADC$ 的外心.求证:$\triangle ABC$ 的中线 AK 的中垂线经过 O_1O_2 的中点 M.

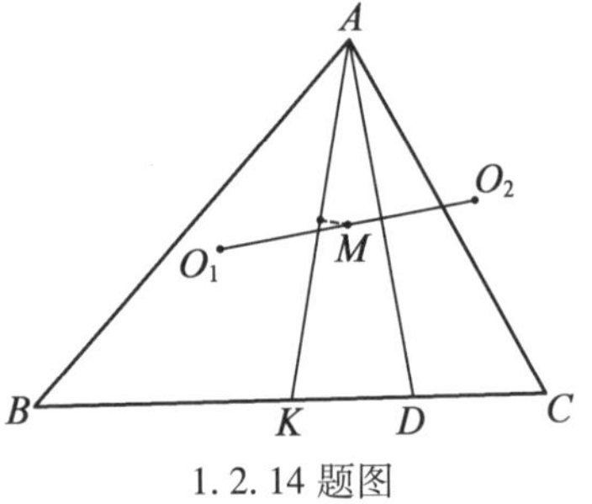

1.2.14 题图

证 只需证 $MA=MK$. 由中线长公式知,只需

$$AO_1^2+AO_2^2=KO_1^2+KO_2^2 \qquad (*)$$

利用点 K 是 BC 的中点,有

$$KO_1^2=\frac{1}{2}O_1B^2+\frac{1}{2}O_1C^2-\frac{1}{4}BC^2$$

$$KO_2^2=\frac{1}{2}O_2B^2+\frac{1}{2}O_2C^2-\frac{1}{4}BC^2$$

代入式$(*)$,利用 $AO_1=O_1B,AO_2=O_2C$ 知,只需证

$$BC^2=(O_1C^2-O_1B^2)+(O_2B^2-O_2C^2) \qquad (**)$$

在等腰 $\triangle O_1BD$ 中,有 $O_1C^2-O_1B^2=CD\cdot CB$.

在等腰 $\triangle O_2CD$ 中,有 $O_2B^2-O_2C^2=BD\cdot BC$.

以上两式相加得式$(**)$. 证毕.

1.2.15 在锐角 $\triangle ABC$ 中,点 H 是垂心,点 H 在 $\angle A$ 的内、外角平分线上的垂足分别是点 M,N,求证:直线 MN 经过 BC 的中点.

证 如1.2.15题图,联结 BH 并延长交 AC 于点 P,联结 CH 并延长交 AB 于点 Q.

联结 AH,PQ,AM,QN,MP,MQ,NP,NQ.

由于 $\angle APH=\angle AQH=\angle AMH=\angle ANH=90^\circ$,故点 A,H,P,Q,M,N 六点共于以 AH 为直径的圆上.

又 $\angle MAP=\angle MAQ$,故其所对弦 $MP=MQ$.

而$\angle NAP = 180° - \angle NAQ$,故其所对弦 $NP = NQ$.

取边 BC 的中点为点 L,则 $LQ = \frac{1}{2}BC = LP$.

进而可知点 L,M,N 均在线段 PQ 的垂直平分线上.

故直线 MN 经过 BC 的中点 L,命题证毕.

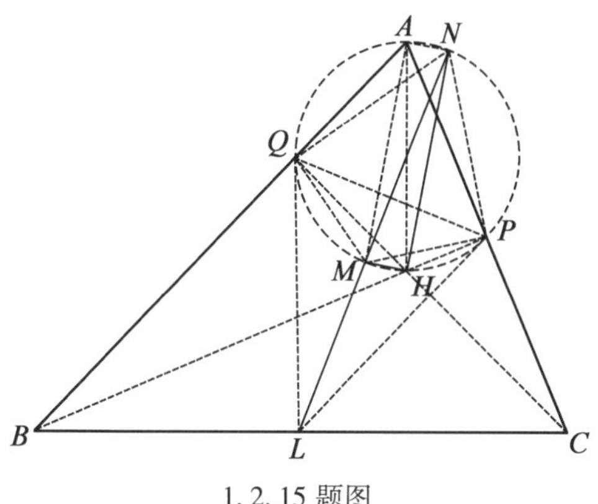

1.2.15 题图

1.2.16　如 1.2.16 题图,点 P 是$\triangle ABC$ 的 BC 边(或延长线)上一点,点 X 是 AP 上一点,若有点 Y,Z,使$\triangle XCP$ 与$\triangle YAC$(对应)反相似,$\triangle XBP$ 与$\triangle ZAB$(对应)反相似,求证:点 X,Y,Z 共线.

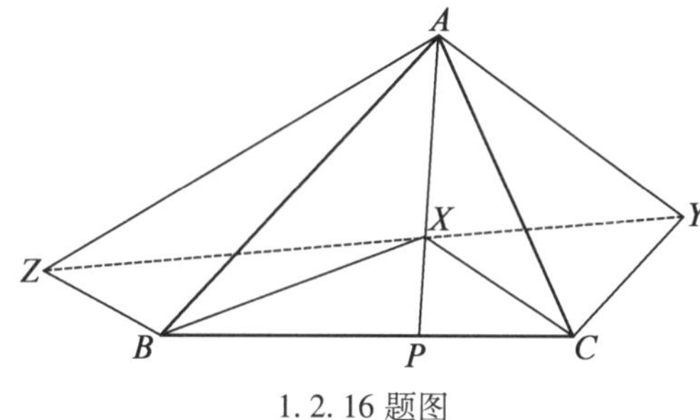

1.2.16 题图

证　由题设知

$\angle AXB = 180° - \angle BXP = 180° - \angle AZB$,$A,X,B,Z$ 四点共圆

$\angle AXC = 180° - \angle PXC = 180° - \angle CYA$,$A,X,C,Y$ 四点共圆

故

$$\begin{aligned}\angle ZXY &= \angle ZXB + \angle BXC + \angle CXY\\ &= \angle ZAB + \angle BXC + \angle CAY\\ &= \angle XBP + \angle BXC + \angle PCX\\ &= 180°\end{aligned}$$

从而点 X,Y,Z 共线. 证毕.

1.2.17 如1.2.17题图,在锐角$\triangle ABC$中,$AB>AC$,点M是边BC的中点,点P是$\triangle AMC$内一点,使得$\angle MAB=\angle PAC$.设$\triangle ABC$,$\triangle ABP$,$\triangle ACP$的外心分别是点O,O_1,O_2.证明:直线AO平分线段O_1O_2.

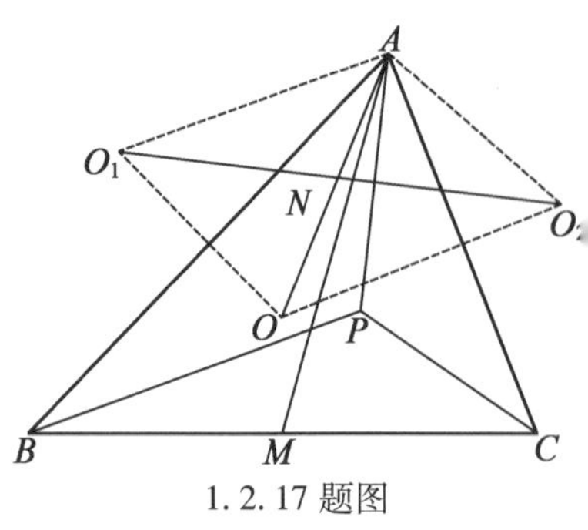

1.2.17题图

证 设AO交O_1O_2于点N.

由点O,O_1,O_2分别为$\triangle ABC$,$\triangle ABP$,$\triangle ACP$的外心可知OO_1为线段AB的中垂线,O_1O_2为线段AP的中垂线.

进而OO_1与O_1O_2所夹角即为AB与AP所夹角.

故$\angle NO_1O=\angle PAB=\angle MAC$.

同理可得$\angle NO_2O=\angle PAC=\angle MAB$.

所以

$$\begin{aligned}\frac{NO_1}{NO}&=\frac{\sin\angle NOO_1}{\sin\angle NO_1O}=\frac{\sin\angle ACB}{\sin\angle MAC}=\frac{AM}{CM}=\frac{AM}{BM}\\&=\frac{\sin\angle ABC}{\sin\angle MAB}=\frac{\sin\angle NOO_2}{\sin\angle NO_2O}=\frac{NO_2}{NO}\end{aligned}$$

故$NO_1=NO_2$,即直线AO平分线段O_1O_2,命题证毕.

1.2.18 如1.2.18题图,凸四边形$ABCD$内有一点P,$\triangle APD$与$\triangle BPC$(对应)相似,且其垂心分别为点H_1,H_2.求证:直线H_1H_2,AB,CD共点或平行.

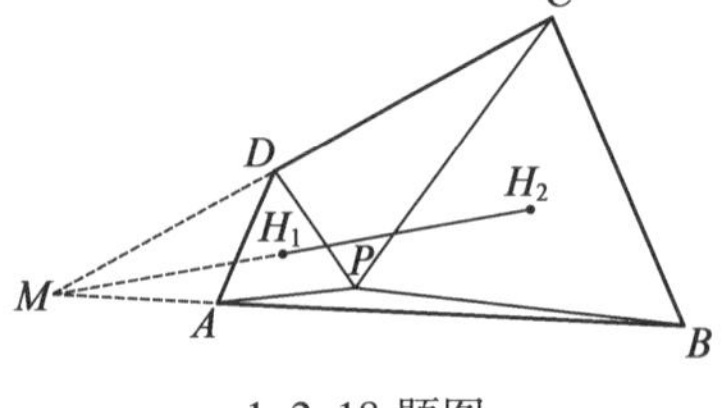

1.2.18题图

证 设直线DH_1,CH_2交于点R,直线AH_1,BH_2交于点Q.

则由Desargues定理,直线H_1H_2,AB,CD共点或平行$\Leftrightarrow$直线AD,QR,BC共点或平行.

设直线AD,RQ交于点T_1,BC,RQ交于点T_2(若平行,则T_1,T_2视作无远点,不影响下面推导).

由Menelaus定理,有

$$\begin{cases}\dfrac{RD}{DH_1}\cdot\dfrac{H_1A}{AQ}\cdot\dfrac{QT_1}{T_1R}=1\\[2ex]\dfrac{RC}{CH_2}\cdot\dfrac{H_2B}{BQ}\cdot\dfrac{QT_2}{T_2R}=1\end{cases}$$

从而

$$\begin{aligned}&\text{直线 }AD,QR,BC\text{ 共点或平行}\\&\Leftrightarrow T_1=T_2\\&\Leftrightarrow\frac{RD}{DH_1}\cdot\frac{H_1A}{AQ}=\frac{RC}{CH_2}\cdot\frac{H_2B}{BQ}\\&\Leftrightarrow\frac{RD}{RC}=\frac{AQ}{BQ}\quad\left(\text{易知}\frac{H_1A}{H_1D}=\frac{H_2B}{H_2C}\right)\end{aligned}$$

设 $QA\perp PD$ 于点 X，$QB\perp PC$ 于点 Y. 则由对应点知 $XY/\!/DC$，又点 Q,X,P,Y 四点共圆，故

$$\begin{aligned}\angle RDC &= \angle RDP+\angle PDC=\angle XAP+\angle PXY\\&=\angle YBP+\angle PQY=180^\circ-\angle QPB\end{aligned}$$

同理 $\angle RCD=180^\circ-\angle QPA$. 从而

$$\frac{RD}{RC}=\frac{\sin\angle RCD}{\sin\angle RDC}=\frac{\sin\angle QPA}{\sin\angle QPB}=\frac{\dfrac{\sin\angle QPA}{\sin\angle QAP}}{\dfrac{\sin\angle QPB}{\sin\angle QBP}}=\frac{\dfrac{QA}{QP}}{\dfrac{QB}{QP}}=\frac{AQ}{BQ}$$

证毕. 本结论主要由叶中豪先生提出.

1.2.19 点 O 与 O' 分别是 $\triangle ABC$ 的等角共轭点，点 X,Y,Z 及 X',Y',Z' 各是点 O 及 O' 在 BC,CA,AB 上的射影，设 YZ' 与 $Y'Z$ 交于点 P，ZX' 与 $Z'X$ 交于点 Q，XY' 与 $X'Y$ 交于点 R. 求证：点 O,O',P,Q,R 五点共线.

证 如 1.2.19 题图，联结 $OC,O'C$.

由 $\angle O'CY'=\angle OCX$ 及 $\angle O'CX'=\angle OCY$ 知

$$\frac{CY'}{CO'}=\frac{CX}{CO},\frac{CX'}{CO'}=\frac{CY}{CO}$$

进而 $\dfrac{CX}{CY'}=\dfrac{CO}{CO'}=\dfrac{CY}{CX'}$. 所以 $CX\cdot CX'=CY\cdot CY'$

进而点 X,X',Y,Y' 四点共圆.

取线段 OO' 的中点 K 知点 K 在线段 XX' 与 YY' 的中垂线上.

故点 K 即为四边形 $X'XYY'$ 的外接圆圆心.

延长 XO 交 $\odot K$ 于点 S，延长 YO 交 $\odot K$ 于点 T.

则由 $SX\perp XX'$，$TY\perp YY'$ 知 SX' 与 TY' 均为 $\odot K$ 的直径. 故点 K 在 SX' 与 TY' 上.

对圆内接六边形 $SX'YTY'X$，由 Pascal 定理知，SX' 与 TY' 的交点 K，$X'Y$ 与 $Y'X$ 的交点 R，YT 与 XS 的交点 O 三点共线.

故点 O 在直线 KR 上，而点 K 为线段 OO' 的中点，进而点 R 在直线 OO' 上. 同理点 P,Q 也在直线 OO' 上.

故点 O,O',P,Q,R 五点共线，命题证毕.

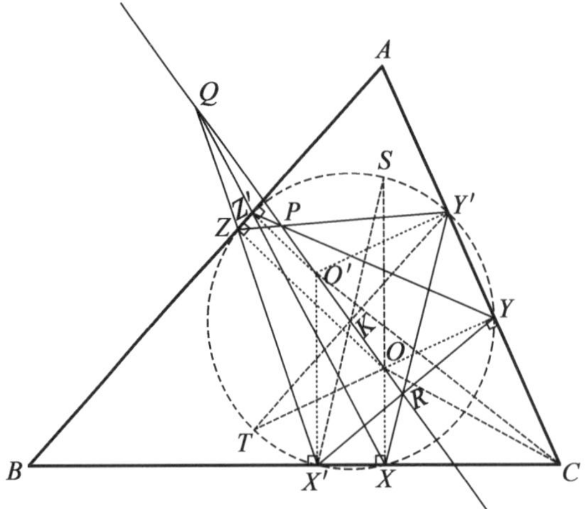

1.2.19 题图

1.2.20 如1.2.20题图,凸四边形 $ABCD$,对边不平行,对角线交于点 O. 求证:若 $\triangle ADO$ 与 $\triangle BCO$ 的垂心连线与直线 AB,CD 共点,则 $\triangle ABO$ 与 $\triangle CDO$ 的垂心连线与直线 AD,BC 共点.

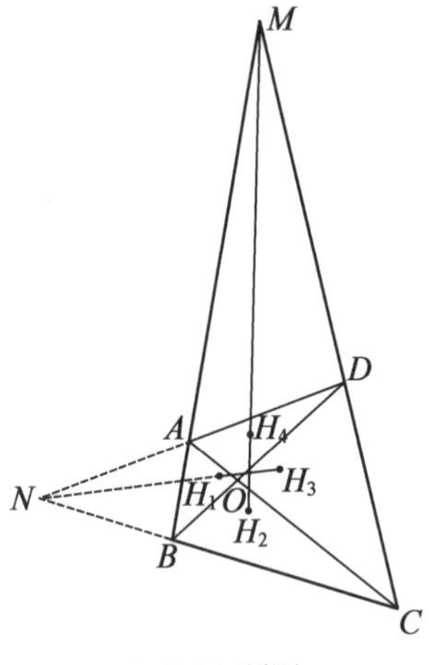

1.2.20 题图

证 由正弦定理,设直线 AB,CD 交于点 M. 则有

$$\frac{\sin\angle MAH_2}{\sin\angle AMH_2}=\frac{MH_2}{AH_2},\frac{\sin\angle MDH_2}{\sin\angle DMH_2}=\frac{MH_2}{DH_2}$$

$$\Rightarrow\frac{\sin\angle AMH_2}{\sin\angle DMH_2}=\frac{AH_2}{DH_2}\cdot\frac{\sin\angle MAH_2}{\sin\angle MDH_2}\qquad ①$$

注意到 $\angle MAH_2=90^\circ+\angle ABD$,同理 $\angle MDH_2=90^\circ+\angle ACD$. 因此式①可化为

$$\frac{\sin\angle AMH_2}{\sin\angle DMH_2}=\frac{\cos\angle OAD\cdot\cos\angle OBA}{\cos\angle ODA\cdot\cos\angle OCD}$$

同理

$$\frac{\sin\angle BMH_4}{\sin\angle CMH_4}=\frac{\cos\angle OBC\cdot\cos\angle OAB}{\cos\angle OCB\cdot\cos\angle ODC}$$

所以

$$AB,CD,H_2H_4\text{ 共点}$$

$$\Leftrightarrow\frac{\sin\angle AMH_2}{\sin\angle DMH_2}=\frac{\sin\angle BMH_4}{\sin\angle CMH_4}$$

$$\Leftrightarrow\cos\angle OAD\cdot\cos\angle OBA\cdot\cos\angle OCB\cdot\cos\angle ODC$$

$$=\cos\angle ODA\cdot\cos\angle OCD\cdot\cos\angle OBC\cdot\cos\angle OAB\qquad (*)$$

同理可知上述条件和 AD,BC,H_1H_3 共点等价.

由此可得,原命题得证.

注:条件(*)$\Leftrightarrow A,B,C,D$ 四点共圆.

1.2.21 点 O,H 分别是锐角 $\triangle ABC$ 的外心和垂心,证明:在 BC,CA,AB 上分别存在点 D,E,F,使得 $OD+DH=OE+EH=OF+FH$,且直线 AD,BE,CF 共点.

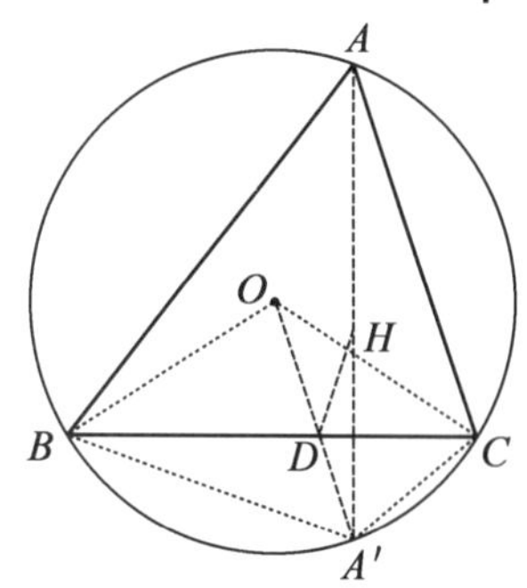

1.2.21 题图

证 如1.2.21题图,联结 AB 并延长,交 $\triangle ABC$ 的外接圆于点 A',联结 $A'O$,交 BC 于点 D.

同法可得点 E,F. 下证点 D,E,F 满足要求.

(1)易知点 H 与点 A' 关于 BC 对称,从而

$OD+DH=OD+DA'=OA'=R$ ($\triangle ABC$ 的外接圆半径)

同理,$OE+EH$,$OF+FH$ 亦是此值.

(2)

$$\frac{BD}{DC}=\frac{S_{\triangle OBA'}}{S_{\triangle OCA'}}=\frac{\frac{1}{2}OB\cdot BA'\sin\angle OBA'}{\frac{1}{2}OC\cdot CA'\sin\angle OCA'}=\frac{BA'\sin\angle ABC}{CA'\sin\angle ACB}=\frac{BH\cdot AC}{CH\cdot AB}$$

同理

$$\frac{CE}{EA}=\frac{CH\cdot AB}{AH\cdot BC},\frac{AF}{FB}=\frac{AH\cdot BC}{BH\cdot CA}$$

三式相乘利用 Ceva 定理之逆定理即知直线 AD,BE,CF 共点.

综上,点 D,E,F 满足要求. 命题证毕.

1.2.22 点 P 在 $\triangle ABC$ 内部,点 P 在 BC,CA,AB 上的射影分别为点 D,E,F,过点 A 分别作直线 BP,CP 的垂线,垂足分别为点 M,N,求证:直线 ME,NF,BC 共点.

证 如1.2.22题图,由

$$\angle AEP=\angle AFP=\angle AMP=\angle ANP=90^\circ$$

知 A,P,E,F,M,N 六点共于以 AP 为直径的圆上.

对圆内接六边形 $AFPNME$,由 Pascal 定理知 AF 与 PM 的交点 B,FN 与 ME 的交点,NP 与 EA 的交点 C 三点共线.

即 FN 与 ME 的交点在直线 BC 上.

即直线 ME,NF,BC 共点,命题证毕.

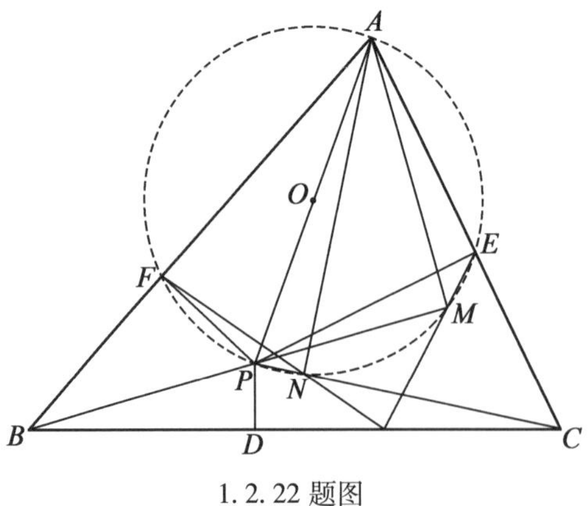

1.2.22 题图

§1.3 题设或结论中出现四点共圆

1.3.1 在$\triangle ABC$中,$\angle A$内部有一点D,若$\triangle ABC$,$\triangle ABD$,$\triangle ACD$的外心和点A共圆,求点D的所有可能位置.

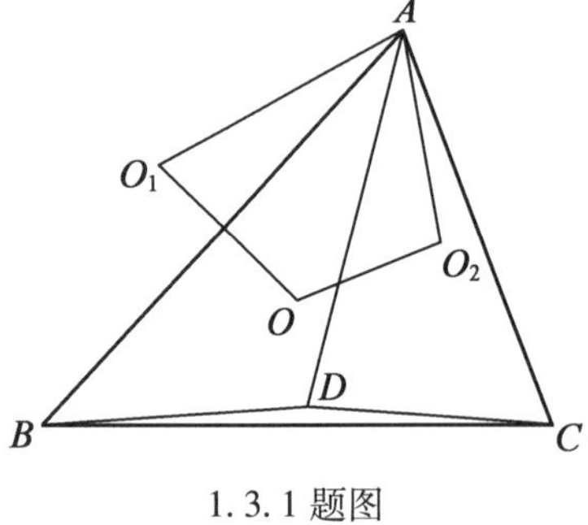

1.3.1 题图

证 如1.3.1题图,标好各外心字母,由A,O_1,O,O_2共圆知

$$\angle O_1AO_2=180^\circ-\angle O_1OO_2=\angle BAC$$

最后一步是因为$OO_1\perp AB$且$OO_2\perp AC$.

因此,不妨设点O_1在$\angle BAC$外而点O_2在$\angle BAC$内(即如1.3.1题图).则

$$\begin{aligned}\angle ADB&=180^\circ-\frac{1}{2}\angle AO_1B\\&=180^\circ-\angle AO_1O\\&=\angle AO_2O\\&=180^\circ-\frac{1}{2}\angle AO_2C\\&=180^\circ-\angle ADC\end{aligned}$$

故点B,D,C共线,即点D在线段BC上.

又点D在BC上时,由

$$\angle ADB=180^\circ-\angle ADC,\angle AO_1O=180^\circ-\angle ADB$$

及$\angle AO_2O=180^\circ-\angle ADC$可知$\angle AO_1O+\angle AO_2O=180^\circ$,即点$A,O_1,O,O_2$四点共圆.

综上,所求的所有可能位置为线段BC内部.

1.3.2 在$\triangle ABC$中,点X是AB上一点,点Y是BC上一点,AY和CX交于点Z,若$AY=CY,AB=CZ$,求证:B,X,Z,Y共圆.

证 如1.3.2题图,在$\triangle ABY$及$\triangle CZY$中,由正弦定理知

$$\begin{aligned}\sin\angle ABY &= \sin\angle AYB\cdot\frac{AY}{AB}\\ &=\sin\angle CYZ\cdot\frac{CY}{CZ}\\ &=\sin\angle CZY\end{aligned}$$

故$\angle ABY=\angle CZY$或$\angle ABY+\angle CZY=180°$.

若为后者,则由$\angle ABY=\angle AZC$,知$\angle BAY+\angle ZCY=0°$. 此时点B,X,Z,Y退化为一个点,可以认为共于一个圆. 另一种情形即$\angle ABY=\angle CZY$时可知点B,X,Z,Y确实共圆,命题证毕.

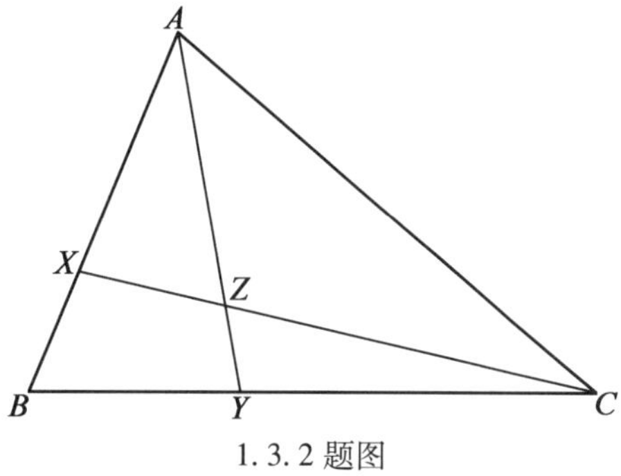

1.3.2题图

1.3.3 在锐角$\triangle ABC$中,AD是$\angle A$的内角平分线,过点D分别作$DE\perp AC$,$DF\perp AB$,垂足分别为点E,F,联结BE,CF,它们相交于点H,过点D作$DG\perp BE$,垂足为点G. 证明:A,F,G,H四点共圆.

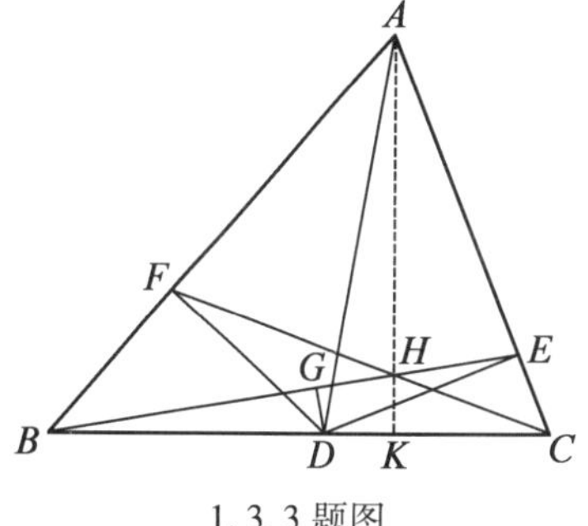

1.3.3题图

证 如1.3.3题图,设直线AH交BC于点K,由Ceva定理

$$\begin{aligned}1&=\frac{AF}{FB}\cdot\frac{BK}{KC}\cdot\frac{CE}{EA}\\ &=\frac{CE}{BF}\cdot\frac{BK}{KC}\end{aligned}$$

故

$$\frac{BK}{KC}=\frac{BF}{CE}=\frac{BD\cos B}{CD\cos C}=\frac{AB\cos B}{AC\cos C}$$

因此,点K是点A在BC上的投影,即$AK\perp BC$.

由$\angle DGH=\angle DKH=90°$知$G,H,K,D$四点共圆,由$\angle AFD=\angle AKD=90°$知$A,F,D,K$四点共圆,故

$$BG\cdot BH=BD\cdot BK=BF\cdot BA$$

从而A,F,G,H四点共圆. 证毕.

1.3.4 已知梯形 $ABCD$ 上、下底满足 $AB>CD$,点 K,L 分别在 AB,CD 上,$\frac{AK}{BK}=\frac{DL}{CL}$,线段 KL 上分别有点 P,Q,满足 $\angle APB=\angle BCD$,$\angle CQD=\angle ABC$,证明:P,Q,B,C 四点共圆.

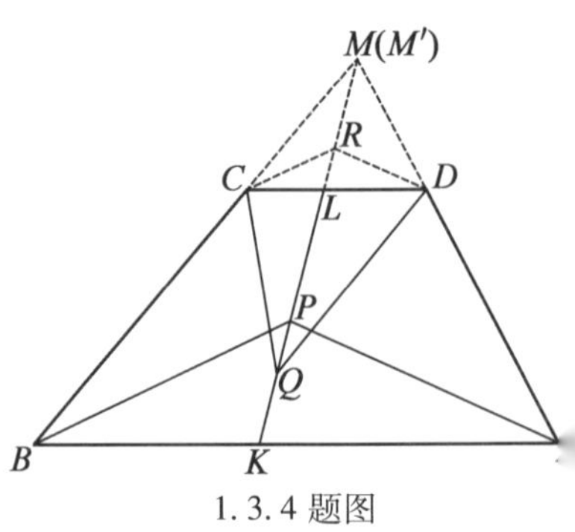

1.3.4 题图

证 由 $AB>CD$ 及$\frac{AK}{BK}=\frac{DL}{CL}$知 $AK>DL,BK>CL$.

如 1.3.4 题图,延长 AD 与 KL 交于点 M,延长 BC 与 KL 交于点 M'.

则

$$\frac{ML}{MK}=\frac{DL}{AK}=\frac{CL}{BK}=\frac{M'L}{M'K}$$

进而$\frac{ML}{LK}=\frac{M'L}{LK}$,故 $ML=M'L$,即点 M 与点 M' 重合.

在线段 MK 上取点 R,使 $CR/\!/BP$,联结 DR.

则

$$\frac{MR}{MP}=\frac{MC}{MB}=\frac{MD}{MA}$$

故 $DR/\!/AP$.

所以

$$\begin{aligned}\angle CRD&=\angle BPA=\angle BCD\\&=180^\circ-\angle ABC=180^\circ-\angle CQD\end{aligned}$$

故 C,Q,D,R 四点共圆.

又由 $\angle MCD=\angle MBA=\angle CQD$ 知 MB 为四边形 $CQDR$ 的外接圆的切线.

所以

$$MC^2=MR\cdot MQ,\text{又}\frac{MB}{MC}=\frac{MP}{MR}$$

上方两式相乘得 $MB\cdot MC=MP\cdot MQ$.

进而可知 P,Q,B,C 四点共圆,命题证毕.

1.3.5 如 1.3.5 题图,正方形 $ABCD$ 中,AD 上有一点 K,CD 延长线上有一点 S,$\frac{AK}{KD}=\frac{SD}{CD}=\frac{1}{2}$. 证明:若直线 AS 与 BK 交于点 T,则 A,B,C,D,T 五点共圆.

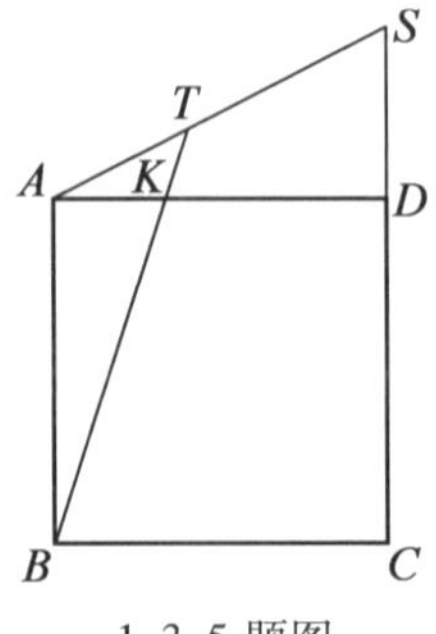

1.3.5 题图

证 延长 BK 交 CD 的延长线于点 X.

不妨设正方形 $ABCD$ 的边长为 6,则 $AK=2,KD=4,SD=3$,由 $\triangle AKB\backsim\triangle DKX$ 知 $XD=12$,故 $XS=9$.

由 Menelaus 定理

$$\frac{XT}{TK}\cdot\frac{KA}{AD}\cdot\frac{DS}{SX}=1$$

得$\frac{XT}{TK}=9$.

而 $XK=\sqrt{XD^2+DK^2}=4\sqrt{10}$,故

$$XT=\frac{9}{10}XK=\frac{36}{\sqrt{10}}$$

$$TK=\frac{1}{10}XK=\frac{4}{\sqrt{10}}$$

又 $KB=\sqrt{AB^2+AK^2}=2\sqrt{10}$,故 $TB=TK+KB=\frac{24}{\sqrt{10}}$.

直接验证可知 $DX^2-XT^2=\frac{144}{10}=DB^2-BT^2$.

故 $DT\perp BX$. $\angle DTB=90°=\angle DAB$,$D,T,A,B$ 四点共圆.

又 A,B,C,D 四点共圆. 故 D,T,A,B,C 五点共圆. 证毕.

1.3.6 AC 是$\triangle ABC$ 的最大边,在 AC 上取点 A_1 和 C_1,使得 $AC_1=AB$ 和 $CA_1=CB$,然后在 AB 边上取点 A_2,使得 $AA_2=AA_1$,而在 CB 边上取点 C_2 使得 $CC_2=CC_1$,证明:A_1,A_2,C_1,C_2 共圆.

证 如 1.3.6 题图,联结 BA_1,BC_1,A_1A_2,C_1C_2.

设线段 A_1A_2 与 C_1C_2 的垂直平分线交于点 O.

联结 OA_1,OA_2,OC_1,OC_2.

由于 $AA_1=AA_2$,$AC_1=AB$,故线段 A_1A_2 的垂直平分线即为$\angle A_1AA_2$ 的平分线,也就是线段 BC_1 的垂直平分线.

同理,线段 C_1C_2 的垂直平分线即为线段 BA_1 的垂直平分线.

所以点 O 即为 BA_1 与 BC_1 的中垂线交点,即$\triangle A_1BC_1$ 的外心.

所以 $OA_1=OC_1$,又 $OA_1=OA_2$,$OC_1=OC_2$.

故 A_1,A_2,C_1,C_2 共于一个以点 O 为圆心的圆,命题证毕.

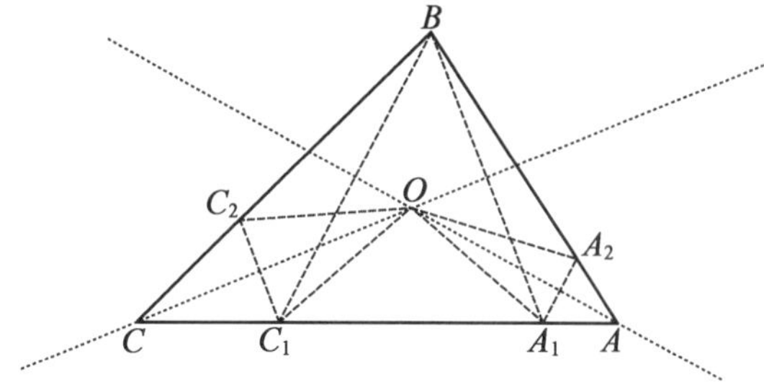

1.3.6 题图

1.3.7 $\triangle ABC$ 中,I 是内心,AB 的中垂线交直线 AI 于点 P,BC 的中垂线交直线 BI 于点 Q,AC 的中垂线交直线 CI 于点 R. 证明:P,Q,R,I 四点共圆.

证 引理:如 1.3.7 题图(1),凸四边形 $XDEF$ 四顶点共圆的充要条件是

$$XE\sin\angle DXF = XD\sin\angle EXF + XF\sin\angle DXE$$

此引理的证明只需运用 Ptolemy 定理、正弦定理与同一法,比较容易,证明留给读者.

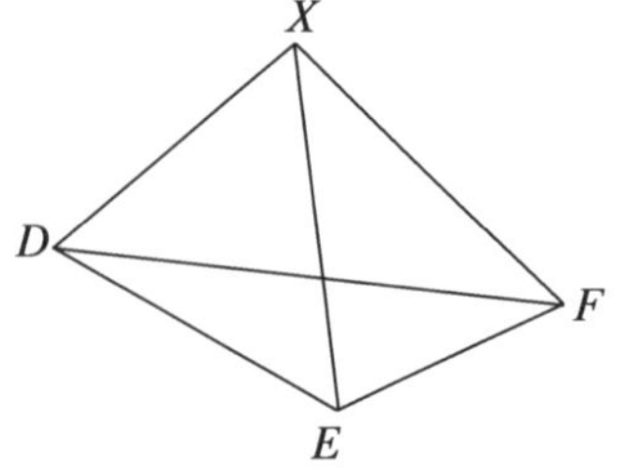

1.3.7 题图(1)

原题的证明:如 1.3.7 题图(2),我们只考虑如图所示的位置关系,($BC\geqslant AB\geqslant AC$)其余情况是类似的,不再重复.

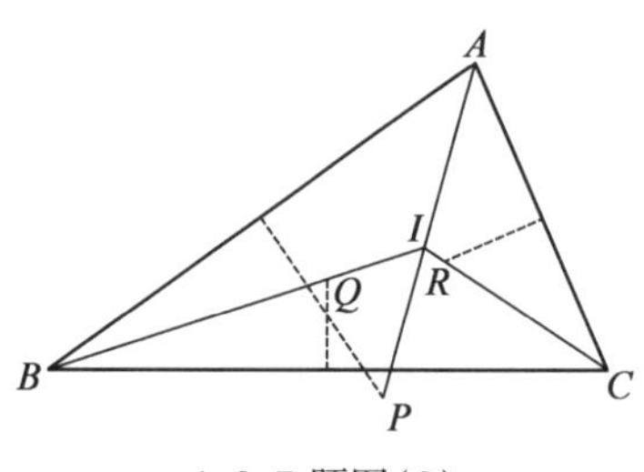

1.3.7 题图(2)

设 A_1,B_1,C_I 是点 I 在三边 BC,CA,AB 上的垂足,点 A',B',C' 为三边中点,用 a,b,c 表示$\triangle ABC$ 的边长. 由引理知,只需证

$$IP\sin\angle QIR = IQ\sin\angle RIP + IR\sin\angle PIQ$$

$$\Leftrightarrow IP\cos\frac{A}{2} = IQ\cos\frac{B}{2} + IR\cos\frac{C}{2}$$

$$\Leftrightarrow C_1C' = A_1A' + B_1B'$$

$$\Leftrightarrow \frac{a+c-b}{2} - \frac{c}{2} = \frac{a+c-b}{2} - \frac{a}{2} + \frac{a+b-c}{2} - \frac{b}{2}$$

两边均为$\frac{a-b}{2}$,命题得证.

1.3.8 如 1.3.8 题图,设 Rt$\triangle ABC$ 的斜边上的高为 CH,点 R,S,T 分别是$\triangle AHC$,$\triangle CHB$,$\triangle ABC$ 的内心,点 R',S',T'是它们在 AB 上的射影,则(1) $\triangle RR'T'\cong\triangle T'S'S\backsim\triangle ACB$;(2)点 T'为$\triangle RST$ 的外心,点 T 为$\triangle CRS$ 的垂心;(3)A,R,S,B 四点共圆,R,T',H,S 四点共圆.

证 (1)设 AB 长为 c,BC 长为 a,CA 长为 b,CH 长为 h.

则 $h=\frac{ab}{c}$. 此时 $AT'=\frac{b+c-a}{2}$,$AR'=\frac{b+AH-h}{2}$.

故 $R'T'=AT'-AR'=\frac{h+BH-a}{2}=HS'=S'S$.

同理 $R'R=S'T'$,而$\angle RR'T'=90°=\angle T'S'S$,故$\triangle RR'T'\cong\triangle T'S'S$(SAS).

而

$$\frac{R'R}{R'T'} = \frac{h+AH-b}{h+BH-a} = \frac{\frac{ab}{c}+\frac{b^2}{c}-b}{\frac{ab}{c}+\frac{a^2}{c}-a} = \frac{b\cdot\frac{a+b-c}{c}}{a\cdot\frac{a+b-c}{c}} = \frac{b}{a} = \frac{CA}{CB}$$

又$\angle RR'T'=90°=\angle ACB$，故$\triangle RR'T'\backsim\triangle ACB$.

(2)$RT'=ST'=\frac{c}{a}\cdot SS'=\frac{h+BH-a}{2}\cdot\frac{c}{a}$

$$=\frac{\frac{ab}{c}+\frac{a^2}{c}-a}{2}\cdot\frac{c}{a}=\frac{a+b-c}{2}$$

故点T'为$\triangle RST$的外心.

联结AT,BT可知，点A,R,T共于$\angle BAC$的平分线，点B,S,T共于$\angle ABC$的平分线.

故

$$\angle ACS+\angle CAT=\angle ACB-\angle BCS+\angle CAT$$

而

$$\angle CAT=\angle BCS=\frac{1}{2}\angle BAC$$

故$\angle ACS+\angle CAT=90°$，即$AT\perp CS$，同理$BT\perp CR$. 故点$T$为$\triangle CRS$的垂心.

(3)联结CT,RH,SH，则

$$\angle TCR=\angle TCA-\angle RCA=\frac{1}{2}\angle ACB-\frac{1}{2}\angle ACH=\frac{1}{2}\angle BAC=\angle TAB$$

而点T为$\triangle CRS$垂心，故

$$\angle TSR=90°-\angle CRS=\angle TCR=\angle TAB$$

故A,R,S,B四点共圆.

由问题(1)中结论知$\angle RT'R'+\angle ST'S'=90°$，故$\angle RT'S=90°$.

又

$$\angle RHS=\angle RHC+\angle SHC=45°+45°=90°$$

故$\angle RHS=\angle RT'S$. 故R,T',H,S四点共圆.

综上所述，命题得证.

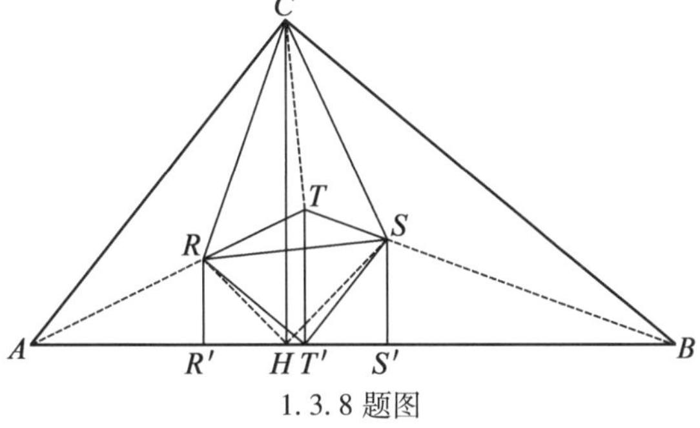

1.3.8 题图

1.3.9 如1.3.9题图，$\triangle ABC$的边BC上有一点D，$\triangle ABD$与$\triangle ACD$的内心与点B,C四点共圆. 求证：$\frac{AD+BD}{AD+CD}=\frac{AB}{AC}$.

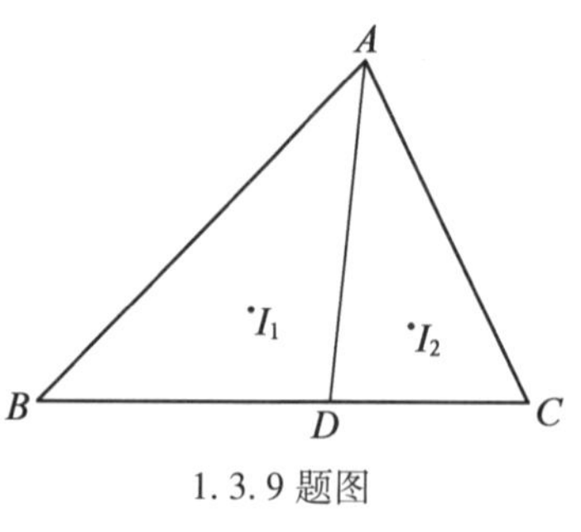

1.3.9题图

证 双向延长I_1I_2交AB于点P，交AC于点Q；延长DI_1交AB于点R，延长DI_2交AC于点S，设I_1I_2交AD于点X，则由I_1，I_2，C，B四点共圆知

$$\begin{aligned}\angle APQ &= \angle ABI_1 + \angle PI_1B = \angle I_1BC + \angle I_2CB\\ &= \angle QI_2C + \angle I_2CQ = \angle AQP\end{aligned}$$

故$AP=AQ$.

从而由AI_1，AI_2分别平分$\angle BAD$，$\angle CAD$知

$$\frac{PI_1}{I_1X}=\frac{AP}{AX}=\frac{AQ}{AX}=\frac{QI_2}{I_2X} \tag{*}$$

由Menelaus定理知

$$\frac{DA}{AX}\cdot\frac{XP}{PI_1}\cdot\frac{I_1R}{RD}=1=\frac{DA}{AX}\cdot\frac{XQ}{QI_2}\cdot\frac{I_2S}{SD}$$

由式(*)知$\frac{XP}{PI_1}=\frac{XQ}{QI_2}$. 从而$\frac{I_1R}{RD}=\frac{I_2S}{SD}$，故

$$\frac{AD+BD}{AB}=\frac{DI_1}{I_1R}=\frac{RD-I_1R}{I_1R}=\frac{SD-I_2S}{I_2S}=\frac{DI_2}{I_2S}=\frac{AD+CD}{AC}$$

变形即得欲证等式. 证毕.

1.3.10 如1.3.10题图(1)，在锐角$\triangle ABC$中，高AD，CF交于垂心H，AD，CF所夹锐角的平分线分别交AB，BC于点P，Q，点H与AC中点的连线与$\angle ABC$的平分线相交于点R. 求证：P，B，Q，R四点共圆.

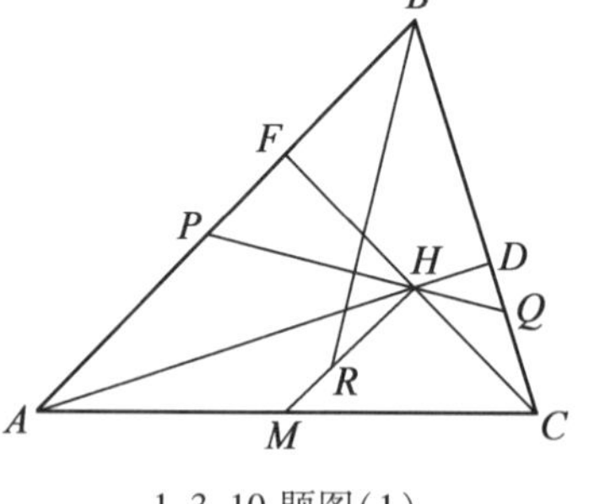

1.3.10题图(1)

证法一 延长HM至点K，则BK为$\triangle ABC$外接圆直径，且由点H，K关于$\angle ABC$共轭知BR也是$\angle HBK$的平分线.

故

$$\frac{HR}{RK}=\frac{HB}{BK}=\frac{AC\cot B}{2R}=\cos B=\frac{HD}{HC}=\frac{DQ}{QC}$$

又$HD\perp BC$，$KC\perp BC$，故$HD/\!/KC$，由上式知$HD/\!/RQ/\!/KC$，从而$RQ\perp BC$.

同理$RP\perp AB$. 所以B，P，R，Q四点共圆.

证毕.

证法二　如 1.3.10 题图(2),联结 BH 并取其中点 T. 设 $\triangle BPQ$ 外心为点 O. 联结 OT.

由于

$$\begin{aligned}\angle DHQ &= \frac{1}{2}\angle DHC\\ &= \frac{1}{2}\angle FHA = \angle FHP\end{aligned}$$

故

$$\begin{aligned}\angle BQP &= 90^\circ - \angle DHQ\\ &= 90^\circ - \angle FHP = \angle BPQ\end{aligned}$$

所以 $BP = BQ$.

由前述习题 1.2.4 结论容易知道 $OT /\!/ MH$,进而由点 T 是 BH 中点可知点 O 为 BR 中点.

故 $OB = OR$,即点 R 也在 $\triangle BPQ$ 外接圆上.

所以 P,B,Q,R 四点共圆. 命题证毕.

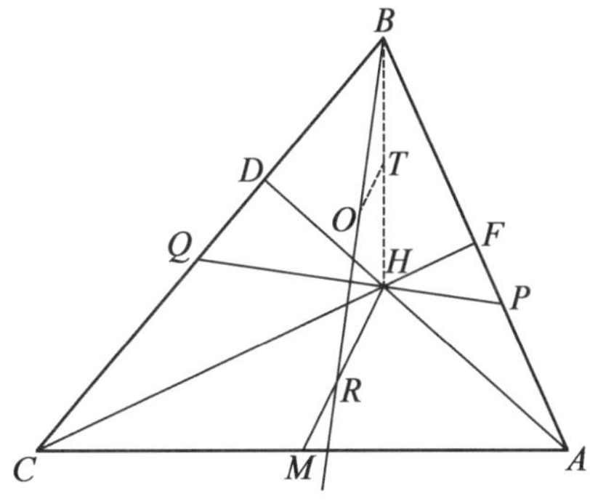

1.3.10 题图(2)

1.3.11　已知 CD 是 $\triangle ABC$ 的高,点 K 是高上一点(不是垂心),证明:点 D 到 AC,BC,BK,AK 的垂足在一个圆上.

证法一　如 1.3.11 题图证法一,联结 PQ,ST,PS,QT.

由 $DP\perp AC,DQ\perp BC$ 知

$$CP\cdot CA = CD^2 = CQ\cdot CB$$

知 $\triangle CPQ\backsim\triangle CBA$,故 $\angle CPQ = \angle CBA$.

类似可知 $\triangle KST\backsim\triangle KBA$,故 $\angle KTS = \angle KAB$.

故

$$\begin{aligned}\angle SPQ &= \angle SPC - \angle QPC \\ &= \angle SDA - \angle CBA \quad (P,A,D,S\text{ 共圆}) \\ &= 90^\circ - \angle KAB - \angle CBA\end{aligned}$$

$$\begin{aligned}\angle STQ &= \angle KTS + \angle KTQ \\ &= \angle KAB + 180^\circ - \angle QTB \\ &= \angle KAB + 180^\circ - \angle QDB \quad (T,D,B,Q\text{ 共圆}) \\ &= \angle KAB + 90^\circ + \angle CBD\end{aligned}$$

故$\angle SPQ + \angle STQ = 180^\circ$.

进而 P,S,T,Q 四点共圆. 命题证毕.

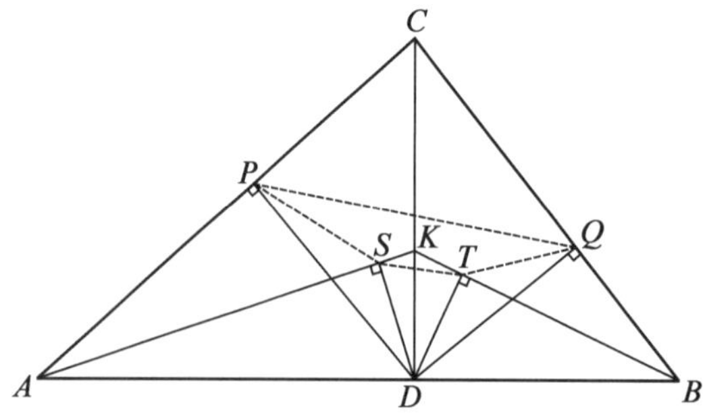

1.3.11 题图证法一

证法二 如 1.3.11 题图证法二,联结 PS 并延长交 CD 于点 M,联结 QT 并延长交 CD 于点 N.

由于

$\angle MDS = 90^\circ - \angle SDA = \angle SAD = \angle MPD$ (P,A,D,S 共圆)

故$\triangle MSD \backsim \triangle MDP \Rightarrow MS \cdot MP = MD^2$.

又

$\angle MKS = 90^\circ - \angle KAD = \angle SDA = \angle MPC$ (P,A,D,S 共圆)

故

$$\triangle MSK \backsim \triangle MCP \Rightarrow MS \cdot MP = MK \cdot MC$$

故有

$$MS \cdot MP = MD^2 = MK \cdot MC$$

同理有

$$NT \cdot NQ = ND^2 = NK \cdot NC$$

又在 CD 上,由单调性知满足 $XD^2 = XK \cdot XC$ 的点应当是唯一的,故点 $M = N = X$,进而 $MD^2 = ND^2$,故

$$MS \cdot MP = NT \cdot NQ = MT \cdot MQ$$

故知 P,S,T,Q 四点共圆,命题证毕.

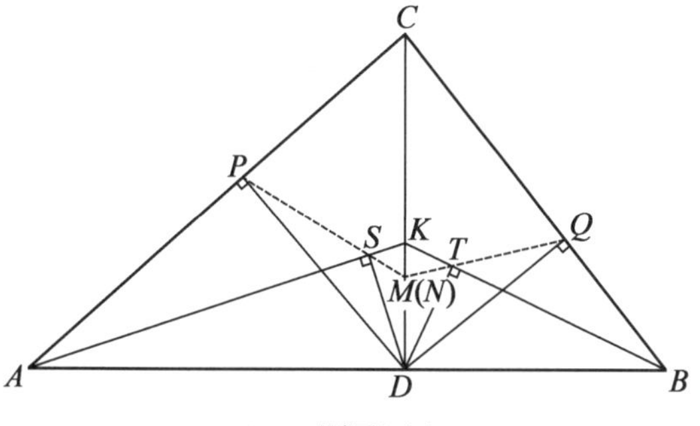

1.3.11 题图证法二

1.3.12　如1.3.12题图,锐角$\triangle ABC$的3条高分别是AD, BE, CF,点K是AD, EF之交点,点L, M分别是DK的中垂线与AB, AC的交点,求证:A, D, L, M四点共圆.

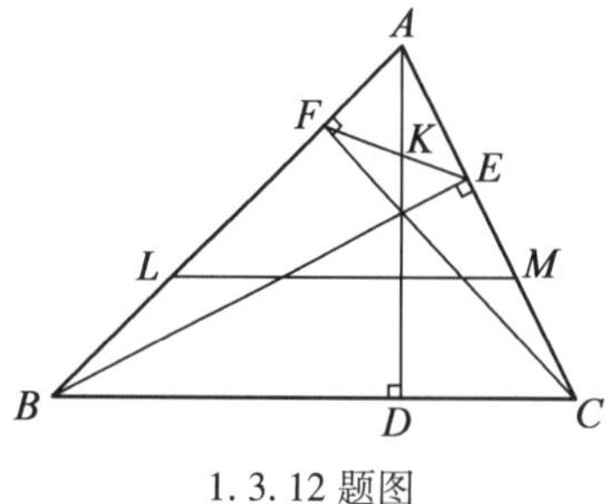

1.3.12 题图

证　设$\triangle KED$外接圆交AC于除点E外另一点M'. 则

$$\angle KDM' = \angle AEK = \angle ABC = \angle M'ED = \angle M'KD$$

故$M'K = M'D$,点M'为KD中垂线与AC之交点,故$M' = M$.

因此$\angle ADM = \angle AEF = \angle ABC = \angle ALM$, A, D, L, M四点共圆.

证毕.

1.3.13　已知凸四边形$ABCD$, AC与BD,延长BA与CD,延长CB与DA,分别交于点O, P, Q. 点O在PQ上的投影为点R,证明:点R在四边形$ABCD$四边所在直线上的投影共圆.

证　由题设知点R, J, A, K; R, K, L, P; Q, R, J, I; C, I, R, L分别四点共圆(各垂足字母如1.3.13题图所示).

所以

$$\begin{aligned}\angle JKL &= 360^\circ - \angle RKJ - \angle RKL\\ &= 180^\circ - \angle RAQ + (180^\circ - \angle RKL)\\ &= 180^\circ - \angle RAQ + \angle RPC\end{aligned}$$

$$\begin{aligned}\angle JIL &= \angle JIC - \angle CIL\\ &= \angle JRQ - \angle CRL\\ &= (90^\circ - \angle RQA) - (90^\circ - \angle RCP)\\ &= \angle RCP - \angle RQA\end{aligned}$$

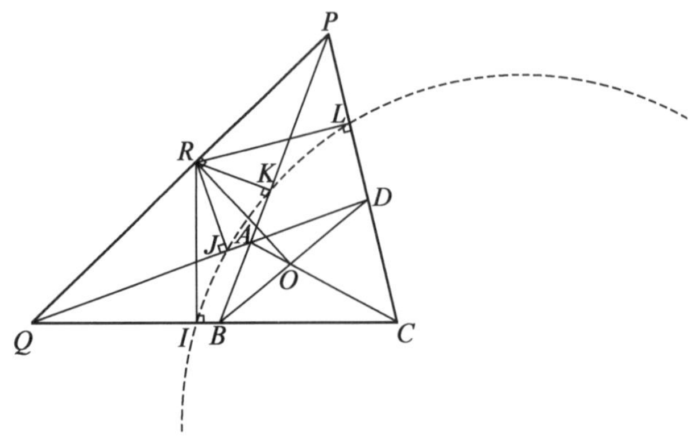

1.3.13 题图

要证明$\angle JIL+\angle JKL=180^\circ$,这等价于

$$\angle RPC+\angle RCP=\angle RAQ+\angle RQA$$

$$\Leftrightarrow\angle PRC=\angle QRA\Leftrightarrow RO\text{ 平分 }\angle ARC$$

事实上,延长 CA 交 PQ 于点 X,则 C,O,A,X 为调和点列,又$\angle XRO=90^\circ$,故点 R 在以 XO 为直径的阿波罗尼斯圆上,从而RO,RX 分别平分$\angle ARC$ 及其外角.

结论得证.

1.3.14 $\triangle ABC$ 中,点 E,F 分别在 AB,AC 上,过点 E 向 BC,AC 作垂线 EM,EN,过点 F 向 BC,AB 作垂线 FP,FQ,证明:M,N,P,Q 四点共圆的充要条件是 B,C,E,F 四点共圆.

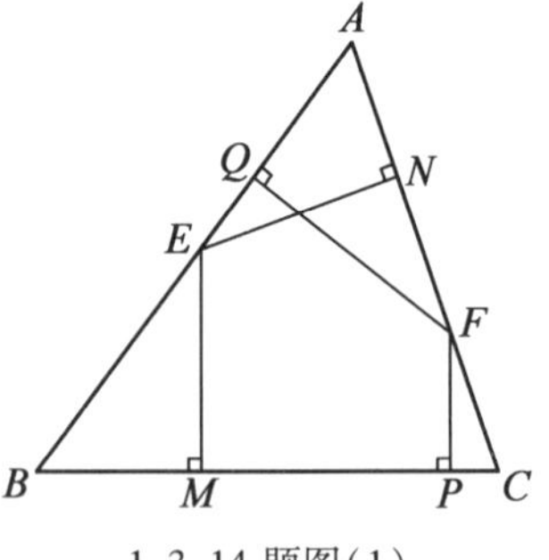

1.3.14 题图(1)

证法一 如1.3.14 题图(1),由题设知点 $Q,N,F,E;C,M,E,N;B,P,F,Q$ 分别四点共圆.从而

$$\begin{aligned}\angle NQP&=\angle NQF+\angle FQP\\&=\angle NEF+\angle FBC\end{aligned}$$

$$\angle NMP=\angle NEC=\angle NEF+\angle FEC$$

因此$\angle NQP=\angle NMP\Leftrightarrow\angle FBC=\angle FEC$.

故 M,N,P,Q 共圆$\Leftrightarrow B,C,E,F$ 共圆.

注:上述条件亦等价于 $QN/\!/BC$.

证毕.

证法二 如1.3.14 题图(2),联结 QN,EF,QM,NP.

取 EF 中点为点 K.联结 KQ,KN,KM,KP.

由于$\angle EQF=\angle ENF=90^\circ$.故 Q,E,F,N 四点共圆且圆心为点 K.

所以 $KQ=KN$,即点 K 在线段 QN 中垂线上.

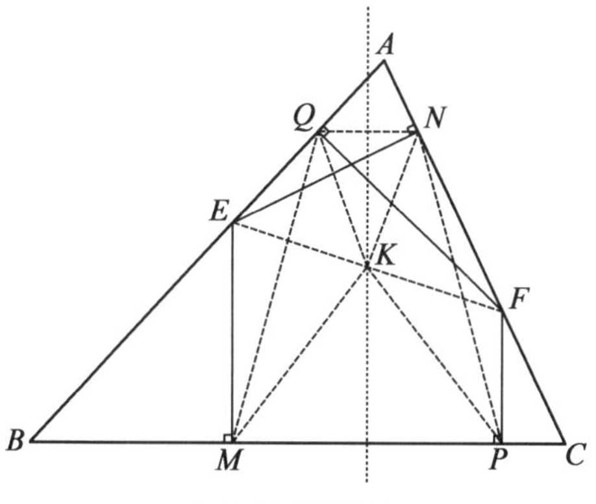

1.3.14 题图(2)

而由 $FP\perp MP$, $EM\perp MP$ 知,过点 K 且垂直于 MP 的直线平分 MP. 即点 K 也在线段 MP 中垂线上.

若 M,N,P,Q 共圆,我们证明 $QN/\!/MP$.

若否,则点 K 为线段 QN 和 MP 中垂线交点. 故点 K 即为四边形 $QMPN$ 外接圆圆心.

所以 $KM=KP=KQ=KN=KE=KF$.

则在等腰 $\triangle KEM$ 与 $\triangle KFP$ 中必有一个底角 $\angle KEM$ 或 $\angle KFP$ 不小于 $90°$(由于这两个角互补). 这是矛盾的!

因此我们得到 $QN/\!/MP$. 故 $\angle AFE=\angle AQN=\angle ABC\Rightarrow B,C,E,F$ 四点共圆.

若 B,C,E,F 四点共圆,则 $\angle AQN=\angle AFE=\angle ABC\Rightarrow QN/\!/MP$. 而 QN 与 MP 中垂线有交点 K. 只能是 QN 与 MP 的中垂线相重合.

故四边形 $QMPN$ 为等腰梯形,当然有 M,N,P,Q 四点共圆.

综上所述,M,N,P,Q 共圆等价于 B,C,E,F 共圆,命题证毕.

1.3.15 由已知点向一三角形各边作垂线,以每垂足为起点在所在边(所在直线)上截两线段,使其长度均等于该垂足与已知点的等角共轭点之距离,则六截点共圆.

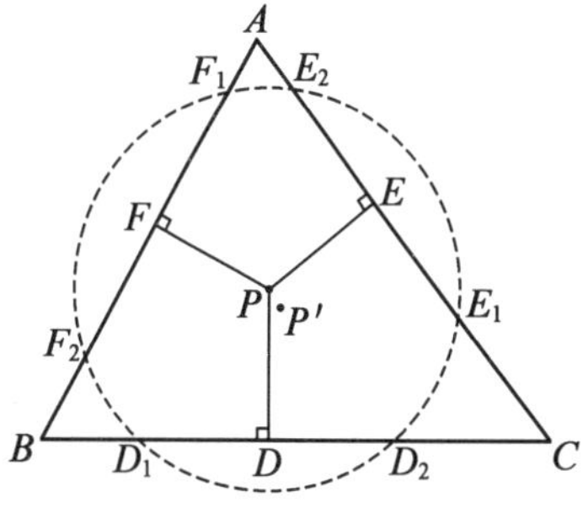

1.3.15 题图

证 如1.3.15 题图,我们只需证明点 P 到六截点的距离相等.

由 $PD_1=PD_2$, $PE_1=PE_2$, $PF_1=PF_2$,只需证明 $PD_1=PE_1=PF_1$(各点字母如1.3.15 题图所示).

$$
\begin{aligned}
&PD_1=PE_1\\
\Leftrightarrow &DP^2+DP'^2=EP^2+EP'^2\\
\Leftrightarrow &DP^2+DC^2+CP'^2-2DC\cdot CP'\cos\angle DCP'\\
&=EP^2+EC^2+CP'^2-2EC\cdot CP'\cos\angle ECP'\\
\Leftrightarrow &DC\cos\angle DCP'=EC\cos\angle ECP' \qquad (*)
\end{aligned}
$$

由点 P,P' 等角共轭知

$$\frac{DC}{EC}=\frac{\cos\angle DCP}{\cos\angle ECP}=\frac{\cos\angle ECP'}{\cos\angle DCP'}$$

故式(*)成立,同理可证 $PE_1=PF_1$. 故原命题得证.

1.3.16 证明:三角形每边上的高线足在其他两边上的垂足共6点共圆(此圆称为 Taylor 圆).

证 如1.3.16题图,设 $\triangle ABC$ 三条高分别为 AD,BE,CF,交于垂心为点 H.

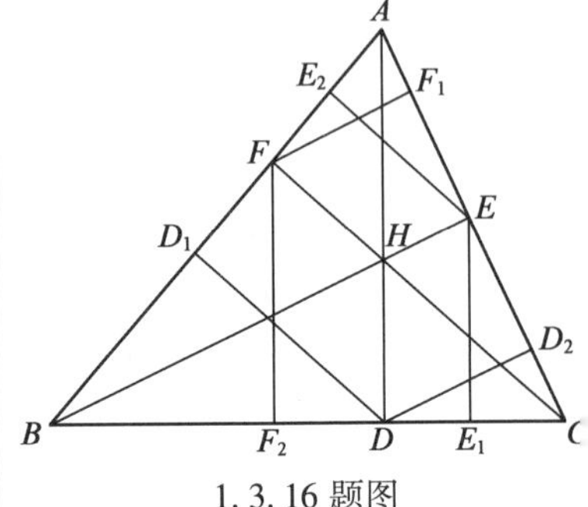

1.3.16 题图

点 D 在 AB,AC 上的垂足分别为点 D_1,D_2. 点 E 在 BC,AB 上的垂足为点 E_1,E_2. 点 F 在 CA,BC 上的垂足为点 F_1,F_2. 则要证 D_1,D_2,E_1,E_2,F_1,F_2 共圆.

由于 $\angle DE_1E=\angle ED_2D=90°$,故 D,E_1,D_2,E 四点共圆.

所以

$$CE_1\cdot CD=CD_2\cdot CE \qquad ①$$

而由 $FF_1/\!/HE,FF_2/\!/HD$ 知

$$\frac{CF_1}{CE}=\frac{CF}{CH}=\frac{CF_2}{CD} \qquad ②$$

结合式①②可得 $CE_1\cdot CF_2=CD_2\cdot CF_1$. 进而 F_1,F_2,E_1,D_2 四点共圆.

同理 E_2,D_1,D_2,F_1 四点共圆,F_2,E_1,E_2,D_1 四点共圆.

若这三个圆中任两个重合则可知 D_1,D_2,E_1,E_2,F_1,F_2 六点均在这个圆上.

否则这三个圆两两不同,则它们两两的根轴分别为 AB,BC,CA. 另一方面,由 Monge 定理知这三个圆根轴交于一点或互相平行,矛盾.

综上可知不存在三个圆两两不同的情况,故 D_1,D_2,E_1,E_2,F_1,F_2 六点在同一圆上,命题证毕.

1.3.17 如1.3.17题图,A',B',C' 各为 $\triangle ABC$ 的3条高 AD,BE,CF 上的点,满足 $\frac{A'A}{A'D}=\frac{B'B}{B'E}=\frac{C'C}{C'F}=k$,则 A',B',C' 在 CA 与 AB,AB 与 BC,BC 与 CA 上的射影共六点共圆.

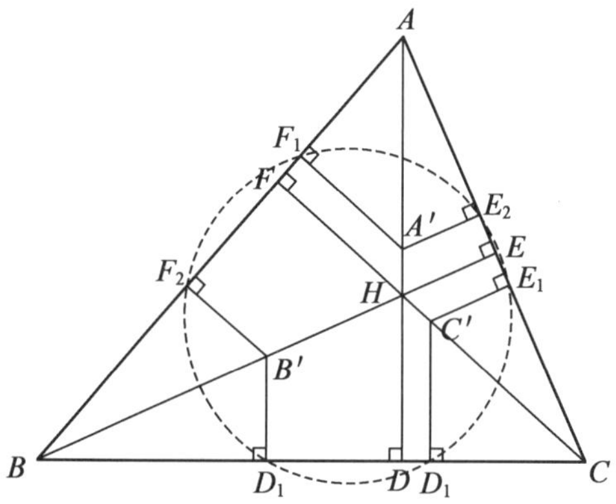

1.3.17 题图

证 由条件标好各垂足字母，有 A,F_1,A',E_2；A,F_2,B',E；A,E_1,C',F 分别四点共圆，故

$$\frac{BF_2}{BA}=\frac{BF_2\cdot BA}{BA^2}=\frac{BB'\cdot BE}{BA^2}=\frac{k}{1+k}\cdot\frac{BE^2}{BA^2}$$

$$=\frac{k}{1+k}\cdot\frac{CF^2}{CA^2}=\frac{CC'\cdot CF}{CA^2}=\frac{CE_1\cdot CA}{CA^2}=\frac{CE_1}{CA}$$

所以 $F_2E_1/\!/BC$.

又由 $\frac{AF_1}{AF}=\frac{AA'}{AH}=\frac{AE_2}{AE}$ 知 $F_1E_2/\!/FE$. 从而

$$\angle AF_1E_2=\angle AFE=\angle ACB=\angle AE_1F_2$$

得 E_1,E_2,F_1,F_2 四点共圆.

同理 D_1,D_2,E_1,E_2；D_1,D_2,F_1,F_2 分别四点共圆. 因此由 Davis定理，或 Monge 定理 C（类似上题做法）可知，D_1,D_2,E_1,E_2,F_1,F_2 六点共圆.

证毕.

1.3.18 在四边形 $ABCD$ 中，$AC\perp BD$，A',C' 分别是 AC 上两点，点 B',D' 是 BD 上两点，若 $A'B'\perp AB$，$B'C'\perp BC$，$C'D'\perp CD$，则 $D'A'\perp DA$，且四垂足及 $A'B'$ 与 CD，$B'C'$ 与 DA，$C'D'$ 与 AB，$D'A'$ 与 BC 的 4 个交点共八点共圆.

证 如 1.3.18 题图，标好字母，并设 $AC\perp BD$ 于点 X. 则由 $A'B'\perp AB$ 知

$$\angle XA'B'=90°-\angle XAB=\angle XBA,\mathrm{Rt}\triangle XA'B'\backsim\mathrm{Rt}\triangle XBA$$

$$\frac{XA'}{XB'}=\frac{XB}{XA}$$

同理

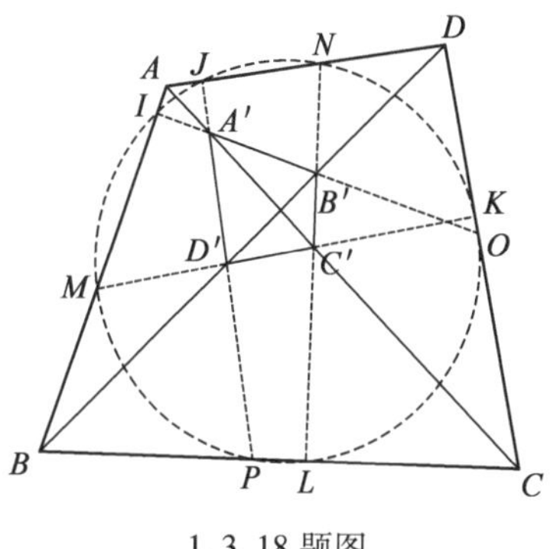

1.3.18 题图

$$\frac{XB'}{XC'}=\frac{XC}{XB},\frac{XC'}{XD'}=\frac{XD}{XC}$$

三式相乘，知 $\frac{XA'}{XD'}=\frac{XD}{XA}$. 从而 $\text{Rt}\triangle XA'D'\backsim\text{Rt}\triangle XDA$，$\angle XA'D'+\angle XAD=90°$. 导出 $A'D'\perp AD$.

现在欲证明八点共圆. 我们先说明 $MN/\!/BD$. 由 Menelaus 定理

$$\frac{C'M}{MD'}\cdot\frac{D'B}{BX}\cdot\frac{XA}{AC'}=1=\frac{C'N}{NB'}\cdot\frac{B'D}{DX}\cdot\frac{XA}{AC'} \qquad (*)$$

和

$$XB\cdot XB'=XC\cdot XC'=XD\cdot XD'$$

得 $\frac{XD'}{XB}=\frac{XB'}{XD}$，进而 $\frac{D'B}{BX}=\frac{B'D}{DX}$.

故由式(*)知 $\frac{C'M}{MD'}=\frac{C'N}{NB'}$，于是 $MN/\!/BD$.

同理 $OP/\!/BD$，$NO/\!/AC/\!/MP$，四边形 $MNOP$ 为矩形，设内接于圆 Γ，MO，NP 均为直径.

由 $\angle MKO=90°$ 知点 K 也在圆 Γ 上. 同理 I,J,L 均在 Γ 上. 因此综上可得点 I,J,K,L；M,N,O,P 共圆 Γ.

证毕.

1.3.19 凸四边形 $ABCD$ 对角线垂直且交于点 P，$AB\neq AD$，点 P 在 AB，AD 上的垂足分别为 M，N，BC，CD 中点为点 Q，R，若 M,N,Q,R 共圆，问凸四边形 $ABCD$ 是什么四边形？

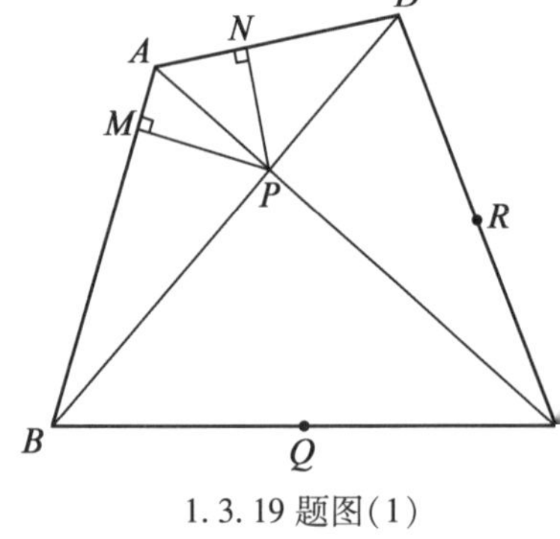

1.3.19 题图(1)

证法一 如 1.3.19 题图(1)，首先，若四边形 $ABCD$ 是圆内接四边形，则 M,N,Q,R 四点共圆.

事实上. 由点 Q 是 BC 中点及 $AC\perp BD$. 有

$$PQ=QC,PR=RC,\triangle PRQ\cong\triangle CRQ$$

$$\angle QPC=\angle ACB=\angle ADB=90°-\angle PAD=\angle APN$$

故 N,P,Q 共线；同理 M,P,R 共线. 从而

$$\angle MNQ=\angle MNP=\angle BAC=\angle BDC=\angle QRC=\angle QRM$$

因此 M,N,Q,R 四点共圆；

若四边形 $ABCD$ 不是圆内接四边形，在射线 AP 上取一点 C_1，使 A,B,C_1,D 四点共圆，取 BC_1，C_1D 中点记为点 Q_1、R_1.

则由前面的结果，M,N,Q_1,R_1 四点共圆，又

$$QQ_1\mathrel{\underline{\underline{/\!/}}}\frac{1}{2}CC_1\mathrel{\underline{\underline{/\!/}}}RR_1,QR\mathrel{\underline{\underline{/\!/}}}\frac{1}{2}BD\mathrel{\underline{\underline{/\!/}}}Q_1R_1,CC_1\perp BD$$

故四边形 QQ_1R_1R 为矩形，其四点共圆；由条件又知 M,N,Q，

R 四点共圆. 因此由 Monge 定理知 MN, QR, Q_1R_1 两两平行(因 $QR /\!/ Q_1R_1$,故不可能三线共点).

于是 $MN /\!/ BD, \dfrac{AM}{AB}=\dfrac{AN}{AD}$.

又 $AM \cdot AB = AP^2 = AN \cdot AD$,得 $AB = AD$. 与题设矛盾!

综上所述,四边形 $ABCD$ 为圆内接四边形.(此为充要条件).

证法二 如1.3.19题图(2),取 AB 中点为点 S,AD 中点为点 T. 此时有

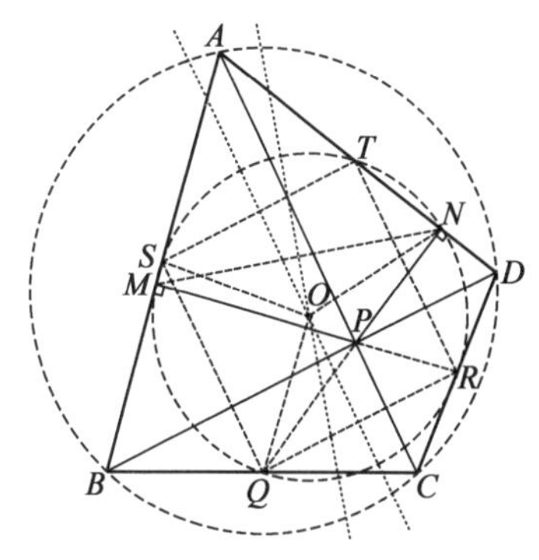

1.3.19 题图(2)

$$ST \underline{\underline{/\!/}} \frac{1}{2}BD \underline{\underline{/\!/}} QR, SQ \underline{\underline{/\!/}} \frac{1}{2}AC \underline{\underline{/\!/}} TR$$

又 $AC \perp BD$,故四边形 $SQRT$ 为矩形.

设 ST 的中垂线与 MN 的中垂线交于点 O. 则由于 ST 与 QR 的中垂线重合. 故点 O 也在 QR 的中垂线上.

联结 OS, ON, OQ.

由于 $AM \cdot AB = AP^2 = AN \cdot AD$ 及 $AS=\dfrac{1}{2}AB, AT=\dfrac{1}{2}AD$.

我们知道 $AS \cdot AM = AT \cdot AN$,即 S,M,N,T 共圆. 圆心为点 O.

而由条件 M,N,Q,R 共圆,圆心也为点 O. 故 $OS=ON=OQ$,进而实际上 S,M,Q,R,N,T 六点均在$\odot O$ 上.

则在矩形 $SQRT$ 中可知 SR 为$\odot O$ 直径.

故$\angle RMS = \angle PMS = 90°$,故 M,P,R 三点共线.

同理可知 N,P,Q 三点共线.

故$\angle PAN = \angle PMN = \angle PQR = \angle BPQ = \angle PBQ$.

因此 A,B,C,D 四点共圆,即四边形 $ABCD$ 是圆内接四边形.

1.3.20 给定锐角$\triangle ABC$,点 O 为其外心,直线 AO 交 BC 于点 D,动点 E,F 分别位于 AB,AC 上,使点 A,E,D,F 共圆,求证:线段 EF 在 BC 上的投影长度为定值.

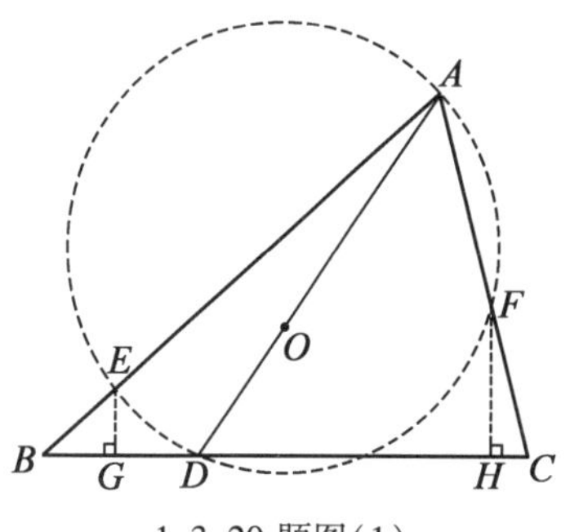

1.3.20 题图(1)

证法一 如1.3.20题图(1),由于 A,E,D,F 共圆,由 Ptolemy 定理及正弦定理. 知

$$AE\sin\angle DAC + AF\sin\angle DAB = AD\sin\angle BAC$$

又$\angle DAC = 90° - \angle B, \angle DAB = 90° - \angle C$,故

$$AE\cos B + AF\cos C = AD\sin\angle BAC$$

上式右端为定值,左端就是线段 EF 在 BC 上的投影长度(AE,AF 在 BC 上投影长度之和).

证毕.

证法二 如图1.3.20题图(2),在边 AB 上取点 E,E',在边 AC 上取点 F,F',使 A,E,D,F 共圆. A,E',D,F'共圆.

设点 E,E',F,F'在 BC 上的投影分别为点 M,M',N,N'.

则只要证明 $MN=M'N'$,即可证明线段 EF 在 BC 上的投影长度为定值.

考察 $\triangle EDF$ 与 $\triangle E'DF'$.

由于

$$\angle DEF=\angle DAC=\angle DAF'=\angle DE'F'$$
$$\angle DFE=\angle DAE=\angle DAE'=\angle DF'E'$$

故 $\triangle EDF\backsim\triangle E'DF'$.

因此我们有 $\dfrac{DE}{DE'}=\dfrac{DF}{DF'}$,且

$$\angle EDE'=\angle E'DF'-\angle EDF'=\angle EDF-\angle EDF'=\angle FDF'$$

故又有 $\triangle EDE'\backsim\triangle FDF'$. 因此 $\dfrac{EE'}{FF'}=\dfrac{DE}{DF}$.

另一方面,由 A,E,D,F 共圆知

$$\frac{DE}{DF}=\frac{\sin\angle EAD}{\sin\angle FAD}=\frac{\sin(90^\circ-C)}{\sin(90^\circ-B)}=\frac{\cos C}{\cos B}$$

故 $MM'=EE'\cos B=FF'\cos C=NN'$,进而 $M'N'=MN$.

这也说明了 EF 在 BC 上的投影长度不随点 E,F 移动而改变,命题证毕.

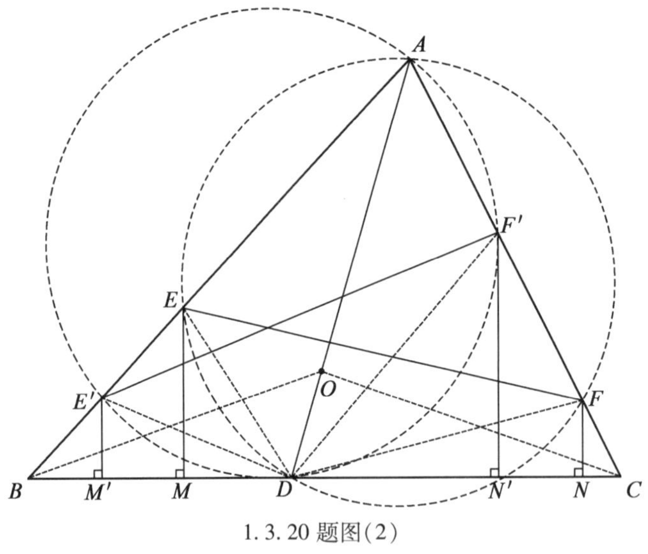

1.3.20 题图(2)

1.3.21 如 1.3.21 题图,已知凸四边形 $ABCD$ 中,$AB=BC,AD=DC$,点 E 是 AB 上一点,点 F 是 AD 上一点,满足 B,E,F,D 共圆,作 $\triangle DPE$ 顺相似于 $\triangle ADC$,作 $\triangle BQF$ 顺相似于 $\triangle ABC$,求证:A,P,Q 三点共线.

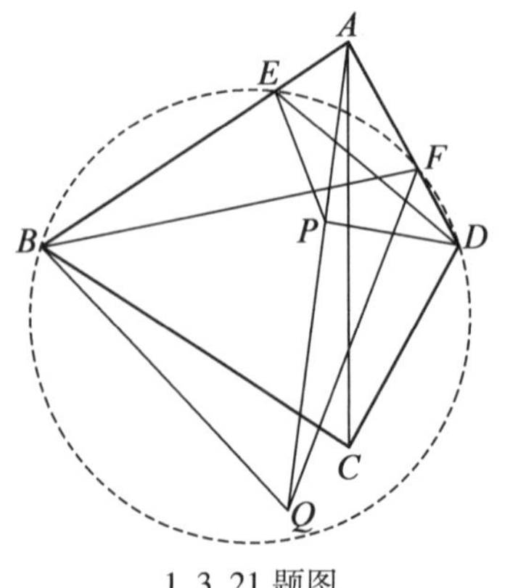

1.3.21 题图

证 由于 B,E,F,D 四点共圆,故 $\angle EBF=\angle EDF$.

故

$$
\begin{aligned}
&\angle AEP+\angle ABQ\\
=&\angle AED+\angle DEP+\angle ABF+\angle FBQ\\
=&\angle AED+\angle DAC+\angle ADE+\angle CAB\\
=&\angle AED+\angle ADE+\angle DAE\\
=&180^\circ
\end{aligned}
$$

对称地有 $\angle ADP+\angle AFQ=180^\circ$.

故 $\sin\angle AEP=\sin\angle ABQ$, $\sin\angle ADP=\sin\angle AFQ$.

又由正弦定理

$$\frac{\sin\angle EAP}{EP}=\frac{\sin\angle AEP}{AP}$$

$$\frac{\sin\angle DAP}{DP}=\frac{\sin\angle ADP}{AP}$$

故 $\frac{\sin\angle EAP}{\sin\angle DAP}=\frac{\sin\angle AEP}{\sin\angle ADP}$,对称地有 $\frac{\sin\angle BAQ}{\sin\angle DAQ}=\frac{\sin\angle ABQ}{\sin\angle AFQ}$.

进而 $\frac{\sin\angle EAP}{\sin\angle DAP}=\frac{\sin\angle BAQ}{\sin\angle DAQ}$.

故点 P, Q 在 $\angle BAD$ 的同一条射线上,进而 A, P, Q 三点共线,命题证毕.

第2讲　圆与内接直线形

§2.1　圆内接四边形

2.1.1　求证:圆内接四边形中,以每条边中点向对边作垂线,则这4条垂线共点.

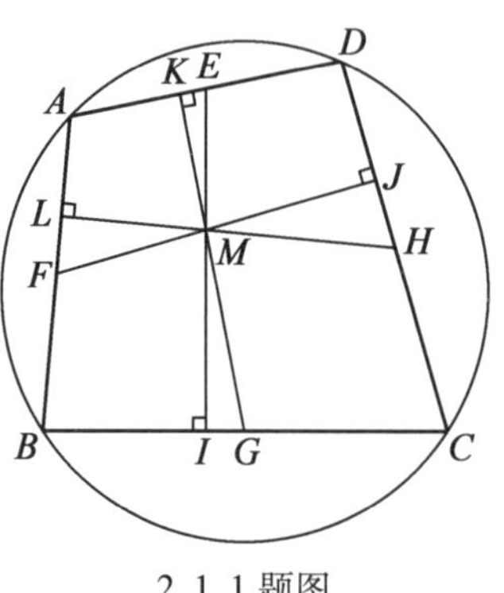

2.1.1 题图

证　先证明 EI,FJ,HL 共点(各中点及垂足的字母如2.1.1题图所示).

设 FJ 交 EI 于点 M. 由点 E,F 分别为 AD,AB 中点知 $EF /\!/ BD$, 又 $FM\perp CD$. 知 $\angle EFM=90°-\angle BDC$. 从而

$$\frac{EM}{EF}=\frac{\sin\angle EFM}{\sin\angle EMF}=\frac{\cos\angle BDC}{\sin C}$$

$$\Rightarrow EM=\frac{1}{2}BD\cdot\frac{\cos\angle BDC}{\sin C}=R\cos\angle BDC$$

其中 R 为外接圆半径.

同理,若设 HL 交 EI 于点 M',则 $EM'=R\cos\angle BAC=EM$,从而 EI,FJ,HL 三线共点.

同理,EI,FJ,GK 三线共点. 故题述的4条垂线共点.

证毕.

2.1.2　如2.1.2题图,设四边形 $ABCD$ 内接于圆,AC 平分 BD,求证:$AB^2+BC^2+CD^2+DA^2=2AC^2$.

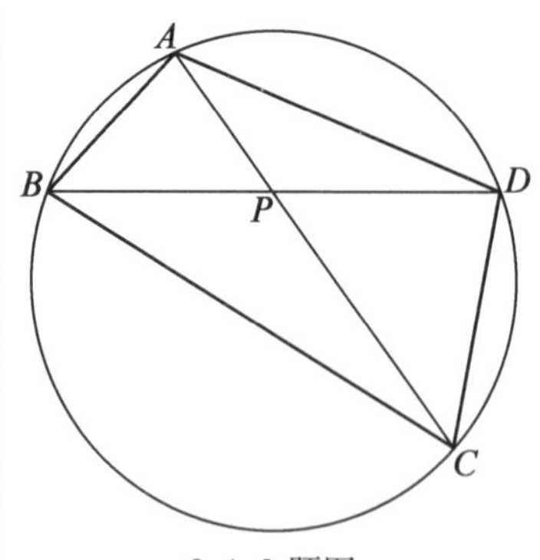

2.1.2 题图

证　由中线长公式知

$$AP^2=\frac{1}{2}AB^2+\frac{1}{2}AD^2-\frac{1}{4}BD^2$$

$$CP^2=\frac{1}{2}CB^2+\frac{1}{2}CD^2-\frac{1}{4}BD^2$$

整理得

$$\begin{aligned}&AB^2+BC^2+CD^2+DA^2\\=&2AP^2+2CP^2+BD^2\\=&2AP^2+2CP^2+4BP\cdot PD\\=&2(AP^2+CP^2+2AP\cdot PC)\end{aligned}$$

$$=2(AP+CP)^2=2AC^2$$

上述过程用到圆内接四边形 $ABCD$ 中，$AP\cdot CP=BP\cdot DP$.

综上所述，命题证毕.

2.1.3　如2.1.3题图，设四边形 $ABCD$ 内接于圆，$BC=CD$，求证：$AB\cdot AD=AC^2-BC^2$.

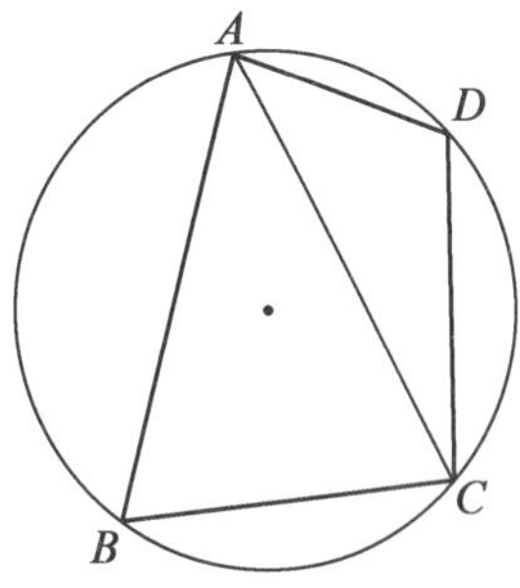

2.1.3 题图

证　过点 C 作 $CE\perp AB$ 于点 E，$CF\perp AD$ 于点 F.

由四边形 $ABCD$ 内接于圆知 $\angle EBC=\angle FDC$.

又 $BC=DC$，故 $\mathrm{Rt}\triangle CBE\cong\mathrm{Rt}\triangle CDF$.

进而 $\angle BAC=\angle CAD$，知 $AE=AF$. 从而

$$\begin{aligned}AC^2-BC^2=AE^2-BE^2&=(AE+BE)(AE-BE)\\&=AB\cdot(AF-DF)\\&=AB\cdot AD\end{aligned}$$

证毕.

2.1.4　如2.1.4题图，已知圆内接四边形 $ABCD$ 对角线交于点 S，点 S 在 AB，CD 上的投影分别为点 E，F，证明：EF 的中垂线平分 BC 和 DA.

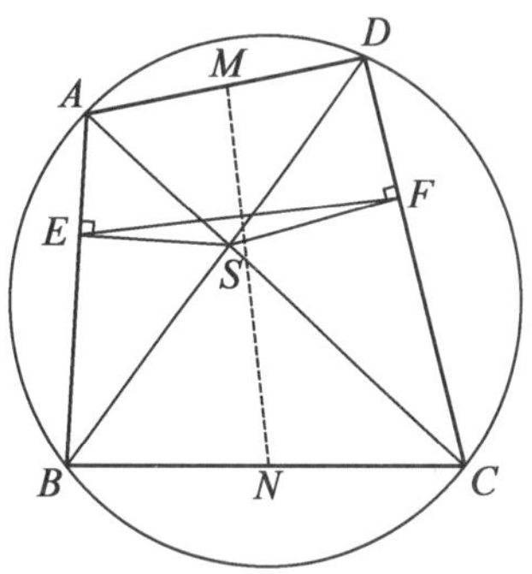

2.1.4 题图

证　取 AS，DS 中点记为点 P，Q；记 AD 中点为点 M.

则 $EP=\dfrac{1}{2}AS=MQ$，$MP=\dfrac{1}{2}SD=FQ$

$$\begin{aligned}\angle MPE=\angle MPA+\angle APE&=\angle DSA+(180^\circ-2\angle BAC)\\&=\angle DQM+(180^\circ-2\angle BDC)\\&=\angle DQM+\angle DQF=\angle FQM\end{aligned}$$

从而 $\triangle EPM\cong\triangle MQF$，得 $EM=MF$，即 EF 的中垂线过点 M.

故 EF 的中垂线平分 AD. 同理 EF 的中垂线亦平分 BC.

证毕.

2.1.5　设点 L 是正方形 $ABCD$ 的外接圆弧 $\overset{\frown}{CD}$ 上任一点（不含端点 C，D），AL 与 CD 交于点 K，CL 与 AD 交于点 M，MK 与 BC 交于点 N，证明：B，M，L，N 四点共圆.

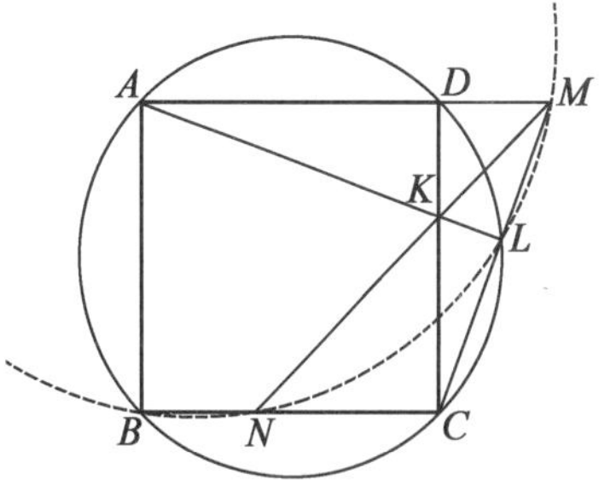

2.1.5 题图

证　如2.1.5题图，由条件可知，$\angle ALC=\angle ADC=90^\circ$，故 M，D，K，L 四点共圆.

又 A，D，L，C 四点共圆，所以

$$\angle NKC=\angle MKD=\angle MLD=\angle MAC=45^\circ=\angle DBC$$

故 B，N，K，D 四点共圆，从而

$$CN\cdot CB=CK\cdot CD=CL\cdot CM$$

故 B，M，L，N 四点共圆. 证毕.

2.1.6 已知凸四边形 $ABCD$ 的对角线交于点 T，$\triangle ABT$ 的垂心与 $\triangle CDT$ 的外心重合，证明：(1) A,B,C,D 共圆；(2) $\triangle CDT$ 的外心在凸四边形 $ABCD$ 外接圆上.

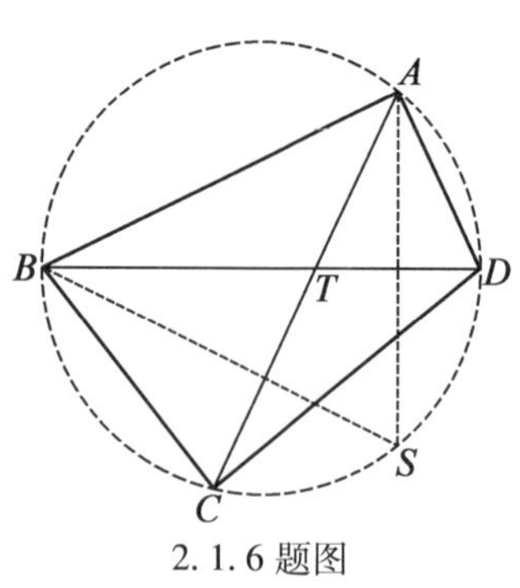

2.1.6 题图

证 如2.1.6题图，设 $\triangle ABT$ 的垂心与 $\triangle CDT$ 的外心为点 S，联结 SA,SB.

(1) 由于点 S 为 $\triangle ABT$ 的垂心，故

$$AS\perp BT, BS\perp AT$$

即

$$AS\perp TD, BS\perp TC$$

由点 S 为 $\triangle CDT$ 的外心可知 AS,BS 分别为线段 DT,CT 的垂直平分线.

进而 $AT=AD,BT=BC$，有 $\angle ADT=\angle ATD=\angle BTC=\angle BCT$.

故 A,B,C,D 四点共圆.

(2) 由点 S 为 $\triangle ABT$ 的垂心知

$$\angle ASB=180^\circ-\angle ATB=\angle ATD=\angle ADT$$

故点 S 也在前述四边形 $ABCD$ 外接圆上.

综上所述，命题证毕.

2.1.7 圆上四点两两连成4个三角形，非圆上任一点关于这4个三角形各得一等角共轭点，证明：所得四点共圆或共线.

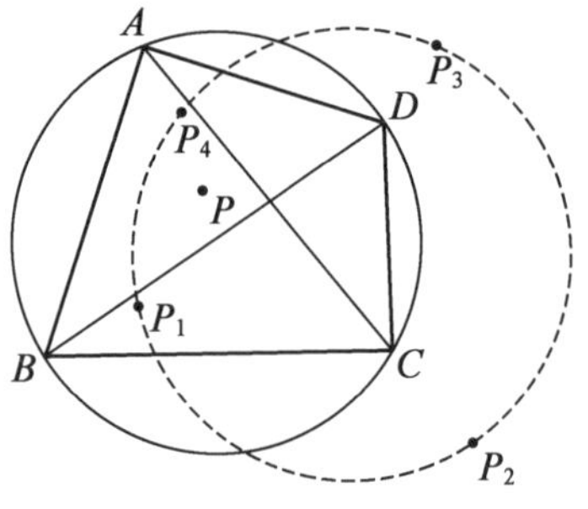

2.1.7 题图

证 如2.1.7题图，点 P 为非四边形 $ABCD$ 外接圆上的任一点，点 P_1,P_2,P_3,P_4 分别是点 P 关于 $\triangle ABC$，$\triangle BCD$，$\triangle CDA$，$\triangle DAB$ 的等角共轭点.

现在就2.1.7题图中的位置关系计算角度. 点 P 在四边形 $ABCD$ 边界上或四边形 $ABCD$ 外的情形证明是类似的.

由等角共轭，知

$$\begin{aligned}\angle AP_1B&=180^\circ-\angle P_1AB-\angle P_1BA\\&=180^\circ-\angle PAC-\angle PBC\\&=180^\circ-\angle APB+\angle ACB\end{aligned}$$

同理可知 $\angle AP_4B=180^\circ-\angle APB+\angle ADB$，因此 $\angle AP_1B=\angle AP_4B$，$A,B,P_1,P_4$ 四点共圆. 同理，A,D,P_3,P_4；B,C,P_1,P_2；C,D,P_2,P_3 分别四点共圆. 因此

$$\begin{aligned}\angle P_4P_1P_2&=(180^\circ-\angle P_4P_1B)+(180^\circ-\angle BP_1P_2)\\&=\angle P_4AB+(180^\circ-\angle BCP_2)\\&=\angle PAD+\angle PCD\end{aligned}$$

$$\angle P_4P_3P_2=\angle P_4P_3D+\angle DP_3P_2$$

$= \angle P_4AD + (180^\circ - \angle DCP_2)$
$= \angle PAB + \angle PCB$

因此$\angle P_4P_1P_2 + \angle P_4P_3P_2 = 180^\circ$，$P_1,P_2,P_3,P_4$ 四点共圆(在此位置关系下).

证毕.

2.1.8　已知圆内接四边形 $ABCD$，点 P 是圆上一点，求证：点 P 到对边距离之积相等，该值也等于 P 到对角线距离之积.

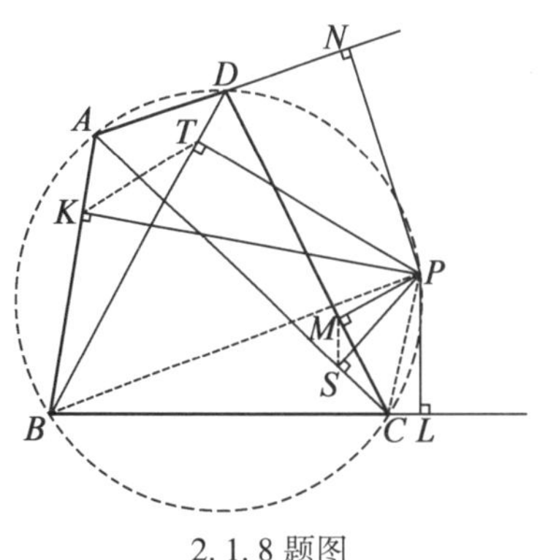

2.1.8 题图

证　如2.1.8题图，设点 P 到线段 AB,BC,CD,DA,AC,BD 的垂足分别为点 K,L,M,N,S,T. 则要证明 $PK\cdot PM = PL\cdot PN = PS\cdot PT$.

联结 PB,PC,KT,MS.

则$\angle PTB = 90^\circ = \angle PKB$，$\angle PSC = 90^\circ = \angle PMC$，故 P,T,K,B 与 P,M,S,C 分别四点共圆.

所以

$$\angle TPK = \angle TBK = \angle MCS = \angle MPS$$
$$\angle TKP = \angle TBP = \angle MCP = \angle MSP$$

所以$\triangle TPK \backsim \triangle MPS$，进而$\dfrac{PT}{PK} = \dfrac{PM}{PS}$.

故 $PK\cdot PM = PS\cdot PT$. 类似可证 $PL\cdot PN = PS\cdot PT$.

故 $PK\cdot PM = PL\cdot PN = PS\cdot PT$，命题证毕.

2.1.9　证明：四边形 $ABCD$ 内接于$\odot O$，且 $AC\perp BD$，则$\triangle OAB$，$\triangle OBC$，$\triangle OCD$，$\triangle ODA$ 的垂心共线.

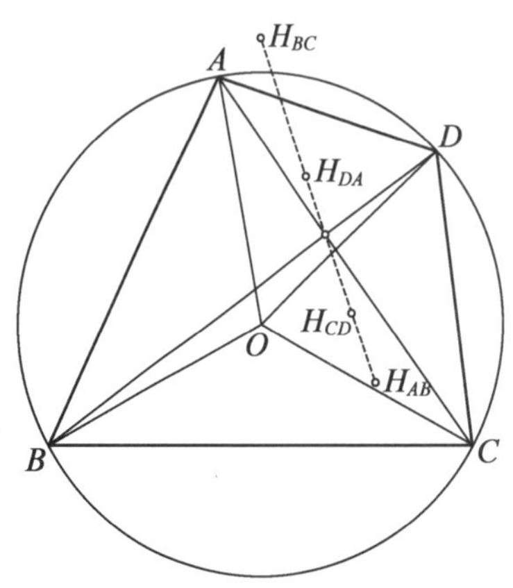

2.1.9 题图

证　如2.1.9题图，用 H_{AB} 等表示$\triangle OAB$ 等四个三角形的垂心.

我们先证明：H_{DA},H_{CD},P 共线. 其中点 P 是对角线交点.

设直线 H_{DA},H_{CD} 交 AC 于点 P_1，由

$$AH_{DA}\perp OD,\ CH_{CD}\perp OD$$

知

$$AH_{DA}/\!/CH_{CD}$$

从而

$$\frac{AP_1}{CP_1} = \frac{AH_{DA}}{CH_{CD}} = \frac{\cot\angle OAD}{\cot\angle OCD} = \frac{\tan\angle ACD}{\tan\angle CAD} = \frac{AP}{CP}$$

因此点 $P_1 = P$，所以 H_{DA},H_{CD},P 共线，记此线为 l.

同理可知，H_{BC},H_{CD},P 和 H_{AB},H_{DA},P 分别三点共线，从而 H_{BC},H_{AB} 均在 l 上. 这就证明了四垂心共线的结论.

2.1.10 证明:圆内接四边形的两对角线的中点,在四边中点连成的平行四边形的各边所在直线上的射影共8点共圆.

证 如2.1.10题图,设四边形 $ABCD$ 内接于圆,边 AB,BC,CD,DA 的中点分别为点 E,F,G,H.

对角线 AC,BD 的中点分别为点 X,Y. 点 X 在直线 EF,FG,GH,HE 上的射影分别为点 P_1,Q_1,S_1,T_1.

点 Y 在直线 EF,FG,GH,HE 上的射影为点 P_2,Q_2,S_2,T_2.

则要证的命题即为 $P_1,P_2,Q_1,Q_2,S_1,S_2,T_1,T_2$ 八点共圆.

首先不难知道四边形 $S_1P_1P_2S_2$ 为矩形.

取 S_1P_2 中点 R 可知 S_1,P_1,P_2,S_2 均在以点 R 为圆心、RS_1 为半径的圆上.

联结 T_2S_1,T_2P_2,OH,YE(点 O 为四边形 $ABCD$ 外接圆圆心).

由于 $\angle YT_2E=\angle YP_2E=90°$,故点 Y,T_2,E,P_2 四点共圆.

又由于

$$OX\perp AC,OY\perp BD$$

及

$$HG\underline{\underline{/\!/}}\frac{1}{2}AC,HE\underline{\underline{/\!/}}\frac{1}{2}DB$$

故 $OX\perp HG,OY\perp HE$,垂足分别为点 S_1,T_2,故 $\angle OS_1H=90°=\angle OT_2H$ 可知 O,S_1,H,T_2 四点共圆.

而由 $OH\perp AD$ 知

$$\angle OT_2S_1=\angle OHS_1=90°-\angle DHG=90°-\angle DAC$$

又 $EY/\!/AD,EF/\!/AC$,故 $\angle P_2T_2Y=\angle P_2EY=\angle CAD$,于是就有 $\angle P_2T_2S_1=\angle P_2T_2Y+\angle OT_2S_1=90°$,故点 T_2 也在 $\odot R$ 上.

类似可知其余的点也在这个圆上,随之八点共圆证毕.

注:点 R 实质上为线段 XY 的中点,读者可自行证明.

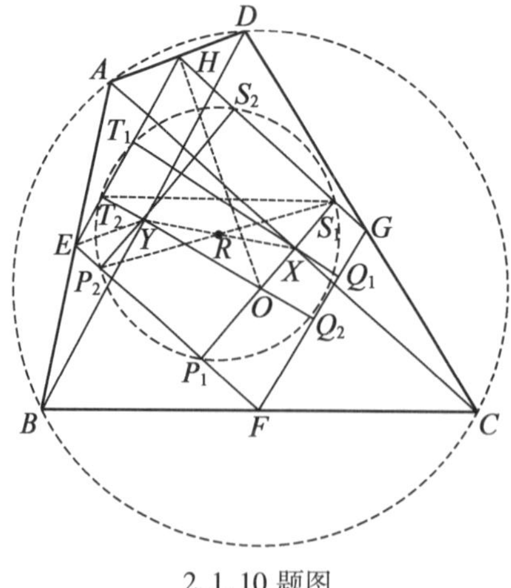

2.1.10 题图

2.1.11 圆内接四边形 $ABCD$ 的边 AB,DC 延长交于点 E，AD,BC 延长交于点 F，对角线交于点 T，点 P 为圆上任一点，PE,PF 分别交圆于点 R,S，求证：R,T,S 共线.

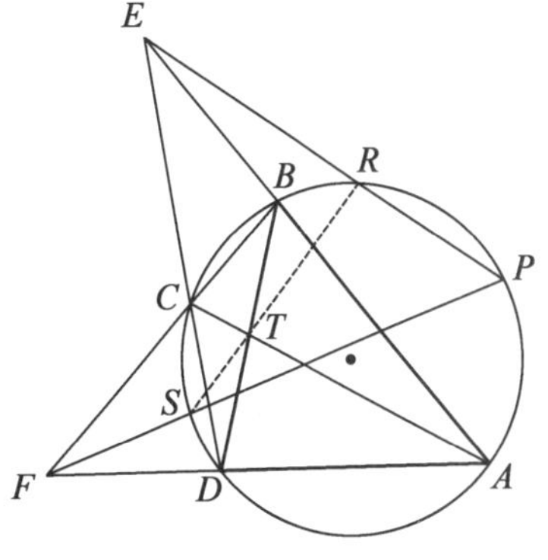

2.1.11 题图

证 如2.1.11题图，要证明 R,T,S 共线，只需联结 RS 交 AC 于点 T_1，并证 $T_1=T$.

因此只需证

$$\frac{CT_1}{T_1A}=\frac{CT}{TA}\Leftrightarrow\frac{CS\cdot CR}{AS\cdot AR}=\frac{CT}{TA} \quad (*)$$

由圆内接四边形导出的相似三角形，知

$$\triangle FCS\backsim\triangle FPB\Rightarrow\frac{CS}{PB}=\frac{FC}{FP} \quad ①$$

$$\triangle ECR\backsim\triangle EPD\Rightarrow\frac{CR}{PD}=\frac{EC}{EP} \quad ②$$

$$\triangle FAS\backsim\triangle FPD\Rightarrow\frac{AS}{PD}=\frac{FA}{FP} \quad ③$$

$$\triangle EAR\backsim\triangle EPB\Rightarrow\frac{AR}{PB}=\frac{EA}{EP} \quad ④$$

由$\frac{①\cdot②}{③\cdot④}$得

$$\frac{CS\cdot CR}{AS\cdot AR}=\frac{FC\cdot EC}{FA\cdot EA} \quad ⑤$$

延长 AC 交 EF 于点 X，易知 A,T,C,X 为调和点列. 则

$$\frac{FC\cdot EC}{FA\cdot EA}=\frac{S_{\triangle ECF}}{S_{\triangle EAF}}=\frac{CX}{XA}=\frac{CT}{TA} \quad ⑥$$

由式⑤，⑥得式（＊）. 证毕.

2.1.12 四边形 $ABCD$ 内接于⊙O，直线 AD,BC 交于点 P，点 L,M 分别是 AD,BC 的中点，点 Q 和 R 分别是点 O,P 到 LM 的垂足，求证：$LQ=RM$.

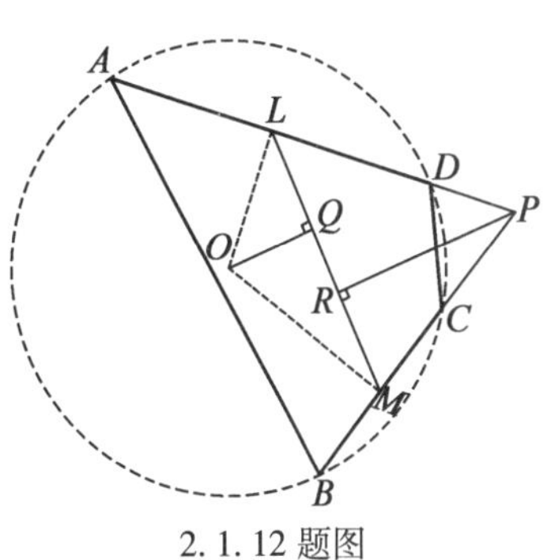

2.1.12 题图

证 如2.1.12题图，联结 OL,OM，易知 $OL\perp AD,OM\perp BC$. 则

$$\angle OLQ=90°-\angle RLP=\angle LPR$$

$$\angle OMQ=90°-\angle RMP=\angle MPR$$

故 $Rt\triangle OLQ\backsim Rt\triangle LPR$，$Rt\triangle OMQ\backsim Rt\triangle MPR$.

故 $LQ\cdot LR=OQ\cdot PR=MQ\cdot MR$. 即

$$\frac{LQ}{QM}=\frac{MR}{RL}$$

$$\Leftrightarrow\frac{LQ}{LQ+QM}=\frac{MR}{MR+RL}$$

$$\Leftrightarrow\frac{LQ}{LM}=\frac{MR}{ML}$$

$$\Leftrightarrow LQ=MR$$

综上所述,$LQ=RM$,命题证毕.

2.1.13 四边形 $A'BCD'$ 是四边形 $ABCD$ 关于 BC 的反射,四边形 $A''B'CD'$ 是四边形 $A'BCD'$ 关于 CD' 的反射,四边形 $A''B''C'D'$ 是四边形 $A''B'CD'$ 关于 $D'A''$ 的反射,证明:若 $AA''/\!/BB''$,则四边形 $ABCD$ 是圆内接四边形.

证 如2.1.13题图,联结 $AC,BD,BD',BB',B'D',CA'',B'B''$,$D'B''$.

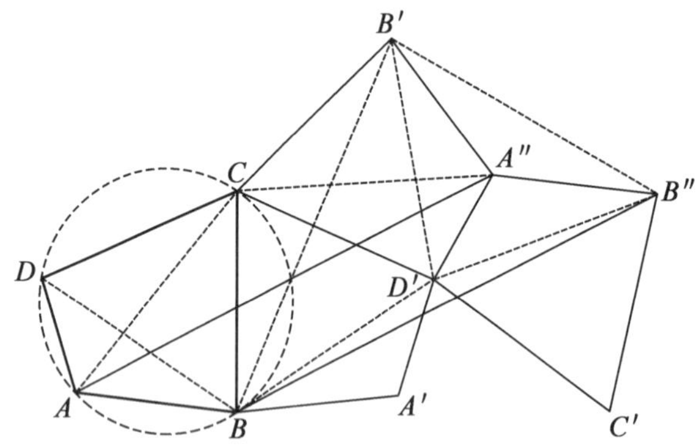

2.1.13 题图

由 $CA=CA''$,$CB=CB'$

$$\begin{aligned}\angle ACA''&=\angle ACB+\angle BCA''\\&=\angle BCA''+\angle A''CB'\\&=\angle BCB'\end{aligned}$$

故知 $\triangle CAA''\backsim\triangle CBB'$. 故 $\angle CAA''=\angle CBB'$.

又 $D'B=D'B'=D'B''$,故点 D' 为 $\triangle BB'B''$ 的外心.

故

$$\begin{aligned}\angle B'BB''&=\frac{1}{2}\angle B'DB''\\&=\angle B'D'A''\\&=\angle BDA\end{aligned}$$

故若 $AA''/\!/BB''$,则有

$$
\begin{aligned}
180^\circ &= \angle A''AB + \angle ABC + \angle CBB' + \angle B'BB'' \\
&= \angle A''AB + \angle ABC + \angle CAA'' + \angle BDA \\
&= \angle ABC + \angle BDA + (\angle CAA'' + \angle A''AB) \\
&= \angle ABC + \angle BDA + \angle CAB
\end{aligned}
$$

故知$\angle BDA = \angle ACB$，进而有A,B,C,D四点共圆，命题证毕.

2.1.14　已知圆内接四边形$ABCD$，点K,L,M,N分别是AB,BC,CD,DA中点，证明：$\triangle AKN,\triangle BKL,\triangle CLM,\triangle DMN$的垂心是一个平行四边形的顶点.

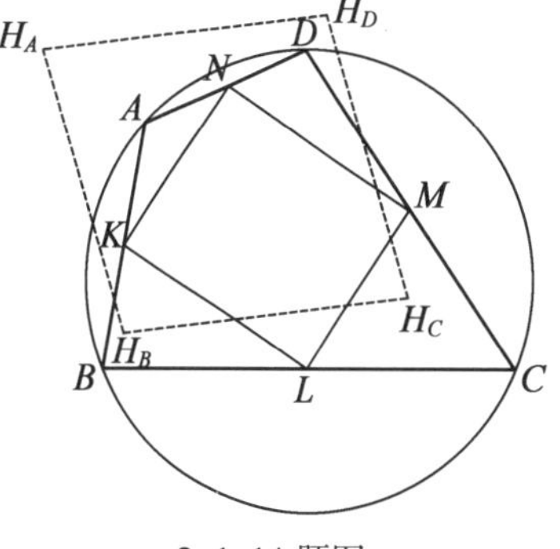

2.1.14 题图

证　如2.1.14题图，设四垂心点分别为H_A,H_B,H_C,H_D，则

$$KH_B = BL|\cot\angle BKL|,\ MH_C = LC|\cot\angle LMC|$$

由$\angle BKL = \angle BAC = \angle BDC = \angle LMC$，$BL = LC$知$KH_B = MH_C$；又$KH_B \perp BC$，$MH_C \perp BC$，故进而有$KH_B \mathrel{\underline{\mathbin{/\!/}}} MH_C$. 于是四边形$KH_BH_CM$为平行四边形，得$H_BH_C \mathrel{\underline{\mathbin{/\!/}}} KM$，同理$KH_A \mathrel{\underline{\mathbin{/\!/}}} MH_D$，导出$H_AH_D \mathrel{\underline{\mathbin{/\!/}}} KM$.

所以$H_AH_D \mathrel{\underline{\mathbin{/\!/}}} H_BH_C$，四边形$H_AH_BH_CH_D$构成平行四边形.
证毕.

2.1.15　圆内接四边形$ABCD$对角线BD上的点K满足$\angle AKB = \angle ADC$，I,I'分别为$\triangle ACD,\triangle ABK$内心，线段$II'$与$BD$交于点$X$，求证：$A,X,I,D$共圆.

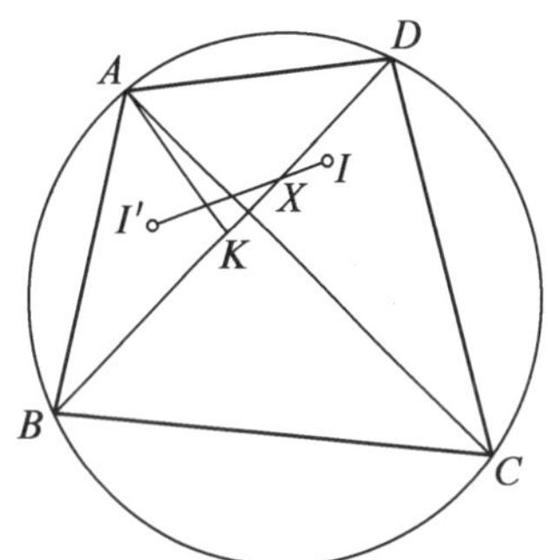

2.1.15 题图

证　如2.1.15题图，由$\angle AKB = \angle ADC$，$\angle ABK = \angle ACD$知$\triangle AKB \backsim \triangle ADC$.

注意到点I',I为两三角形对应点，故$\triangle AKI' \backsim \triangle ADI$.

由顺相似知$\triangle ADK \backsim \triangle AII'$，由此知$\angle AIX = \angle ADX$，因此$A,X,I,D$共圆. 证毕.

2.1.16　如2.1.16题图，凸四边形$ABCD$的外接圆圆心为点O，$AC \neq BD$，AC与BD交于点E，若点P为四边形$ABCD$内一点，使得$\angle PAB + \angle PCB = \angle PBC + \angle PDC = 90^\circ$，求证：$O,P,E$共线.

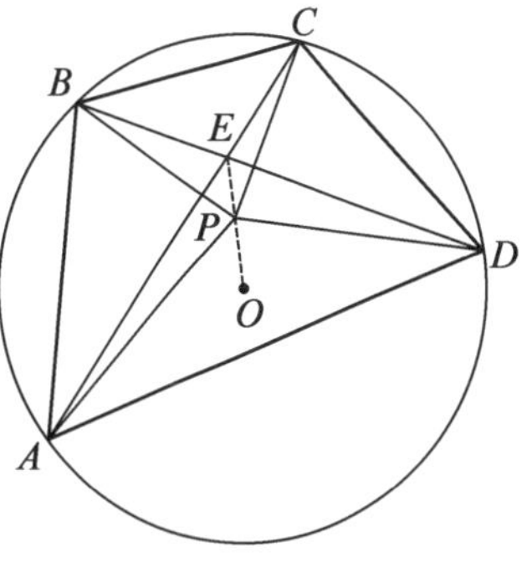

2.1.16 题图

证　设直线AP,BP,CP,DP分别交$\odot O$于点A_1,B_1,C_1,D_1.

由$\angle PAB + \angle PCB = 90^\circ$知$A_1C_1$为直径，由$\angle PBC + \angle PDC = 90^\circ$知$B_1D_1$为直径.

对圆内接六边形A_1ACB_1BD用Pascal定理知，A_1A与B_1B的交点（点P），AC与BD的交点（点E）和CB_1与A_1D的交点（记作点M）共线.

对圆内接六边形$DA_1C_1CB_1D_1$用Pascal定理知，A_1C_1与B_1D_1

的交点(点 O),C_1C 与 D_1D 的交点(点 P)与 CB_1 与 DA_1 的交点(点 M)共线.

因此,O,P,E,M 在一条直线上.

证毕.

2.1.17 圆内接四边形 $ABCD$ 中,点 L,M 分别为 $\triangle ABC$, $\triangle BCD$ 的内心,过点 L 垂直于 AC 的直线与过点 M 垂直于 BD 的直线交于点 R,求证:$\triangle LMR$ 为等腰三角形.

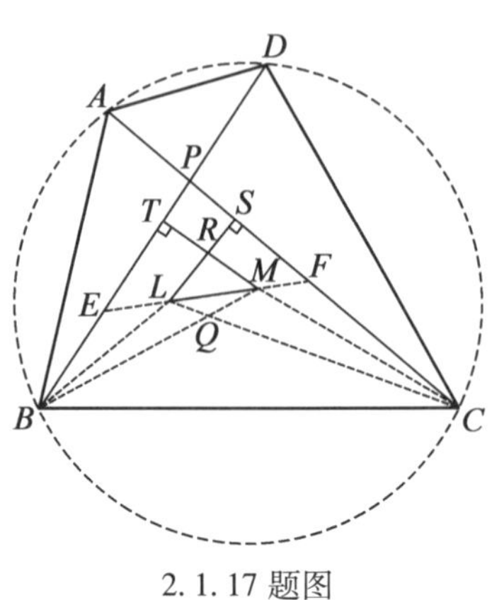

2.1.17 题图

证 如2.1.17题图,联结 BL,BM,CL,CM,设 BM 与 CL 交于点 Q.

设直线 LM 交 BD 于点 E,交 AC 于点 F.

由于点 L,M 分别为 $\triangle ABC$,$\triangle BCD$ 的内心.

故

$$\begin{aligned}\angle BLC &= 90^\circ+\frac{1}{2}\angle BAC\\&=90^\circ+\frac{1}{2}\angle BDC\\&=\angle BMC\end{aligned}$$

因此 B,C,M,L 四点共圆.

故 $\angle MLQ=\angle MBC=\angle MBD$,因此 B,Q,L,E 四点共圆. 同理可得 C,Q,M,F 四点共圆.

进而

$$\angle MET=\angle LQB=\angle MQC=\angle LFS$$

故

$$\angle RML=90^\circ-\angle MET=90^\circ-\angle LFS=\angle RLM$$

即 $RL=RM$,所以 $\triangle LMR$ 为等腰三角形. 命题证毕.

2.1.18 凸四边形 $ABCD$ 为 $\odot O$ 的内接四边形,DA 的延长线与 CB 延长线交于点 E,且 $CD^2=AD\cdot ED$,点 F 为过点 A 与 ED 垂直的直线与 $\odot O$ 的另一个交点,证明:$AD=CF$ 的充要条件是 $\triangle ABE$ 的外心在直线 ED 上.

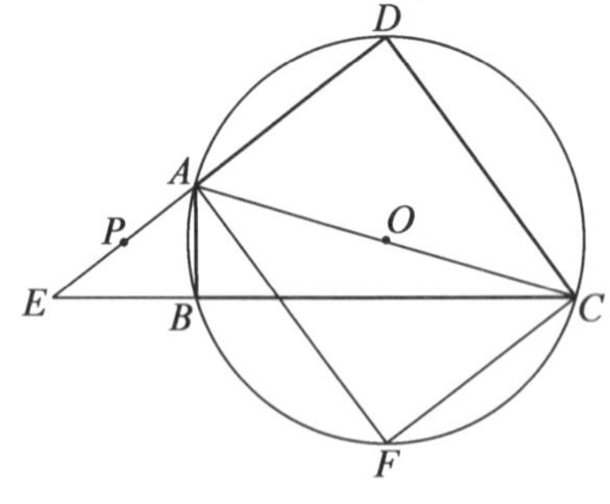

2.1.18 题图

证 如2.1.18题图,由条件知,$AD\perp AF$,故线段 DOF 为直径.

现证明 C,A 在 DF 的异侧,只需说明:$\angle DAC<90^\circ$及$\angle DCA<90^\circ$.

事实上,由 $CD^2=DA\cdot AE$ 得 $\triangle DAC\backsim DCE$,从而

$$\angle DBC=\angle DAC=\angle DCE$$

因此等腰 $\triangle DBC$ 中,$\angle DBC<90^\circ$,故 $\angle DAC=\angle DBC<90^\circ$,

$\angle DCA < \angle DCB < 90^\circ$.

所以点 C,A 在 DF 的异侧.

从而

$$\begin{aligned} AD = CF &\Leftrightarrow \text{Rt}\triangle FDA \cong \text{Rt}\triangle DFC \\ &\Leftrightarrow \angle AFD = \angle CDF \\ &\Leftrightarrow AF /\!/ CD \\ &\Leftrightarrow AD \perp CD \end{aligned}$$

而

$$\begin{aligned} \triangle ABE \text{ 的外心点 } P \text{ 在直线 } ED \text{ 上} &\Leftrightarrow \angle APE = 180^\circ \\ &\Leftrightarrow \angle ABE = 90^\circ \\ &\Leftrightarrow \angle ADC = 90^\circ \end{aligned}$$

综上可知,$AD = CF \Leftrightarrow$点 P 在 ED 上.

证毕.

2.1.19 已知圆内接四边形 $ABCD$,圆的半径为 r,在 CD 上存在一点 P,满足 $CB = BP = PA = AB$,证明:(1)存在满足条件的 A,B,C,D,P;(2)$PD = r$.

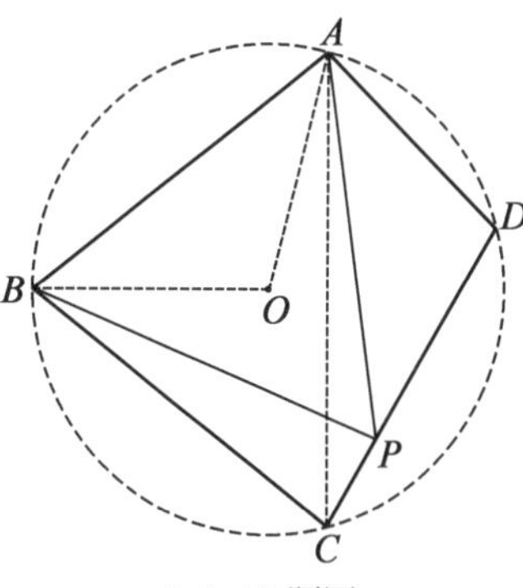

2.1.19 题图

证 (1)如2.1.19题图,在圆上适当地取点 A,B,C 使 $AB = BC$,作等边$\triangle ABP$.

延长 CP 交圆于点 D,容易证明这样的点 A,B,C,D,P 是存在的.

(2)由于 $BC = BP$. 故$\angle BCP = \angle BPC$,进而

$$\begin{aligned} \angle BAD &= 180^\circ - \angle BCP \\ &= 180^\circ - \angle BPC \\ &= \angle BPD \end{aligned}$$

又等边$\triangle ABP$ 中$\angle BAP = \angle BPA = 60^\circ$,所以

$$\angle DAP = \angle BAD - \angle BAP = \angle BPD - \angle BPA = \angle DPA$$

故$\triangle DAP$ 是一个以 AP 为底的等腰三角形.

又

$$\angle ADP = 180^\circ - \angle ABC = \angle BAC + \angle BCA = 2\angle BCA = \angle AOB$$

且 $AP = AB$,故等腰$\triangle ADP$ 与等腰$\triangle AOB$ 是全等的.

因此 $PD = BO = r$,命题证毕.

2.1.20 设正方形 $ABCD$ 的外接圆上,点 M 是不包含点 A 的弧 $\overset{\frown}{CD}$ 上一点,AM 分别与 BD,CD 交于点 P,R,BM 分别与 AC,DC 交于点 Q,S,证明:$PS \perp QR$.

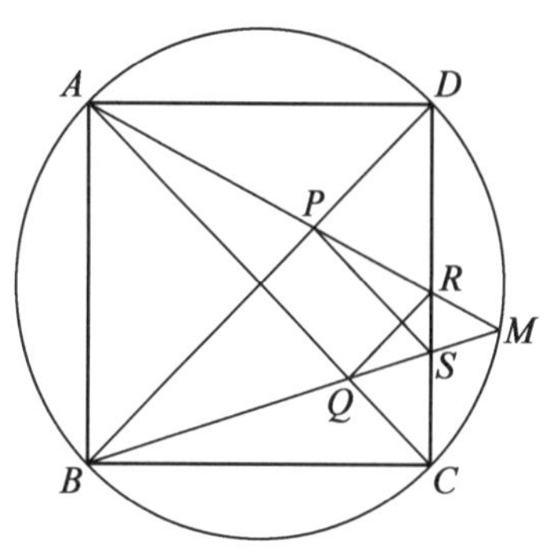

2.1.20 题图

证 如2.1.20题图,由 A,B,C,M,D 五点共圆知$\angle AMB = \angle ADB = 45^\circ = \angle BDC$,所以 P,D,M,S 四点共圆.

从而

$$\angle DPS = 180° - \angle DMS = 180° - \angle DCB = 90°$$

即 $BD \perp PS$.

同理 $AC \perp QR$. 又 $AC \perp BD$. 故 $PS \perp QR$. 证毕.

2.1.21 设凸四边形 $ABCD$ 内接于⊙O,且圆心点 O 不在四边形边上,AC,BD 交于点 P,$\triangle OAB$,$\triangle OBC$,$\triangle OCD$,$\triangle ODA$ 的外心分别为点 O_1,O_2,O_3,O_4,求证:直线 O_1O_3,O_2O_4,OP 共点.

证 如2.1.21题图,设$\triangle OAB$ 与$\triangle OCD$ 的外接圆交于另一点 Q,联结 PQ,AQ,DQ,OQ.

由于$\angle AQO = 180° - \angle ABO$,$\angle DQO = 180° - \angle DCO$.

故

$$\begin{aligned}\angle AQD &= 360° - \angle AQO - \angle DQO \\ &= \angle ABD + \angle DBO + \angle OCD \\ &= \angle ABD + \angle BDO + \angle ODC \\ &= \angle ABD + \angle BDC \\ &= \angle ABD + \angle BAC = \angle APD\end{aligned}$$

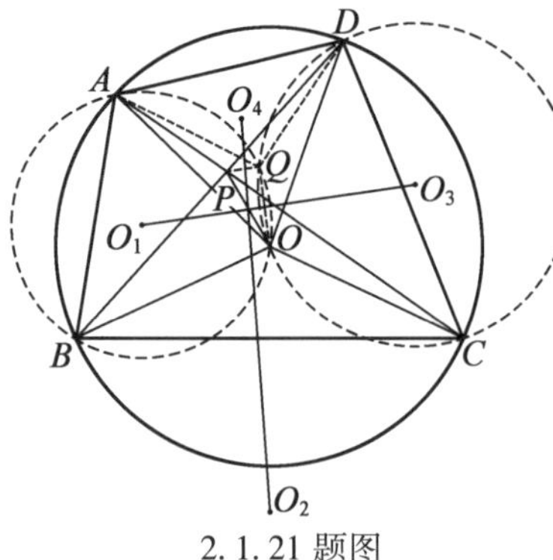

2.1.21 题图

因此 A,P,Q,D 四点共圆.

故

$$\angle PQD = 180° - \angle PAD$$

$$\begin{aligned}\angle PQO &= 360° - \angle PQD - \angle OQD \\ &= \angle PAD + \angle OCD \\ &= \angle PAD + 90° - \frac{1}{2}\angle COD \\ &= 90° \quad (\angle COD = 2\angle CAD)\end{aligned}$$

又点 O_1,O_3 在 OQ 的垂直平分线上.

故 O_1O_3 即为 OQ 的垂直平分线,结合 $PQ \perp OQ$ 知 O_1O_3 平分 OP.

故 O_1O_3 过 OP 中点,同理有 O_2O_4 过 OP 中点,故 O_1O_3,O_2O_4,OP 三线共点,命题证毕.

2.1.22 如2.1.22题图,设凸四边形 $ABCD$ 内接于圆,且 AD 与 BC 不平行,点 E,F 为 CD 上的点,点 G,H 分别为$\triangle BCE$ 和$\triangle ADF$ 的外心,求证:AB,CD,GH 三条直线共点或两两平行的充要条件是 A,B,E,F 共圆.

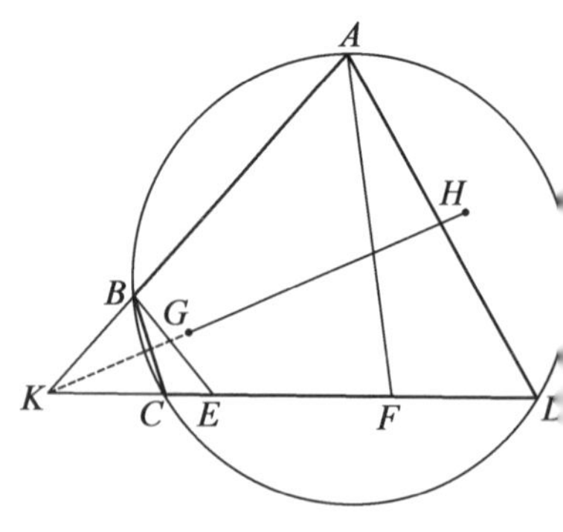

2.1.22 题图

证 充分性:

若 A,B,E,F 四点共圆,设直线 AB,CD 交于点 K.($AB /\!/ CD$ 的情况是更容易的,这里不再证明).

由

$$\begin{aligned}\angle CBE &= \angle BEF - \angle BCE \\ &= (180^\circ - \angle BCE) - (180^\circ - \angle BEF) \\ &= \angle BAD - \angle BAF = \angle DAF\end{aligned}$$

知$\angle CGE = \angle FHD$,从而等腰$\triangle CGE$与$\triangle FHD$相似,由此可得$CG /\!/ FH$,从而要证明K,G,H共线,只需

$$\frac{KC}{CG} = \frac{KF}{FH} \Leftrightarrow \frac{KC}{CE} = \frac{KF}{FD} \Leftrightarrow \frac{KC}{KE} = \frac{KF}{KD}$$

此由$KC \cdot KD = KA \cdot KB = KE \cdot KF$立得. 证毕.

必要性:

若AB,CD,GH三线共点于点K(两两平行的情形这里不再证明).

若A,B,E,F不共圆,设$\triangle ABF$外接圆交CD于另一点$E_1(\neq E)$,$\triangle BE_1C$的外心为点G_1,则由充分性的证明知,K,G_1,H共线,从而K,G_1,G,H四点共线.

又由$E_1 \neq E$知$G_1 \neq G$,因$BG = GC, BG_1 = G_1C$,故G_1G为BC中垂线,从而$KB = KC$,进而$KA = KD$,$BC /\!/ AD$,与已知条件矛盾.

所以必有A,B,E,F四点共圆.

综上,命题得证.

2.1.23　求证:在(非矩形的)圆内接四边形中,自每边两端向邻边所引的垂线相交,则这些交点共线.

证　引理:设两条直线上分别有点X_1,Y_1,Z_1以及点X_2,Y_2,Z_2,且$\dfrac{X_1Z_1}{Z_1Y_1} = \dfrac{X_2Z_2}{Z_2Y_2}$,如2.1.23题图(引理图).

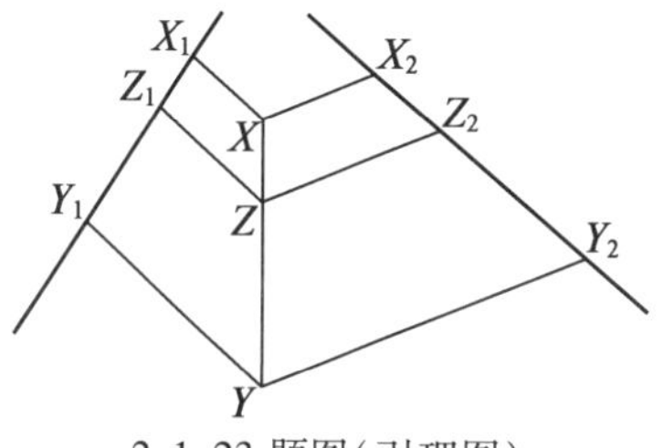

2.1.23题图(引理图)

过点X_1,Y_1,Z_1作一组平行线,过点X_2,Y_2,Z_2作一组平行线,对应相交于点X,Y,Z,则X,Y,Z共线.

引证:设过点Z_1,Z_2的平行线分别交XY于点Z',Z'',则由

$$\frac{XZ'}{Z'Y} = \frac{X_1Z_1}{Z_1Y_1} = \frac{X_2Z_2}{Z_2Y_2} = \frac{XZ''}{Z''Y}$$

和同一法知$Z = Z' = Z''$,证毕.

回到原题,设$\odot O$内接四边形$ABCD$,边AB,BC,CD,DA两端向邻边所引的垂线分别交于点K,L,M,N,要证明点K,L,M,N共线.

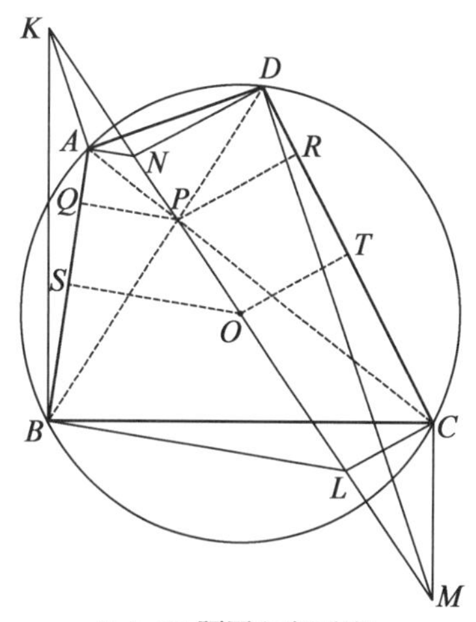

2.1.23题图(引证图)

过点O作AB,CD垂线分别交于点S,T.

设BD与AC交于点P.

过点P作AB,CD垂线交于点Q,R.

由$\angle PAQ = \angle PAB = \angle PDC = \angle PDR$知$\triangle AQP \backsim \triangle DRP$.

故

$$\frac{AQ}{DR}=\frac{AP}{DP}=\frac{AB}{DC}=\frac{2AS}{2DT}=\frac{AS}{DT}$$

即$\frac{AQ}{QS}=\frac{DR}{RT}$,由引理知 N,P,O 三点共线.

故点 N 在直线 OP 上,同理有点 K,L,M 也在直线 OP 上.

所以 K,L,M,N 四点共线于直线 OP,命题证毕.

2.1.24 在圆内接四边形 $ABCD$ 中,对角线交于点 O,AB,CD 的中点分别是点 U,V,求证:过点 O,U,V 的分别垂直于 AD,BD,AC 的直线共点.

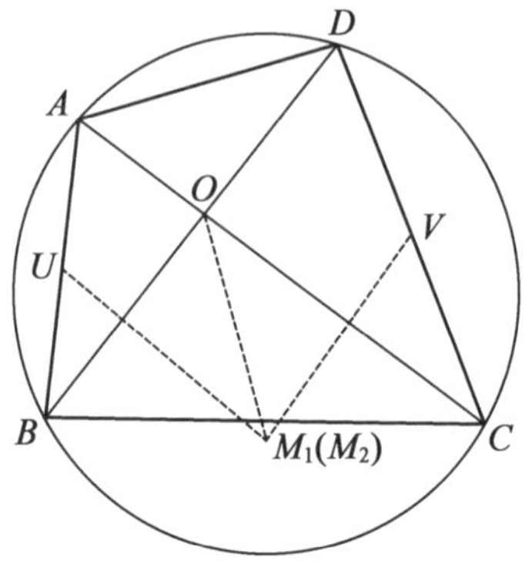

2.1.24 题图

证 如2.1.24题图,设过点 U 作 BD 的垂线交过点 O 作 AD 的垂线于点 M_1;过点 V 作 AC 的垂线交过点 O 作 AD 的垂线于点 M_2.

则

$$OM_1=\frac{\frac{1}{2}BO}{\cos\angle BOM_1}=\frac{\frac{1}{2}BO}{\sin\angle ADO}$$

$$OM_2=\frac{\frac{1}{2}CO}{\cos\angle COM_2}=\frac{\frac{1}{2}CO}{\sin\angle DAO}$$

因为$\frac{BO}{CO}=\frac{AO}{DO}=\frac{\sin\angle ADO}{\sin\angle DAO}$,所以 $OM_1=OM_2$,得点 $M_1=M_2$,即题述的三线共点.

证毕.

§2.2 三角形的外接圆

2.2.1 锐角$\triangle ABC$ 外接圆是$\odot O$,延长 BO 交$\odot O$ 于点 K,点 I 是$\triangle ABC$ 内心,分别延长 AB,CB 至点 T,S,满足 $CS=AT=\frac{1}{2}(AB+BC+CA)$,求证:$IK\perp ST$.

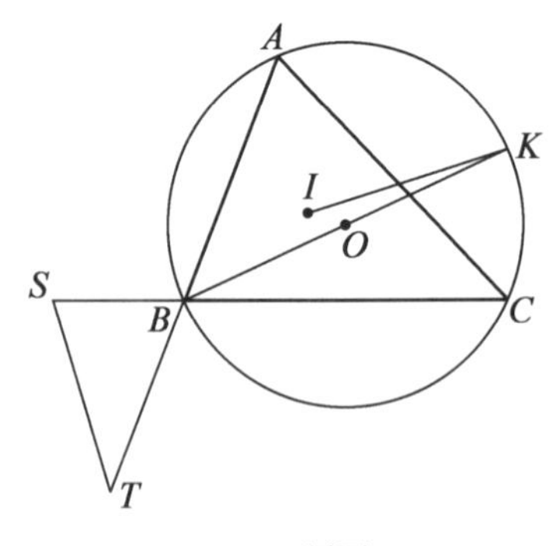

2.2.1 题图

证 如2.2.1题图,记 $AB=c,BC=a,CA=b$,记$\triangle ABC$ 内切圆$\odot I$ 在 BC,AB 上的切点分别为点 A_1,C_1. 则

$$SA_1=SC-A_1C=\frac{a+b+c}{2}-\frac{a+b-c}{2}=c$$

$$TC_1=TA-C_1A=\frac{a+b+c}{2}-\frac{b+c-a}{2}=a$$

又线段 BOK 为外接圆$\odot O$ 直径,故 $BA\perp AK,BC\perp CK$. 从而

$IS^2-IT^2=SA_1^2-TC_1^2=c^2-a^2=(BK^2-a^2)-(BK^2-c^2)$

$$=KC^2-KA^2=(KC^2+SC^2)-(KA^2+TA^2)$$
$$=KS^2-KT^2$$

因此 $IK\perp ST$. 证毕.

2.2.2　已知一圆$\odot ABC$(即过点 A,B,C 的圆)及不在这一圆上的一点 P,直线 AP,BP,CP 分别交圆于点 A',B',C',在此圆内作三弦 $A'X/\!/BC,B'Y/\!/CA,C'Z/\!/AB$,则 AX,BY,CZ 共点.

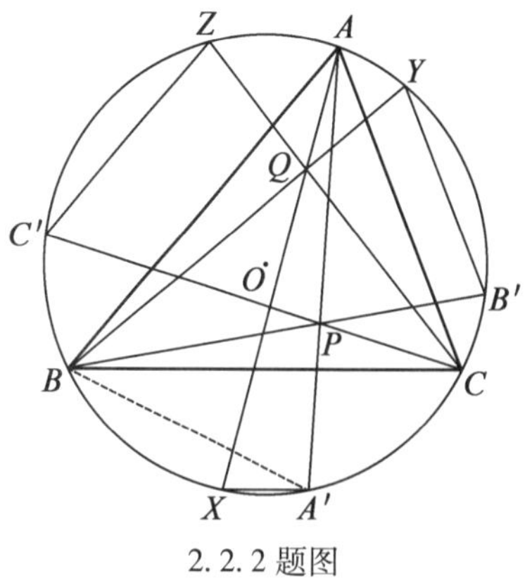

2.2.2 题图

证　如2.2.3 题图,联结 $A'B$,作点 P 关于$\triangle ABC$ 的等角共轭点点 Q.

则$\angle PAC=\angle A'AC=\angle A'BC=\angle BA'X=\angle BAX$,故线段 AX 过点 Q.

类似可得$\angle PBA=\angle YBC,\angle PCB=\angle ZCA$.

即 BY,CZ 均过点 Q.

故 AX,BY,CZ 共点于点 Q,命题证毕.

2.2.3　过$\triangle ABC$ 的顶点 A,B,C 各作一直线使得它们交于一点 P,又交$\triangle ABC$ 的外接圆于 A',B',C';又在外接圆上任取一点 Q,求证:QA'与 BC,QB'与 CA,QC'与 AB 的交点共线.

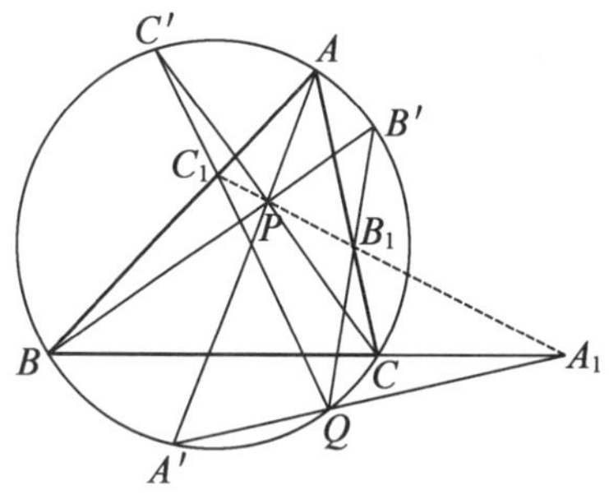

2.2.3 题图

证　如2.2.3 题图,记 QA'与 BC 交于点 A_1,QB'与 CA 交于点 B_1,QC'与 AB 交于点 C.

对圆内接六边形 $A'QB'BCA$ 使用 Pascal 定理知 A_1,B_1,P 三点共线,同理可知 B_1,C_1,P 三点共线,所以 A_1,B_1,C_1,P 四点共线,结论得证.

2.2.4　$\triangle ABC$ 中,$AC>AB$,点 B,C 在$\angle A$ 的平分线上的垂足分别是点 M,N. S,T 分别是 BC,CA 的中点,$\triangle MNS$ 的外接圆$\odot O$ 还交 BC 于点 K,求证:T,K,O,S 共圆.

证　如2.2.4 题图,联结 AK,OK,TK,NK,TN.

延长 AB 与 CN 交于点 J.

由 AN 平分$\angle CAJ$ 及 $AN\perp CJ$ 知 $AC=AJ,NC=NJ$.

故 NT 为$\triangle ACJ$ 中与 JA 平行的中位线,自然也过 BC 中点点 S.

故 $NS/\!/AB,\dfrac{PS}{PN}=\dfrac{PB}{PA}$.

又在圆内接四边形 $MKNS$ 中 $PM\cdot PN=PK\cdot PS$.

故 $PM\cdot PA=PK\cdot PB$. 所以 A,B,K,M 四点共圆.

类似还有 A,C,K,N 共圆. 而 $\angle ANC=90°$. 故 AC 中点点 T 是四边形 $ACKN$ 外接圆圆心.

因此 $TK=TN$,从而

$$\angle KOS=2\angle KNS=\angle TKN+\angle TNK=180°-\angle KTS$$

即 T,K,O,S 四点共圆. 命题证毕.

注:设 AB 边的中点为 L,则点 L,K,O,S 也共圆,且该圆实质上为 $\triangle ABC$ 的九点圆.

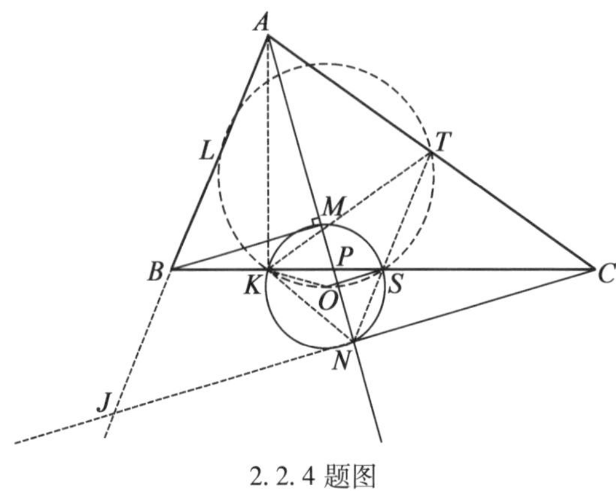

2.2.4 题图

2.2.5 $\triangle ABC$ 内有两点 P,Q,延长 AP,AQ 分别交 $\triangle ABC$ 的外接圆于点 A_1,A_2,直线 A_1A_2 交 BC 直线于点 A_3,类似地定义点 B_3,C_3,求证:A_3,B_3,C_3 共线.

证 如2.2.5 题图

$$\frac{BA_3}{A_3C}=\frac{S_{\triangle A_1BA_2}}{S_{\triangle A_1CA_2}}=\frac{A_1B\cdot A_2B}{A_1C\cdot A_2C}$$

$$=\frac{\sin\angle PAB}{\sin\angle PAC}\cdot\frac{\sin\angle QAB}{\sin\angle QAC} \quad ①$$

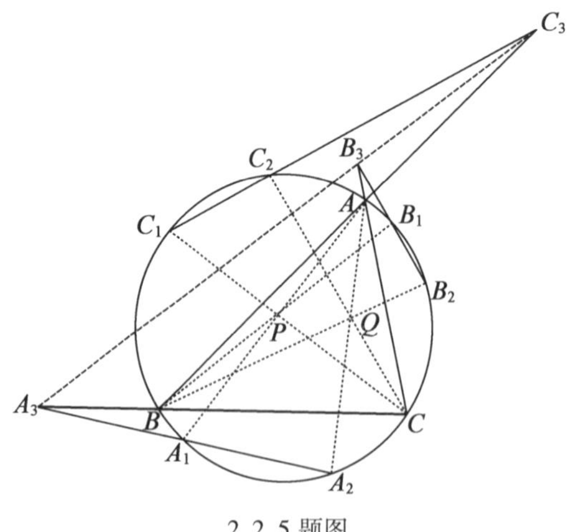

2.2.5 题图

同理

$$\frac{CB_3}{B_3A}=\frac{\sin\angle PBC}{\sin\angle PBA}\cdot\frac{\sin\angle QBC}{\sin\angle QBA} \quad ②$$

$$\frac{AC_3}{C_3B}=\frac{\sin\angle PCA}{\sin\angle PCB}\cdot\frac{\sin\angle QCA}{\sin\angle QCB} \quad ③$$

由角元 Ceva 定理,知

$$\frac{\sin\angle PAB}{\sin\angle PAC}\cdot\frac{\sin\angle PBC}{\sin\angle PBA}\cdot\frac{\sin\angle PCA}{\sin\angle PCB}=1$$

$$\frac{\sin\angle QAB}{\sin\angle QAC}\cdot\frac{\sin\angle QBC}{\sin\angle QBA}\cdot\frac{\sin\angle QCA}{\sin\angle QCB}=1$$

因此,由式①②③相乘得$\frac{BA_3}{A_3C}\cdot\frac{CB_3}{B_3A}\cdot\frac{AC_3}{C_3C_3}=1$

由 Menelaus 定理之逆定理知 A_3,B_3,C_3 共线. 证毕.

2.2.6　如2.2.6题图,$\triangle ABC$ 中,点 M 为 BC 中点,$AM^2=AB\cdot AC$,$\angle C-\angle B=60°$,求证:AM 等于$\triangle ABC$ 外接圆的半径.

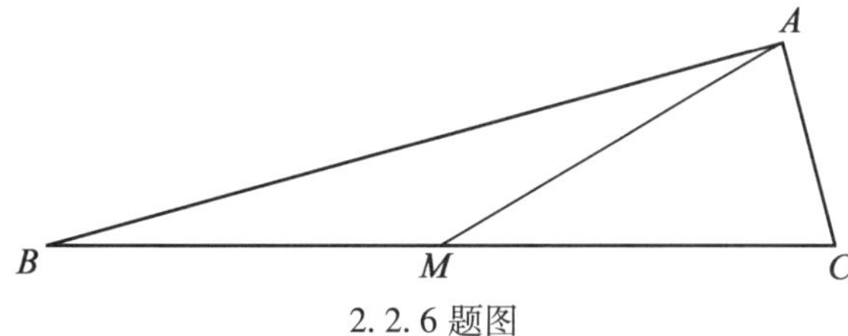

2.2.6 题图

证　设$\triangle ABC$ 三边分别为 $a,b,c(c>b)$,三个内角分别为$\angle A,\angle B,\angle C$.

则由中线长公式 $AM^2=\frac{1}{2}AB^2+\frac{1}{2}AC^2-\frac{1}{4}BC^2$ 代入条件式得$\frac{1}{2}b^2+\frac{1}{2}c^2-\frac{1}{4}a^2=bc$.

即

$$(c-b)^2=\frac{1}{2}a^2\Rightarrow c-b=\frac{\sqrt{2}}{2}a$$

由正弦定理知上式即为

$$\sin C-\sin B=\frac{\sqrt{2}}{2}\sin A=\frac{\sqrt{2}}{2}\sin(B+C)$$

$$\text{上式}\Leftrightarrow 2\sin\frac{C-B}{2}\cos\frac{C+B}{2}=\sqrt{2}\sin\frac{B+C}{2}\cos\frac{B+C}{2}$$

又 $0°<\frac{\angle B+\angle C}{2}<90°$,故 $\cos\frac{B+C}{2}\neq 0$.

因此 $\sin\frac{B+C}{2}=\sqrt{2}\sin\frac{C-B}{2}=\sqrt{2}\sin 30°=\frac{\sqrt{2}}{2}$.

故只可能是$\frac{\angle B+\angle C}{2}=45°$,即$\angle A=90°$.

因此$\triangle ABC$是以点A为直角顶点的直角三角形($\angle B=15°$,$\angle C=75°$).

自然有斜边上的中线长为三角形外接圆半径.

综上所述,AM等于$\triangle ABC$外接圆的半径,命题证毕.

2.2.7 锐角$\triangle ABC$的高为AD,BE,CF,直线EF,BC交于点P,过点D且平行于EF的直线分别交直线AC,AB于点Q,R,证明:$\triangle PQR$的外接圆经过BC的中点.

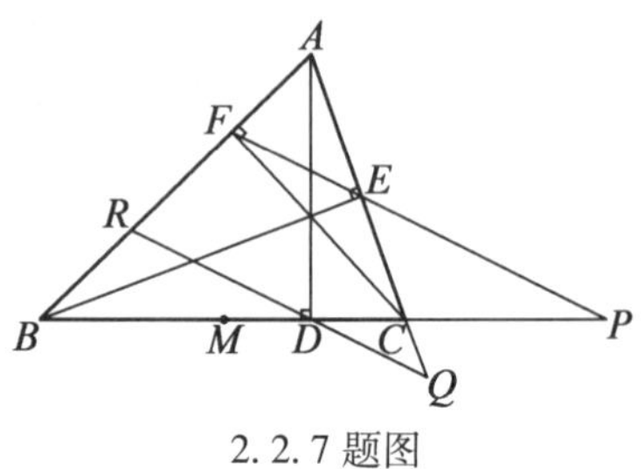

2.2.7 题图

证 如2.2.7题图,记BC中点为点M,由$\angle BFC=90°=\angle BEC$知点$B,F,E,C$四点共圆.

从而$\angle RQC=\angle AEF=\angle RBC$,$R,B,Q,C$四点共圆.

故

$$RD\cdot DQ=BD\cdot DC. \quad ①$$

又B,D,C,P为调和点列点M为BC中点,故

$$MD\cdot DP=BD\cdot DC \quad ②$$

(此为调和点列简单性质之一,请读者自证)

由式①,式②得$RD\cdot DQ=MD\cdot DP$,所以P,Q,R,M四点共圆.

即$\triangle PQR$外接圆过点M. 证毕.

2.2.8 $\triangle ABC$的$\angle A,\angle B,\angle C$的平分线延长后分别交$\triangle ABC$外接圆于点$K,L,M$,点$R$是$AB$内点,点$P,Q$分别满足$RP /\!/ AK,BP\perp BL$;$RQ /\!/ BL,AQ\perp AK$,证明:$KP,LQ,MR$三线共点.

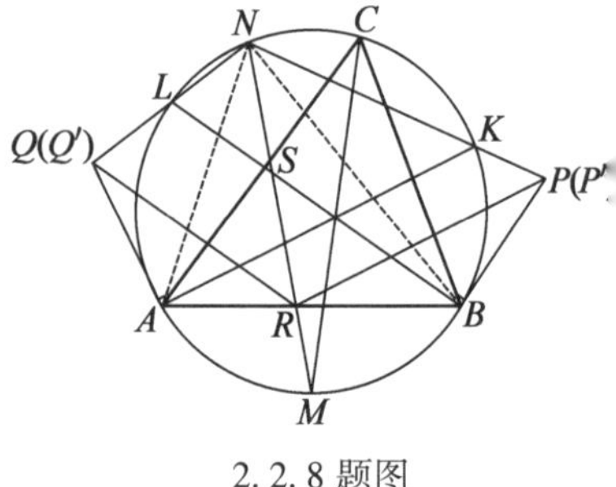

2.2.8 题图

证 如2.2.8题图,设MR交$\odot ABC$于异于点M的另一点N,交BL于点S.

过点R作平行于BL的直线交NL于点Q'. 过点R作平行于AK的直线交NK于点P'.

联结AQ',BP',AN,BN.

则$\angle NQ'R=\angle NLB=\angle NAR$. 故$N,Q',A,R$四点共圆.

进而$\angle NAQ'=\angle NRQ'=\angle NSL=\angle SNB+\angle SBN$

故

$$\begin{aligned}\angle Q'AK&=\angle NAQ'+\angle NAK\\&=\angle MNB+\angle LBN+\angle NAK\\&=\angle MNB+\angle LBC+\angle CAK\\&=\frac{1}{2}(\angle BCA+\angle ABC+\angle CAB)=90°\end{aligned}$$

所以 $RQ' /\!/ BL$ 且 $AQ' \perp AK$.

故点 Q' 即为点 Q，故 LQ 与 MR 交于点 N.

同理 KP 也过点 N，于是 KP,LQ,MR 三线共于圆上一点 N.

综上所述，命题证毕.

2.2.9　过 $\triangle ABC$ 外接圆弧 $\overset{\frown}{BC}$（不含点 A）上一点 P 分别向 BC,CA,AB 所在直线作垂线 PK,PL,PM，点 K,L,M 是垂足，求证：$\frac{BC}{PK}=\frac{AC}{PL}+\frac{AB}{PM}$.

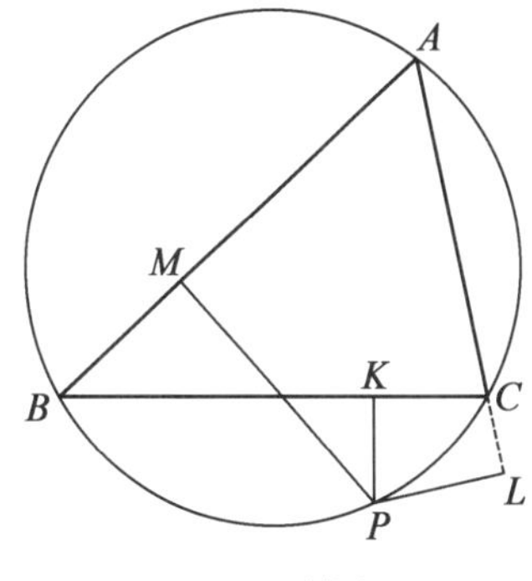

2.2.9 题图

证　如 2.2.9 题图. 不妨点 M 在边 AB 上，点 L 在边 AC 的延长线上.

由 $\angle CBP=\angle CAP$ 知 $\mathrm{Rt}\triangle PBK\backsim\mathrm{Rt}\triangle PAL$，故

$$\frac{BK}{PK}=\frac{AL}{PL} \quad ①$$

同理 $\triangle PCK\backsim\triangle PAM$

$$\frac{CK}{PK}=\frac{AM}{PM} \quad ②$$

式① + ②知

$$\frac{BC}{PK}=\frac{AL}{PL}+\frac{AM}{PM}=\left(\frac{AC}{PL}+\frac{AB}{PM}\right)+\left(\frac{CL}{PL}-\frac{BM}{PM}\right)$$

与欲证等式对照，发现只需 $\frac{CL}{PL}=\frac{BM}{PM}$，这由 $\angle PCL=\angle PBM$，两边取余切值立得. 故结论得证.

2.2.10　$\triangle ABC$ 中，$AB=AC<BC$，点 P 是 BC 上一点，$AP^2=BC\cdot PC$，CD 是 $\triangle ABC$ 外接圆直径，求证：$DA=DP$.

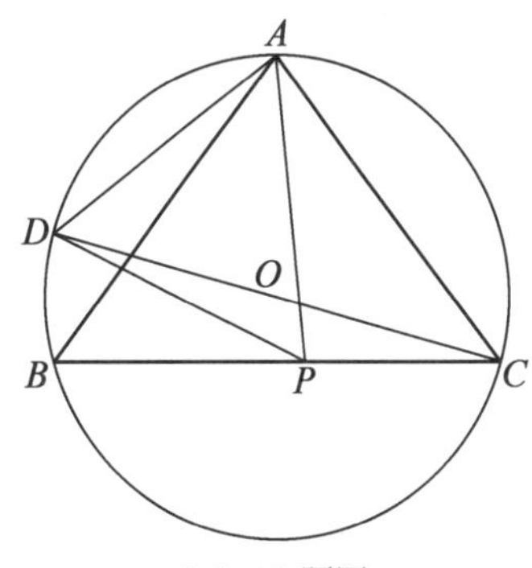

2.2.10 题图

证　如 2.2.10 题图，在 $\triangle ACP$ 中由余弦定理知

$$AP^2=AC^2+PC^2-2PC\cdot AC\cdot\cos\angle ACB$$

又 $AC\cdot\cos\angle ACB=\frac{1}{2}BC$，故 $AP^2=AC^2+PC^2-BC\cdot PC$.

由条件式知 $AC^2+PC^2=2CP\cdot BC$

由正弦定理知

$$\begin{aligned}BC&=CD\cdot\sin\angle BAC\\&=CD\cdot\cos\angle DCP\end{aligned}$$

故 $AC^2+PC^2=2CP\cdot CD\cdot\cos\angle DCP$.

上式等价于

$$CD^2-CA^2=CD^2+CP^2-2CD\cdot CP\cdot\cos\angle DCP \quad (*)$$

由于 CD 为直径故 $\angle CAD=90°$. 由勾股定理知 $CD^2-CA^2=DA^2$.

又在△DCP中由余弦定理得

$$DP^2=CD^2+CP^2-2CD\cdot CP\cdot\cos\angle DCP$$

结合式(*)即知 $DA^2=DP^2$.

综上所述即有 $DA=DP$,命题证毕.

2.2.11 在△ABC外接圆上,弧$\overset{\frown}{BC}$(不包含点A,后同),$\overset{\frown}{CA}$,$\overset{\frown}{AB}$的中点分别是点D,E,F,DE分别交CB,CA于点G,H,DF分别交CB,BA于点I,J,GH和IJ的中点分别为点M,N.(1)用△ABC的内角表示△DMN的3个内角;(2)若点O为△DMN外心,点P是AD与EF的交点,分别证明:O,M,P,N共圆.

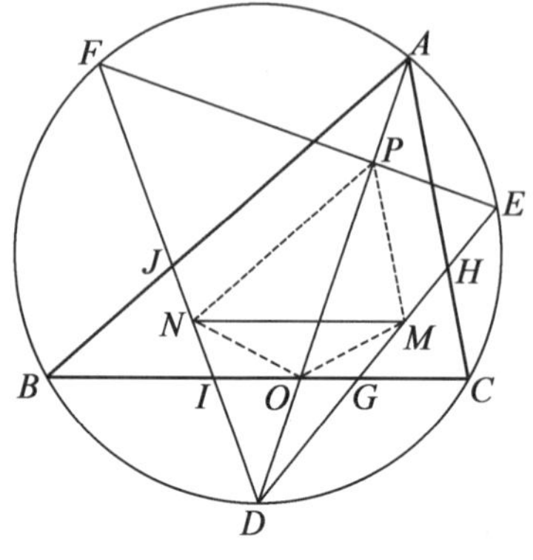

2.2.11 题图

证 (1)如2.2.11题图,因点F,E分别为$\overset{\frown}{AB}$,$\overset{\frown}{AC}$中点,故DF,DE分别平分$\angle ADB,\angle ADC$.

从而

$$\frac{AJ}{JB}=\frac{AD}{DB}=\frac{AD}{DC}=\frac{AH}{HC},JH/\!/BC$$

由于MN是梯形$JHGI$的中位线,故$MN/\!/BC$.

用$\angle A,\angle B,\angle C$表示△$ABC$的三个内角,则

$$\angle MDN=\angle EDA+\angle FDA=\frac{\angle B+\angle C}{2}$$

$$\angle DNM=\angle DIC=\angle DBC+\angle IDB=\frac{\angle A+\angle C}{2}$$

$$\angle DMN=\angle DGB=\angle DCB+\angle GDC=\frac{\angle A+\angle B}{2}$$

(2)设EF交AB于点X,交AC于点Y.则

$$\begin{aligned}\angle AXP+\angle PAX&=\angle AFE+\angle FAB+\angle DAB\\&=\frac{\angle B+\angle C+\angle A}{2}=90^\circ\end{aligned}$$

故$XY\perp AP$,又PA为$\angle XAY$平分线,所以点P为XY中点,与证明(1)相同地可以证明$NP/\!/AB$,$MP/\!/AC$,从而

$$\begin{aligned}\angle NPM+\angle NOM&=\angle NPM+2\angle NDM\\&=\angle A+2\cdot\frac{\angle B+\angle C}{2}\\&=180^\circ\end{aligned}$$

故O,M,P,N四点共圆.证毕.

2.2.12 设点I是△ABC内心,点I关于BC,CA,AB的对称点分别是点A',B',C',证明:若△$A'B'C'$的外接圆经过点B,则$\angle B=60^\circ$.

证 如2.2.12题图,联结 IA',IB',IC' 分别与边 BC,CA,AB 交于点 D,E,F.

由对称性知 $ID\perp BC$,$IE\perp CA$,$IF\perp AB$.

且

$$ID=\frac{1}{2}IA',IE=\frac{1}{2}IB',IF=\frac{1}{2}IC'$$

由于点 I 为 $\triangle ABC$ 内心. 故点 I 到 $\triangle ABC$ 三边距离相等.

即 $ID=IE=IF$,故 $IA'=IB'=IC'$.

从而点 I 为 $\triangle A'B'C'$ 外心.

若 $\triangle A'B'C'$ 的外接圆过点 B,则 $IB=IA'=IC'$.

故 $IB=2ID=2IF$. 因此 $\angle IBD=\angle IBF=30°$.

所以 $\angle ABC=\angle IBD+\angle IBF=60°$,命题证毕.

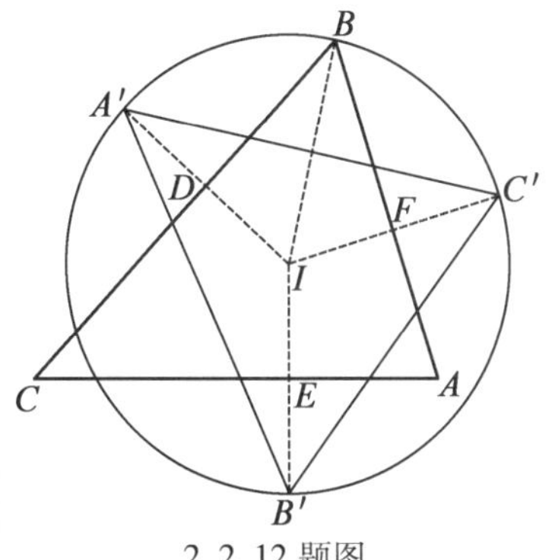

2.2.12 题图

2.2.13 点 O,H 分别是锐角 $\triangle ABC$ 的外心,垂心. $\angle BAC$ 的角平分线交 $\triangle ABC$ 的外接圆于点 D,点 D 关于直线 BC 的对称点为点 E,关于点 O 的对称点为点 F. 如果 AE 与 FH 交于点 G,BC 的中点为点 M,证明:$GM\perp AF$.

证 如2.2.13题图,由条件知线段 DOF 为 $\odot O$ 直径,故 $AF\perp AD$.

要证明 $GM\perp AF$,只需证 $GM/\!/AD$,由于点 M 为 ED 中点,只需再证点 G 为 AE 中点.

注意到 $AH\perp BC$,$EF\perp BC$,故 $AH/\!/EF$,于是

$$\text{点 } G \text{ 为 } AE \text{ 中点} \Leftrightarrow AH=EF$$

事实上,由垂心与外心的基本结论推知

$$AH=2OM=2(OD-DM)=DF-DE=EF$$

综上可知,结论获证.

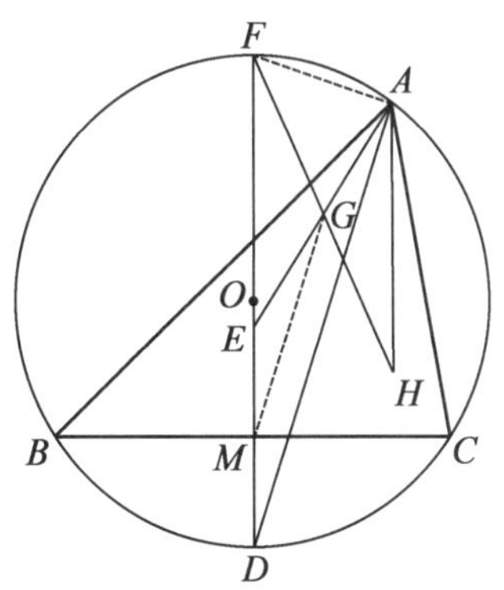

2.2.13 题图

2.2.14 如2.2.14题图,已知点 O 是锐角 $\triangle ABC$ 外心,直线 AO 与 BC 交于点 K,L,M 分别是 AB,AC 上的点,且有 $KL=KB$,$KM=KC$,证明:$LM/\!/BC$.

证 对 $\triangle ABK$ 与 $\triangle ACK$ 分别使用正弦定理. 则

$$\frac{KB}{\sin\angle KAB}=\frac{AB}{\sin\angle AKB},\frac{KC}{\sin\angle KAC}=\frac{AC}{\sin\angle AKC}$$

由于

$$\angle KAB=90°-\angle C,\angle KAC=90°-\angle B$$

且 $\angle AKB+\angle AKC=180°$.

故

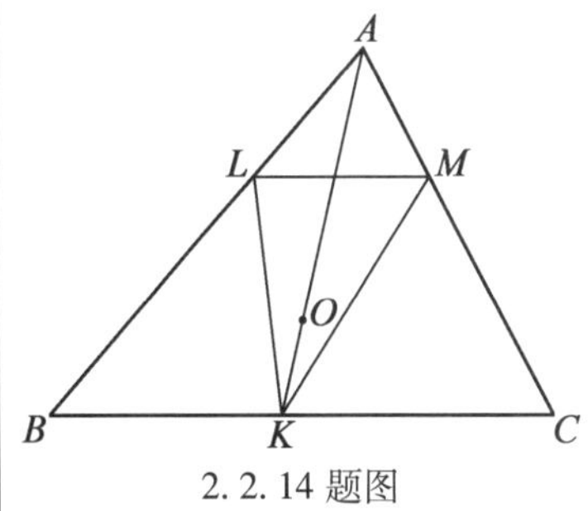

2.2.14 题图

$$\frac{\frac{KB}{\cos C}}{\frac{KC}{\cos B}}=\frac{AB}{AC}$$

而由 $KL=KB,KM=KC$ 知

$$BL=2KB\cdot\cos B,CM=2KC\cdot\cos C$$

故

$$\frac{BL}{CM}=\frac{KB\cdot\cos B}{KC\cdot\cos C}=\frac{AB}{AC}\Leftrightarrow\frac{BL}{AB}=\frac{CM}{AC}\Leftrightarrow\frac{AL}{AB}=\frac{AM}{AC}$$

于是有 $LM/\!/BC$,命题证毕.

注:本题可以由点 K 向边 AB,AC 作垂线后证明两个垂足连线平行于 BC,也是一种添辅助线的简便证明.

2.2.15 如2.2.15题图,以锐角$\triangle ABC$ 的一边 AC 为直径作圆,分别与 AB,BC 交于点 K,L. CK,AL 分别与$\triangle ABC$ 外接圆交于点 $F,D(F\neq C,D\neq A)$,点 E 为劣弧 $\overset{\frown}{AC}$ 内一点,BE 与 AC 交于点 N,若 $AF^2+BD^2+CE^2=AE^2+CD^2+BF^2$,求证:$\angle KNB=\angle BNL$.

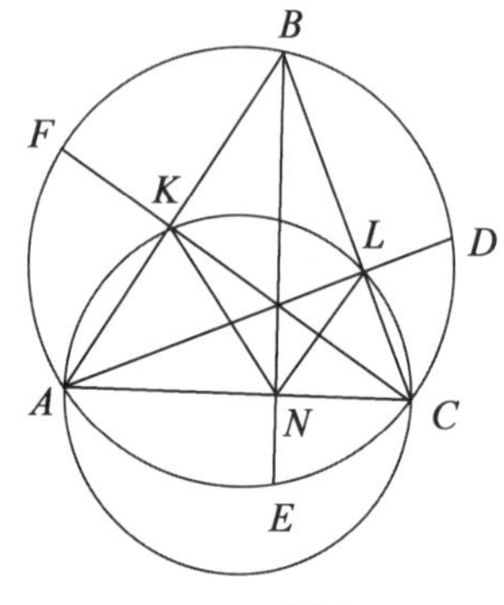

2.2.15题图

证 由条件知 $AL\perp BC,CK\perp AB$. 设$\triangle ABC$ 垂心为点 H,AC 边上的高为 BHR.

过点 E 作 AC 的垂线,垂足为点 R',则由条件

$$\begin{aligned}AR'^2-CR'^2&=AE^2-CE^2\\&=(AF^2-BF^2)+(BD^2-CD^2)\\&=(AH^2-BH^2)+(BH^2-CH^2)\\&=AH^2-CH^2\end{aligned}$$

所以 $HR'\perp AC$. 这说明点 $R'=R$,进而由 $BR\perp AC,ER\perp AC$ 知 B,R,E 共线,点 R 就是 BE 与 AC 的交点 N. 易知 $A,K,H,N;C,L,H,N;K,L,C,A$ 分别四点共圆. 从而

$$\angle KNB=\angle KAL=\angle KCL=\angle BNL$$

证毕.

2.2.16 在$\triangle ABC$ 中,AD,BE 是角平分线,点 F,G 分别是$\triangle ABC$ 外接圆上的点,且满足 $AF/\!/DE,FG/\!/BC$,求证:$\frac{AG}{BG}=\frac{AB+AC}{AB+BC}$.

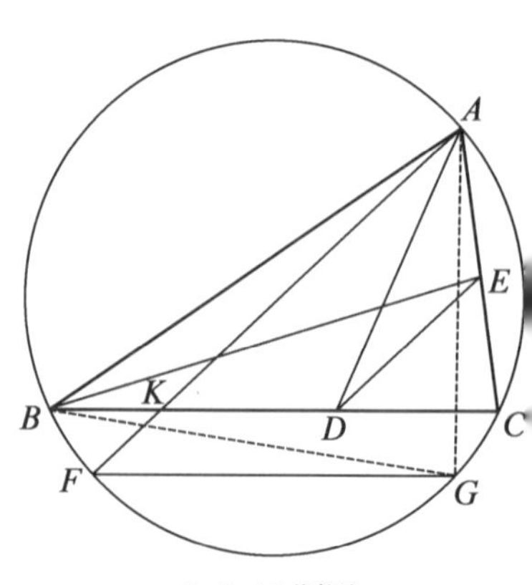

2.2.16题图

证 如2.2.16题图,设 AF 交 BC 于点 K,由

$$\angle ACK=\angle AGB,\angle AKC=\angle AFG=\angle ABG$$

知$\triangle AKC\backsim\triangle ABG$

$$\frac{AG}{BG}=\frac{AC}{KC}=\frac{EC}{DC}$$

现只需证

$$\frac{EC}{DC}=\frac{AB+AC}{AB+BC} \qquad (*)$$

由 AD,BE 为角平分线可知

$$EC=\frac{BC\cdot AC}{AB+BC},DC=\frac{BC\cdot AC}{AB+AC}$$

两式相比即得式(*),证毕.

2.2.17 在锐角$\triangle ABC$中,已知点 M 为 AC 上一内点,点 N 为 AC 延长线上的点,且满足 $MN=AC$,点 D,E 分别为 M,N 在 BC,AB 上的投影. 证明:$\triangle ABC$ 的垂心点 H 在$\triangle BED$ 的外接圆上.

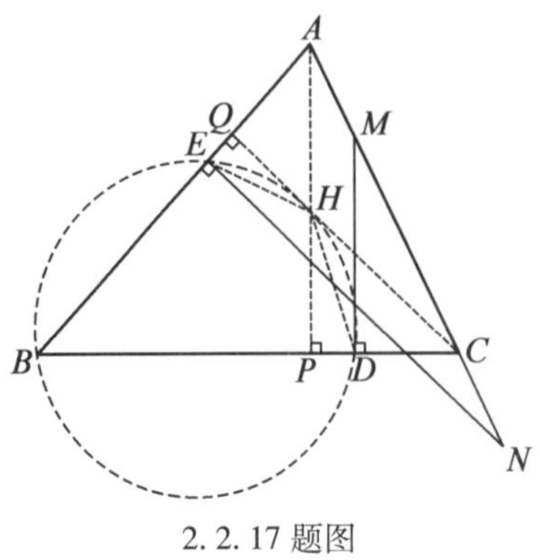

2.2.17 题图

证 如2.2.17 题图,作 $AP\perp BC$ 于点 P,$CQ\perp AB$ 于点 Q. 则由点 H 为$\triangle ABC$ 垂心,故 AP,CQ 均过点 H.
联结 HD,HE.
此时有

$$\begin{aligned}PD&=AM\cdot\sin\angle PAM\\QE&=CN\cdot\sin\angle ENC\\&=CN\cdot\sin\angle QCM\end{aligned}$$

所以

$$\begin{aligned}\frac{PD}{QE}&=\frac{AM\cdot\sin\angle HAC}{CN\cdot\sin\angle HCA}\\&=\frac{\sin\angle HAC}{\sin\angle HCA}=\frac{CH}{AH}\end{aligned}$$

又 A,Q,P,C 四点共圆. 故$\frac{CH}{AH}=\frac{PH}{QH}$.

于是我们有$\frac{PD}{QE}=\frac{PH}{QH}$,所以 $\mathrm{Rt}\triangle HPD\backsim\mathrm{Rt}\triangle HQE$.

所以$\angle QEH=\angle PDH$,进而 H,E,B,D 四点共圆.
综上所述,$\triangle ABC$ 的垂心确实在$\triangle BED$ 的外接圆上,命题证毕.

2.2.18 设不等边$\triangle ABC$ 中,点 X,Y 分别是 AB,AC 上的点,且满足 $BX=CY$,点 M,N 分别是 BC,XY 中点,XY 与 BC 交于点 K,证明:若点 X,Y 分别在 AB,AC 上移动,则$\triangle KMN$ 的外接圆有一个不同于点 M 的公共点.

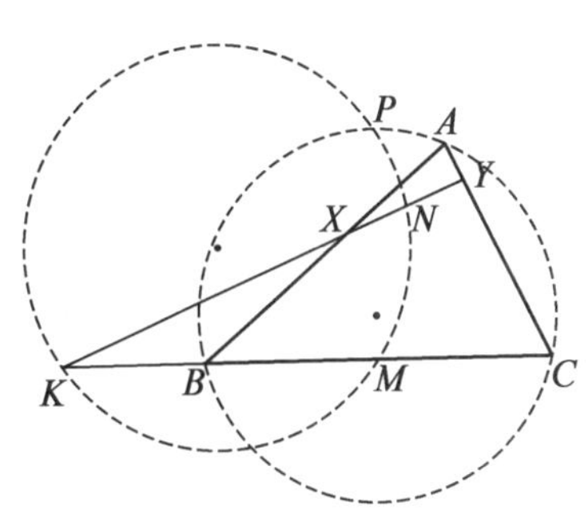

2.2.18 题图

证 记点 P 为$\triangle ABC$ 外接圆弧$\overset{\frown}{BAC}$的中点. (因$\triangle ABC$ 不等边,$P\neq A$).

现在证明:$\triangle KMN$ 外接圆恒过点 P.

由 $PB=PC$, $BX=CY$, $\angle PBA=\angle PCA$ 知 $\triangle PBX\cong\triangle PCY$,所以 $PX=PY$,因为点 N 为 XY 中点,所以 $PN\perp XY$,又点 M 为 BC 中点,故 $PM\perp BC$.

于是 $\angle PNK=90^\circ=\angle PMK$,故点 P 在 $\triangle KMN$ 外接圆上.

结论得证.

2.2.19 如 2.2.19 题图,在(非正)$\triangle ABC$ 中,$\angle ACB=60^\circ$,点 A_1, B_1 分别在 BC, AC 上,且 AA_1, BB_1 分别是 $\angle BAC$, $\angle ABC$ 的角平分线,直线 A_1B_1 与 $\triangle ABC$ 的外接圆交于点 A_2, B_2,证明:(1)若点 O, I 分别是 $\triangle ABC$ 的外心,内心,则 $OI/\!/A_1B_1$;(2)若点 R 是弧 $\overset{\frown}{AB}$(不含点 C)的中点,点 P, Q 分别为 A_1B_1 与 A_2B_2 的中点,则 $RP=RQ$.

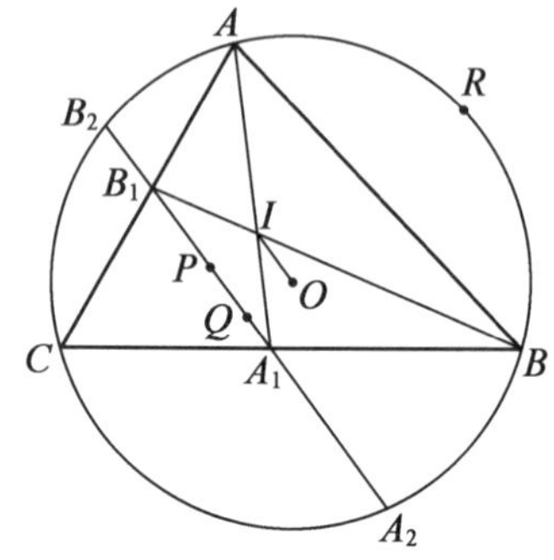

2.2.19 题图

证 (1)由于 $\angle ACB=60^\circ$,点 I 为内心,故

$$\angle B_1IA_1=\angle AIB=90^\circ+\frac{1}{2}\angle ACB=120^\circ$$

故 C, B_1, I, A_1 四点共圆,$\angle IB_1A_1=\angle ICA_1=\frac{1}{2}\angle ACB=30^\circ$.

又 $\angle AOB=2\angle ACB=120^\circ=\angle AIB$,故 A, I, O, B 四点共圆

$$\angle BIO=\angle BAO=90^\circ-\angle ACB=30^\circ$$

所以 $\angle BIO=\angle BB_1A_1$,得 $OI/\!/A_1B_1$.

(2)由 C, B_1, I, A_1 四点共圆及 $\angle ICB_1=\angle ICA_1$ 知 $IB_1=IA_1$,

又点 P 是 A_1B_1 中点,故 $IP\perp A_1B_1$,而 $OB_2=OA_2$,点 Q 为 A_2B_2 中点,故 $OQ\perp A_2B_2$.

结合 $IO/\!/A_1B_1$ 知四边形 $IOQP$ 为矩形.

由"鸡爪定理"知

$$IR=RA=RB=\frac{AB}{\sqrt{3}}=AO=OR$$

故点 R 在 IO 垂直平分线上,而此线亦是 PQ 垂直平分线,故得到 $RP=RQ$.

结论得证.

2.2.20 已知直线 l 与 $\triangle ABC$ 的边 AB, AC 分别交于点 D, F,与 BC 延长线交于点 E. 过点 A, B, C 且与 l 平行的直线与 $\triangle ABC$ 外接圆分别交于点 A_1, B_1, C_1. 证明:A_1E, B_1F, C_1D 三线共点.

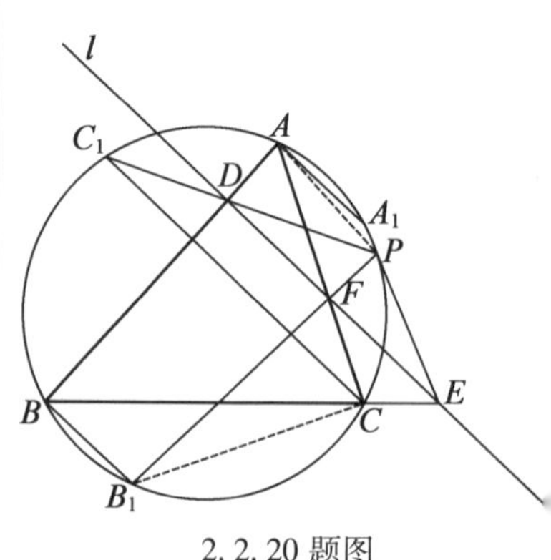

2.2.20 题图

证 如 2.2.20 题图,设 C_1D 与 $\triangle ABC$ 外接圆交于点 P. 联结 AP, B_1C.

则

$$\begin{aligned}\angle C_1PB_1 &= \angle C_1CB_1\\ &= 180° - \angle BB_1C\\ &= \angle BAC\end{aligned}$$

又$\angle PDF = \angle PC_1C = \angle PAC$,故$A,D,F,P$四点共圆.

故$\angle C_1PF = \angle DPF = \angle BAC$.

因此$\angle C_1PB_1 = \angle C_1PF$,则$P,F,B_1$三点共线.

类似可证A_1,E,P三点共线.

于是A_1E,B_1F,C_1D三线共于圆上一点,命题证毕.

2.2.21 BB_1是$\triangle ABC$的角平分线,过点B_1作BC的垂线交$\triangle ABC$外接圆的弧$\overset{\frown}{BC}$于点K,过点B作AK的垂线交AC于点L.求证:点K,L及弧$\overset{\frown}{AC}$(不含点B)的中点共线.

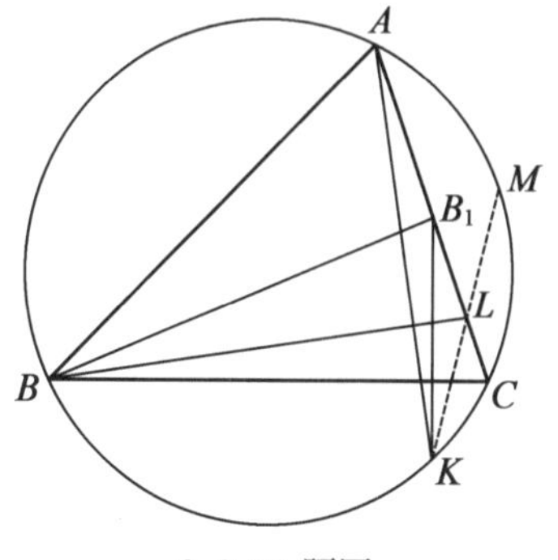

2.2.21 题图

证　如2.2.21题图,我们先证明B,B_1,L,K四点共圆.事实上

$$\angle LB_1K = \angle CAK + \angle B_1KA$$
$$\angle LBK = \angle LBC + \angle CBK$$

而$\angle CAK = \angle CBK$,由$BL\perp AK,B_1K\perp BC$知$\angle LBC = \angle B_1KA$,所以$\angle LB_1K = \angle LBK$,$B,B_1,L,K$四点共圆,因此

$$\begin{aligned}\angle AKL &= \angle AKB_1 + \angle B_1KL\\ &= \angle LBC + \angle B_1BL\\ &= \angle B_1BC = \frac{1}{2}\angle ABC = \frac{1}{2}\angle AKC\end{aligned}$$

于是,若延长KL交弧$\overset{\frown}{AC}$(不含点B,K)于点M,则点M为该弧中点,即点K,L及弧$\overset{\frown}{AC}$(不含点B)的中点共线.

证毕.

2.2.22 在$\triangle ABC$中,$\angle BCA$的平分线与$\triangle ABC$外接圆交于点R,与边BC的中垂线交于点P,与AC的中垂线交于点Q,设点K与点L分别是BC,AC的中点,证明:$S_{\triangle RPK} = S_{\triangle RQL}$.

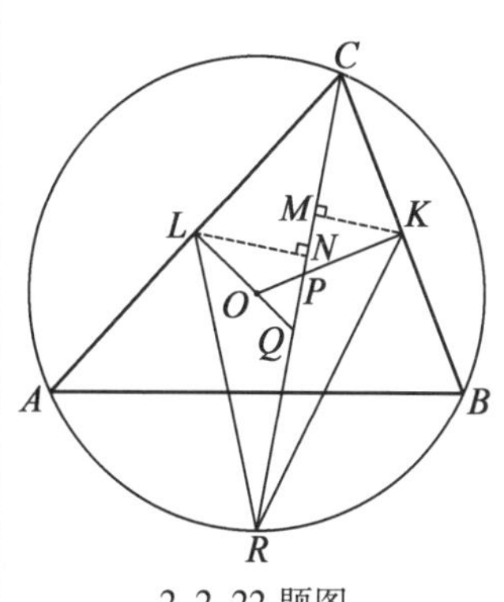

2.2.22 题图

证　如2.2.22题图,首先设$\triangle ABC$的外心为点O.

则点O,L,Q共于AC中垂线上.点O,K,P共于BC中垂线上.进而

$$\angle OQC = 90° - \frac{1}{2}\angle ACB = \angle CPK = \angle OPQ$$

故$OP = OQ$.

设$\triangle ABC$外接圆半径为r. 则

$$\begin{aligned} RQ\cdot QC &= r^2-OQ^2 \\ &= r^2-OP^2=RP\cdot PC \end{aligned}$$

又 Rt$\triangle CLQ$与 Rt$\triangle CKP$相似,设$LN\perp CR$于点N,$KM\perp CR$于点M.

由于对应边上的高之比等于相似比. 即

$$\frac{LN}{CQ}=\frac{KM}{CP}$$

因此

$$RQ\cdot LN=RP\cdot KM$$

综上所述$S_{\triangle RPK}=\frac{1}{2}RP\cdot KM=\frac{1}{2}RQ\cdot LN=S_{\triangle RQL}$,命题证毕.

2.2.23 点H为$\triangle ABC$垂心,点D,E,F分别为$\triangle ABC$外接圆O上的点,$AD/\!/BE/\!/CF$,S,T,U分别为点D,E,F关于边BC,CA,AB的对称点,求证:S,T,U,H共圆.

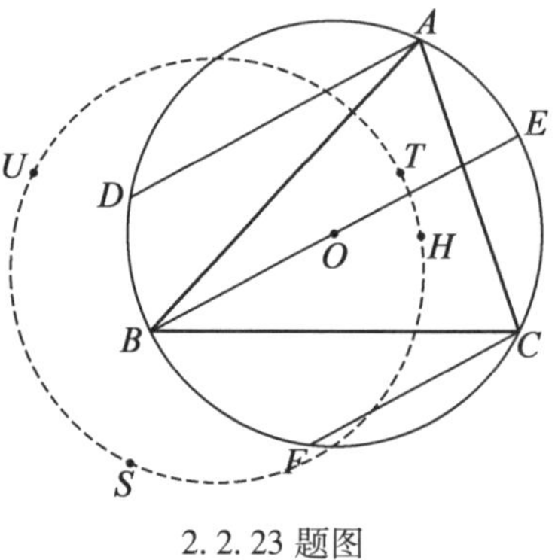

2.2.23 题图

证 如2.2.23题图,由$AD/\!/BE/\!/CF$可知$CT=CE=BF=BU$,且

$$\begin{aligned} \angle UBC+\angle TCB &= (\angle UBA+\angle ABC)+(\angle ACB-\angle ACT) \\ &= \angle FBA+\angle ABC+\angle ACB-\angle ACE \end{aligned}$$

又

$$\angle FBA-\angle ACE=\angle FBA-\angle ABE=\angle FBE=\angle CEB=\angle CAB$$

故$\angle UBC+\angle TCB=180^\circ$,$TC/\!/UB$. 进而$TC\mathrel{\underline{/\!/}}UB$,得四边形$TUBC$为平行四边形,从而$UT\mathrel{\underline{/\!/}}BC$. 同理$US\mathrel{\underline{/\!/}}AC$,$ST\mathrel{\underline{/\!/}}AB$,因此$\triangle UST\cong\triangle CAB$.

延长AH,BH分别交$\triangle ABC$外接圆于点A_1,B_1,则易知点H,A_1关于BC对称;点H,B_1关于AC对称,从而四边形THB_1E,四边形DHA_1S均为等腰梯形,进而

$$\begin{aligned} \angle THS &= \angle THB+\angle BHS \\ &= 180^\circ-\angle EB_1B+\angle BA_1D \\ &= 180^\circ-(\angle ECA+\angle ACB)+\angle BA_1D \end{aligned}$$

由$AD/\!/BE$知$\angle ECA=\angle BA_1D$,于是

$$\angle THS=180^\circ-\angle ACB=180^\circ-\angle SUT$$

所以S,T,U,H四点共圆.

证毕.

2.2.24 点I是$\triangle ABC$内心,点M是BI的中点,点E是BC中点,点F是$\triangle ABC$外接圆弧$\overset{\frown}{BC}$中点,点N是EF中点,MN交BC于点D,求证:$\angle ADM=\angle BDM$.

2.2.24 题图

证 如2.2.24题图，联结 AM,AF,BF,FM.

由于点 F 是 $\overset{\frown}{BC}$ 中点，故 $\angle BAF=\angle CAF$.

因此点 I 在 AF 上.

又

$$\begin{aligned}\angle FBI&=\frac{1}{2}\angle BAC+\frac{1}{2}\angle ABC\\&=\angle FIB\end{aligned}$$

故 $FB=FI$（即“鸡爪定理”）.

由点 M 是 BI 中点，点 E 是 BC 中点知 $FM\perp BI,FE\perp BC$，故 M,B,F,E 四点共圆. 故

$$\angle MFE=\angle MBE=\angle ABI$$

$$\angle FME=\angle FBE=\angle FAC=\angle BAI$$

因此 $\triangle MFE\backsim\triangle ABI$. 故

$$\angle AIM=\angle MEN,\frac{AI}{MI}=2\cdot\frac{AI}{BI}=2\cdot\frac{ME}{FE}=\frac{ME}{NE}$$

因此 $\triangle MNE\backsim\triangle AMI$. 故

$$\begin{aligned}\angle AMD&=\angle AMI+\angle IME+\angle EMN\\&=\angle IME+(\angle AMI+\angle IAM)\\&=\angle IME+\angle MIF\\&=\angle EFB+\angle MIF\\&=90^\circ-\angle EBF+\angle MIF\\&=90^\circ+\angle IBF-\angle EBF\\&=90^\circ+\angle IBE=90^\circ+\frac{1}{2}\angle ABD\end{aligned}$$

又 BM 平分 $\angle ABD$，故点 M 是 $\triangle ABD$ 内心.

因此 $\angle ADM=\angle BDM$，命题证毕.

2.2.25 在 $\triangle ABC$ 外接圆的圆弧 $\overset{\frown}{AB}$（不含点 C）和圆弧 $\overset{\frown}{BC}$（不含点 A）上分别取点 K 和 L，使得 $KL/\!/AC$，证明：$\triangle ABK$ 和 $\triangle CBL$ 的内心到圆弧 $\overset{\frown}{AC}$（包含点 B）中点的距离相等.

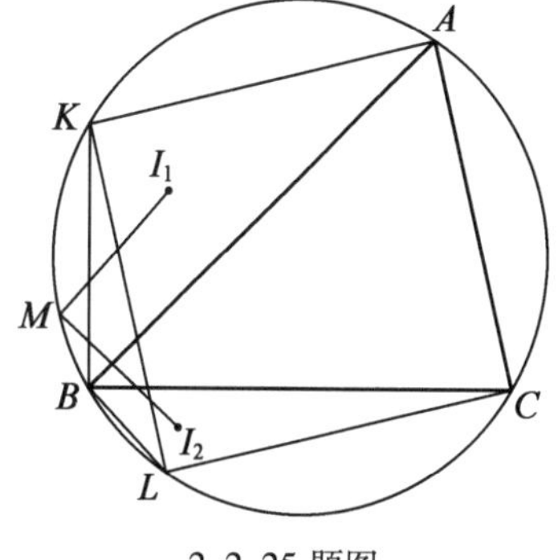

2.2.25 题图

证 如2.2.25题图，设点 M 为 $\overset{\frown}{ABC}$ 中点，点 I_1,I_2 分别为 $\triangle ABK,\triangle CBL$ 内心（如图2.2.25），欲证 $MI_1=MI_2$.

延长 BI_1,BI_2 分别交 $\triangle ABC$ 外接圆于点 E,F. 由“鸡爪定理”

$$I_1E=EA=EK \quad ①$$

$$I_2F=FC=FL \quad ②$$

又由 $KL/\!/AC$ 知 $AK=CL$，$\angle AEK=\angle CFL$，从而一对等腰三角形 $\triangle EAK\cong\triangle FCL$，故 $AE=CF$；结合①②式导出

$$I_1E=I_2F \quad ③$$

因$\overset{\frown}{ME}=\overset{\frown}{MA}-\overset{\frown}{AE}=\overset{\frown}{MC}-\overset{\frown}{CF}=\overset{\frown}{MF}$,知

$$ME=MF \quad ④$$

由式③④和$\angle MEI_1=\angle MFI_2$知$\triangle MEI_1\cong\triangle MFI_2$,所以$MI_1=MI_2$. 证毕.

2.2.26 给定平行四边形$ABCD(AB<BC)$,在其边BC与CD上任取两动点P,Q,满足$CP=CQ$,证明:$\triangle APQ$的外接圆都经过除了点A之外的另一个定点.

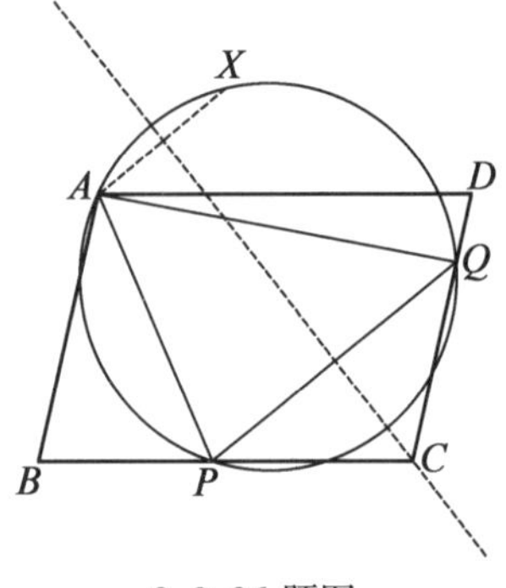

2.2.26 题图

证 如2.2.26题图,作点A关于$\angle C$平分线的对称点X,则点X为定点.

而由于$CP=CQ$. 故点P,Q关于$\angle C$平分线对称.

因此四边形$APQX$为等腰梯形(或在特殊情况下为矩形).

进而A,P,Q,X共圆.

即$\triangle APQ$的外接圆过定点X.

综上所述,命题证毕.

2.2.27 $\triangle ABC$的角$\angle A,\angle B,\angle C$的平分线分别交其外接圆于点$K,L,M$,点$R$为$AB$上任一点,点$P,R,Q$满足$RP/\!/AK,BP\perp BL,RQ/\!/BL,AQ\perp AK$,求证:$KP,LQ,MR$三直线共点.

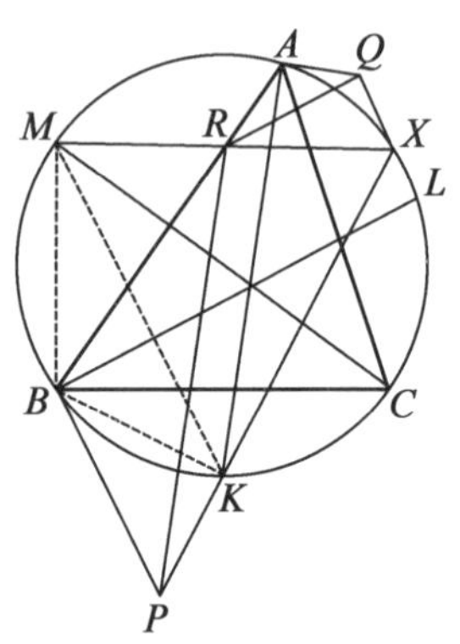

2.2.27 题图

证 如2.2.27题图,设MR交$\triangle ABC$外接圆于另一点X. 我们证明KP,LQ均过点X.

由条件可知,AK,BP分别为$\angle A,\angle B$的内角,外角平分线,从而

$$\angle RBP=90^\circ+\frac{\angle B}{2}=\angle MBK,\angle BRP=\angle BAK=\angle BMK$$

故$\triangle BRP\backsim\triangle BMK$,由此可得$\triangle BRM\backsim\triangle BPK$,从而

$$\angle BKP=\angle BMR=180^\circ-\angle BKX$$

故P,K,X三点共线,同理可知Q,L,X亦三点共线. 因此KP,LQ,MR三线共点于点X.

证毕.

2.2.28 锐角$\triangle ABC$外心为点O,点M,N分别为直线AC上两点,且满足$\overrightarrow{MN}=\overrightarrow{AC}$,设点$D$是点$M$在直线$BC$上的射影,点$E$是点$N$在直线$AB$上的射影,证明:(1)$\triangle ABC$的垂心点$H$位于以点$O'$为圆心的$\triangle BED$的外接圆上;(2)$AN$中点与点$B$关于线段$OO'$的中点对称.

证　(1)如2.2.28题图,设 $AP\perp BC$,$CQ\perp AB$,联结 HD,HE,由 $\angle AQH=\angle CPH$ 知

$$\frac{HQ}{HP}=\frac{HA}{HC}=\frac{\sin\angle ACQ}{\sin\angle CAP}$$
$$=\frac{\cos A}{\cos C}$$

故 $\frac{HQ}{HP}=\frac{EQ}{DP}$.

于是 $\mathrm{Rt}\triangle HQE\backsim\mathrm{Rt}\triangle HPD$.

故 $\angle QEH=\angle PDH$.

进而 E,B,D,H 四点共圆,证毕.

(2)设 AN 中点为点 X,OO' 中点为点 R.

作 $XS\perp BC$,$O'D'\perp BC$,$OC'\perp BC$,$RS'\perp BC$. $XT\perp AB$,$O'E'\perp AB$,$OA'\perp AB$,$RT'\perp AB$. 则

$$BS'=\frac{1}{2}(BD'+BC')$$
$$=\frac{1}{2}\left(\frac{1}{2}BD+\frac{1}{2}BC\right)$$
$$=\frac{1}{4}(BD+BC)=\frac{1}{2}BS$$

同理有 $BT'=\frac{1}{2}BT$.

故点 R 为过 BS 中点 BC 的垂线与过 BT 中点 BA 的垂线的交点,易知此点在 BX 上且为 BX 中点.

故 AN 中点与点 B 关于线段 OO' 的中点对称,命题证毕.

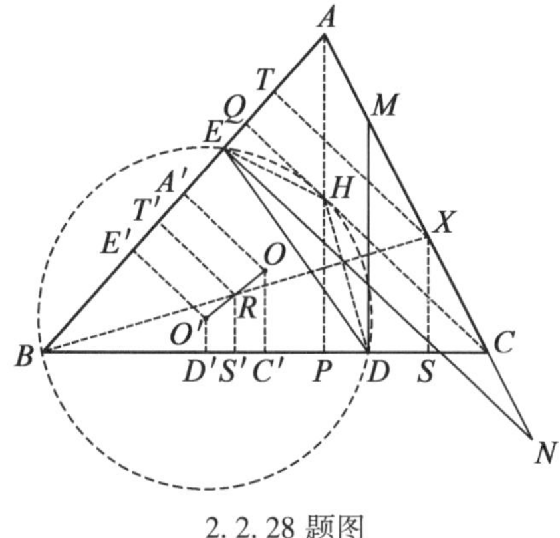

2.2.28 题图

2.2.29　三角形的陪位中线(中线的等角共轭线)交外接圆于三点,以这三点为顶点的三角形与原三角形具有共同的陪位重心.

证 如2.2.29题图,设$\triangle ABC$的三条陪位中线交外接圆分别于点P,Q,R.

AP,BQ,CR三线共点于陪位重心点N.作BC边中点K,联结AK.设$\triangle ABC$重心为点M.联结BM,CM.此时

$$\frac{\sin\angle BAP}{\sin\angle CAP}=\frac{\sin\angle CAM}{\sin\angle BAM}=\frac{\sin\angle ACB}{\sin\angle ABC}$$

由陪位中线的唯一性知

$$AP\text{ 是}\triangle ABC\text{ 的陪位中线}$$
$$\Leftrightarrow\frac{\sin\angle BAP}{\sin\angle CAP}=\frac{\sin\angle ACB}{\sin\angle ABC}.$$

类似可知

$$PA\text{ 是}\triangle PQR\text{ 的陪位中线}$$
$$\Leftrightarrow\frac{\sin\angle QPA}{\sin\angle RPA}=\frac{\sin\angle PRQ}{\sin\angle PQR}\qquad(*)$$

又

$$\begin{aligned}\angle PRQ&=\angle PRC+\angle CRQ\\&=\angle PAC+\angle CBQ\\&=\angle BAM+\angle ABM=\angle BMK\end{aligned}$$

同理可知$\angle PQR=\angle CMK$.

故

$$\frac{\sin\angle PRQ}{\sin\angle PQR}=\frac{\sin\angle BMK}{\sin\angle CMK}=\frac{\sin\angle MBK}{\sin\angle MCK}=\frac{\sin\angle ABQ}{\sin\angle ACR}=\frac{\sin\angle QPA}{\sin\angle RPA}$$

因此式$(*)$成立,进而PA是$\triangle PQR$的陪位中线.

故点N是$\triangle PQR$的陪位重心,与$\triangle ABC$的陪位重心重合.

综上所述,命题证毕.

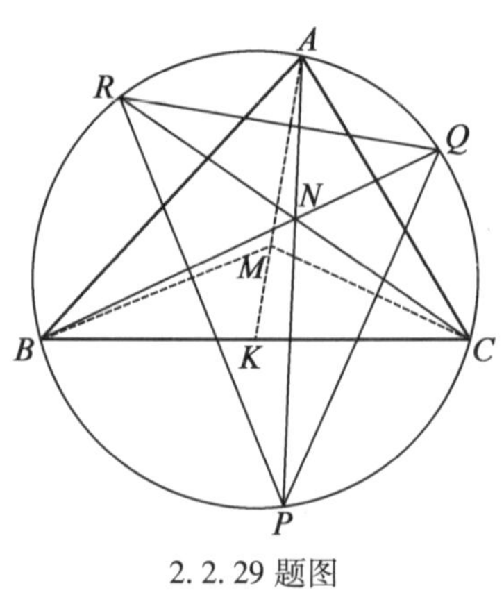

2.2.29 题图

2.2.30 点X,Y,Z分别是$\triangle ABC$外接圆上一点P在BC,CA,AB上的射影,则$\frac{PX\cdot YZ}{BC}=\frac{PY\cdot ZX}{CA}=\frac{PZ\cdot XY}{AB}$.

证 如2.2.30题图,设$\triangle ABC$外接圆半径为R,由P,Z,A,Y四点共圆,PA为其直径,知

$$YZ=PA\sin A=PA\cdot\frac{BC}{2R}$$

同理有另两式,将其代入欲证等式可知只需再证

$$PX\cdot PA=PY\cdot PB=PZ\cdot PC\qquad(*)$$

由$\frac{PX}{PB}=\sin\angle PBC=\sin\angle PAC=\frac{PY}{PA}$得$PX\cdot PA=PY\cdot PB$.同理亦有$PY\cdot PB=PZ\cdot PC$.

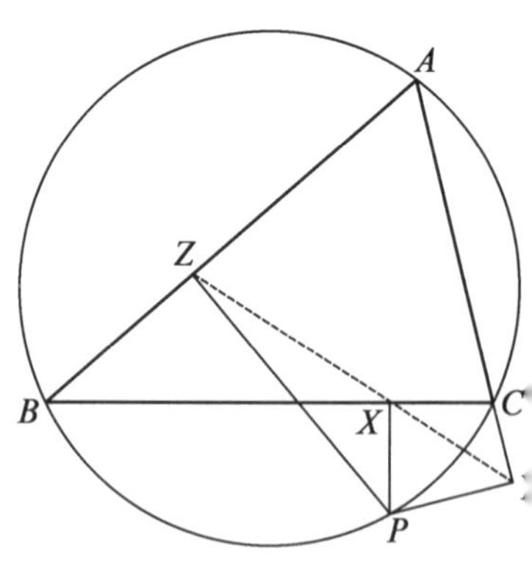

2.2.30 题图

因此(＊)式成立. 进而原命题证毕.

2.2.31　求证:正三角形外接圆上任一点至三边所在直线距离的平方和是一常数.

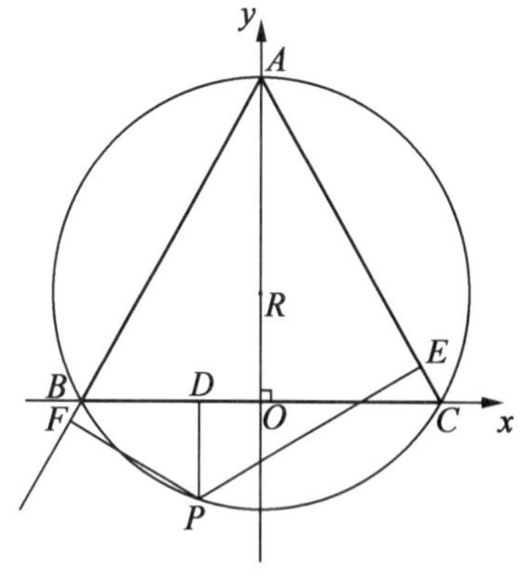

2.2.31 题图

证　如2.2.31题图,设$\triangle ABC$为正三角形,$\odot R$为其外接圆.

以BC中点O为坐标原点,OC为x轴正方向,OA为y轴正方向,OR为单位长度构建平面直角坐标系.

则$A(0,3)$,$B(-\sqrt{3},0)$,$C(\sqrt{3},0)$. $BC:y=0$,$CA:\sqrt{3}x+y-3=0$,$AB:-\sqrt{3}x+y-3=0$,$\odot R:x^2+(y-1)^2=4$.

设点P为圆上一点(u,v). 过点P作三边垂线,垂足分别为点D,E,F.

则

$$|PD|=|v|,|PE|=\frac{1}{2}|\sqrt{3}u+v-3|,|PF|=\frac{1}{2}|-\sqrt{3}u+v-3|$$

进而正三角形外接圆上该点到三边所在直线距离的平方和为

$$\begin{aligned}PD^2+PE^2+PF^2&=v^2+\frac{1}{4}(\sqrt{3}u+v-3)^2+\frac{1}{4}(-\sqrt{3}u+v-3)^2\\&=v^2+\frac{1}{2}\cdot(\sqrt{3}u)^2+\frac{1}{2}(v-3)^2\\&=\frac{3}{2}u^2+\frac{3}{2}(v-1)^2+3\end{aligned}$$

由点P在$\odot R$上知$u^2+(v-1)^2=4$,故$PD^2+PE^2+PF^2=\frac{3}{2}\cdot 4+3=9$为定值.

综上所述,命题证毕.

2.2.32　设AD是$\triangle ABC$外接圆直径,联结BD,CD各交直线AC,AB于点E,F,令点A分别关于EF,DE,DF的对称点为点A',B',C',又设$\triangle ABC$的陪位中线AK交$\triangle ABC$外接圆于点K,求证:A',B',C',D,E,F,K七点共圆,这个圆叫作$\triangle ABC$的七点圆,三角形可有3个七点圆.

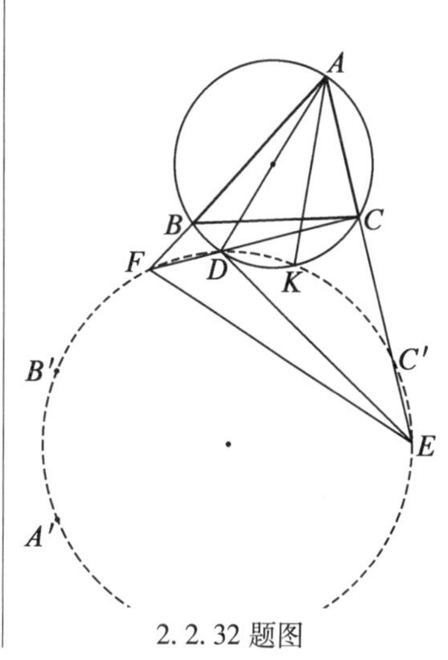

2.2.32 题图

证　如2.2.32题图,我们证明:A',B',C',K均在$\triangle DEF$外

接圆 Γ 上.

①首先,由 B' 为 A 关于 DE 的对称点,知 $AB'\perp DE$.

又 $AB\perp DE$,故点 B' 在直线 AB 上. 从而

$$\angle FB'E=\angle BAE=180^\circ-\angle BDC=180^\circ-\angle FDE$$

故 B',F,D,E 四点共圆. 即点 B' 在 Γ 上. 同理点 C' 在 Γ 上.

②由点 A,A' 关于 EF 对称知

$$\angle EA'F=\angle EAF=180^\circ-\angle BDC=180^\circ-\angle EDF$$

故 A',F,D,E 四点共圆. 从而点 A' 在 Γ 上.

③由陪位中线的定义易知 $\frac{BK}{KC}=\frac{BA}{AC}$,所以

$$\begin{aligned}S_{\triangle AFK}&=\frac{1}{2}\cdot AF\cdot BK\sin\angle ABK\\&=\frac{1}{2}\cdot\frac{AC}{\cos\angle BAC}\cdot BK\sin\angle ABK\\&=\frac{1}{2}\cdot\frac{AB}{\cos\angle BAC}\cdot KC\sin\angle ACK\\&=\frac{1}{2}\cdot AE\cdot KC\sin\angle ACK=S_{\triangle AEK}\end{aligned}$$

延长 AD,AK 分别交 FE 于点 D',K',易知点 D 为 $\triangle AEF$ 垂心,K' 为 EF 中点.

又 $AK\perp KD$,所以四边形 $BDD'F,DKK'D'$ 分别为圆内接四边形,故

$$AK\cdot AK'=AD\cdot AD'=AB\cdot AF$$

所以 B,K,K',F 共圆,$\angle FKK'=\angle FBK'=\angle AFE$.

同理,$\angle EKK'=\angle AEF$,故

$$\begin{aligned}\angle FKE&=\angle FKK'+\angle EKK'=\angle AFE+\angle AEF\\&=180^\circ-\angle FAE=\angle FDE\end{aligned}$$

因此,F,D,K,E 共圆,从而点 K 亦在圆 Γ 上.

综上,命题证毕.

2.2.33 设点 P,Q 是 $\triangle ABC$ 外接圆上两点,点 A',B',C' 是点 Q 关于 BC,CA,AB 的对称点,求证:PA' 与 BC,PB' 与 CA,PC' 与 AB 的交点共线.

证 如2.2.33题图,设 PA' 与 BC 交于点 D,PB' 与 CA 交于点 E,PC' 与 AB 交于点 F

$$\begin{aligned}&\frac{BD}{DC}\cdot\frac{CE}{EA}\cdot\frac{AF}{FB}\\=&\frac{S_{\triangle BA'P}}{S_{\triangle CA'P}}\cdot\frac{S_{\triangle CB'P}}{S_{\triangle AB'P}}\cdot\frac{S_{\triangle AC'P}}{S_{\triangle BC'P}}\end{aligned}$$

$$=\frac{BA'\cdot BP\cdot\sin\angle A'BP}{CA'\cdot CP\cdot\sin\angle A'CP}\cdot\frac{CB'\cdot CP\cdot\sin\angle B'CP}{AB'\cdot AP\cdot\sin\angle B'AP}\cdot\frac{AC'\cdot AP\cdot\sin\angle C'AP}{BC'\cdot BP\cdot\sin\angle C'BP}$$

$$=\frac{BQ\cdot\sin\angle A'BP}{CQ\cdot\sin\angle A'CP}\cdot\frac{CQ\cdot\sin\angle B'CP}{AQ\cdot\sin\angle B'AP}\cdot\frac{AQ\cdot\sin\angle C'AP}{BQ\cdot\sin\angle C'BP}$$

$$=\frac{\sin\angle A'BP}{\sin\angle A'CP}\cdot\frac{\sin\angle B'CP}{\sin\angle B'AP}\cdot\frac{\sin\angle C'AP}{\sin\angle C'BP}$$

又

$$\begin{aligned}\sin\angle A'BP&=\sin(\angle A'BC+\angle CBP)\\&=\sin(\angle QBC+\angle PBC)\\&=\sin(\angle QAC+\angle PAC)\\&=\sin(\angle B'AC+\angle CAP)\\&=\sin\angle B'AP\end{aligned}$$

类似有 $\sin\angle B'CP=\sin\angle C'BP$，$\sin\angle C'AP=\sin\angle A'CP$.

故

$$\frac{\sin\angle A'BP}{\sin\angle A'CP}\cdot\frac{\sin\angle B'CP}{\sin\angle B'AP}\cdot\frac{\sin\angle C'AP}{\sin\angle C'BP}=1$$

即$\frac{BD}{DC}\cdot\frac{CE}{EA}\cdot\frac{AF}{FB}=1$.

由 Menelaus 定理逆定理知 D,E,F 三点共线.

综上所述，命题证毕.

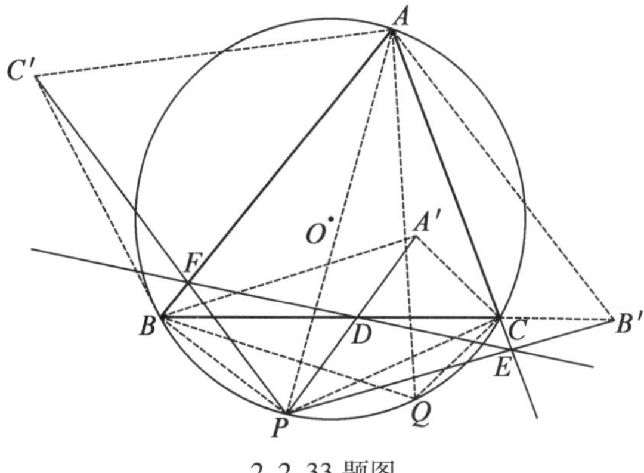

2.2.33 题图

2.2.34　设一直线被三角形每角的内外角平分线各截下一段，求证：各顶点分别与所截的对应线段的中点之连线交于三角形外接圆上一点.

证　本题与$\triangle ABC$与直线 l 的位置关系相关. 但证明方法均相似，下面仅就如 2.2.34 题图所示$\triangle ABC$ 及直线 l 进行证明.

设三内角平分线交 l 于点 A_1,B_1,C_1，三外角平分线交 l 于点

A_2,B_2,C_2.

设点 X 为 A_1A_2 中点,点 Y 为 B_1B_2 中点,点 Z 为 C_1C_2 中点.

设 AX 与 BY 交于点 P,则由 $\angle A_2AA_1=\angle B_2BB_1=90°$ 及点 X 是 A_1A_2 中点,点 Y 是 B_1B_2 中点,故 $AX=A_1X,BY=B_1Y$.

故 $\angle PAA_1=\angle AA_1X,\angle PBB_1=\angle BB_1Y$. 故

$$\begin{aligned}\angle PAC+\angle PBC&=\angle PAA_1+\angle A_1AC+\angle PBB_1+\angle B_1BC\\&=\angle IA_1B_1+\angle IAC+\angle IB_1A_1+\angle IBC\\&=\angle IA_1B_1+\angle IB_1A_1+(\angle IAB+\angle IBA)\\&=\angle IA_1B_1+\angle IB_1A_1+\angle B_1IA_1=180°\end{aligned}$$

故 A,P,B,C 四点共圆.

同理可得 AX 与 CZ 交于圆上一点,故 CZ 也过点 P.

故 AX,BY,CZ 共点于$\triangle ABC$ 外接圆上一点 P.

综上所述,命题证毕.

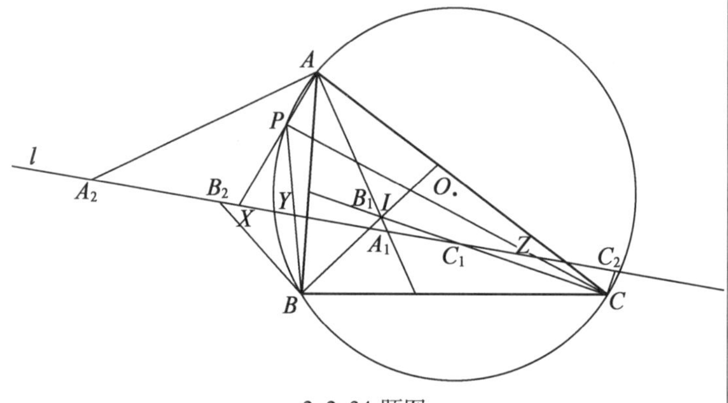

2.2.34 题图

2.2.35 在锐角三角形$\triangle ABC$ 中,点 A_1,A_2 为 BC 上的点(点 A_2 靠近点 C),点 B_1,B_2 为 CA 上的点(点 B_2 靠近点 A),C_1,C_2 为 AB 上的点(C_2 靠近点 B),满足 $\angle AA_1A_2=\angle AA_2A_1=\angle BB_1B_2=\angle BB_2B_1=\angle CC_1C_2=\angle CC_2C_1$,直线 AA_1,BB_1,CC_1 围成一个三角形,直线 AA_2,BB_2,CC_2 围成另一个三角形,证明:这两个三角形有公共的外接圆.

证 如图 2.2.35 题图所示,设 AA_1 与 BB_1,BB_1 与 CC_1,CC_1 与 AA_1 依次交于点 X,Y,Z;AA_2 与 BB_2,BB_2 与 CC_2,CC_2 与 AA_2 依次交于点 P,Q,R.

由条件易知,C_1,Z,A_1,B;A_2,P,B_2,C;C_1,B,C,B_2 分别四点共圆. 所以

$$AZ\cdot AA_1=AC_1\cdot AB=AB_2\cdot AC=AP\cdot AA_2$$

由 $AA_1=AA_2$,知 $AZ=AP$,由此知 $ZP/\!/BC$.

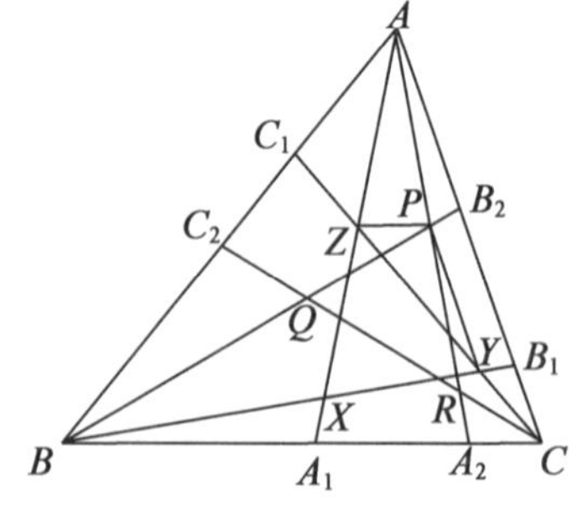

2.2.35 题图

又 $Y,B_1,A,C_1;P,B_2,C,A_2;C_1,A,C,A_2$ 分别四点共圆，所以

$$BY\cdot BB_1=BC_1\cdot BA=BA_2\cdot BC=BP\cdot BB_2$$

由 $BB_1=BB_2$. 知 $BY=BP$. 由此知 $YP/\!/AC$.

所以 $\angle ZPY=180^\circ-\angle ACB=180^\circ-\angle ZXY$(因 X,B_1,C,A_1 四点共圆).

故 P,X,Y,Z 四点共圆，即点 P 在 $\triangle XYZ$ 外接圆上.

同理 Q,R 亦在该圆上. 所以 P,Q,R,X,Y,Z 六点共圆，亦即 $\triangle PQR$ 与 $\triangle XYZ$ 有公共外接圆.

证毕.

2.2.36　已知 $\triangle ABC$，$AB=AC$，点 M 为 BC 中点，点 X 是 $\triangle ABM$ 外接圆劣弧 $\overset{\frown}{MA}$ 上的一动点，点 T 是 $\angle BMA$ 内一点，满足 $\angle TMX=90^\circ$，$TX=BX$，证明：$\angle MTB-\angle CTM$ 的值不依赖于 X 的位置.

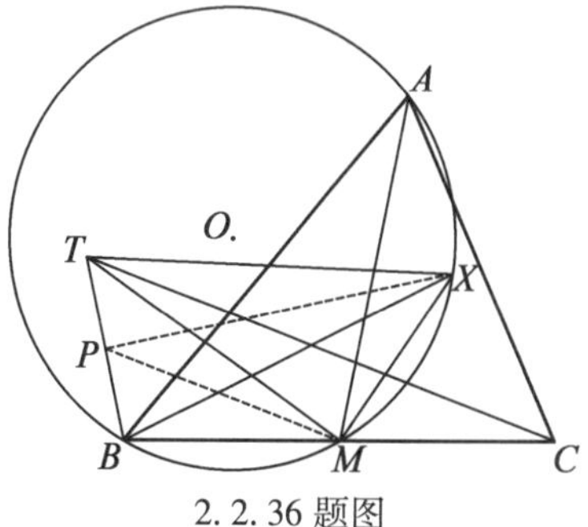

2.2.36 题图

证　如2.2.36题图，取 BT 中点 P. 联结 PM,PX.

由 $TX=BX$ 得 $XP\perp BT$. 故 $\angle TPX=90^\circ=\angle TMX$ 得 T,P,M,X 四点共圆.

又点 M 为 BC 中点，故 PM 为 $\triangle BTC$ 的中位线. 故 $PM/\!/TC$.

所以

$$\begin{aligned}&\angle MTB-\angle CTM\\=&\angle MXP-\angle TMP\\=&\angle MXP-\angle TXP\\=&\angle MXP-\angle BXP\\=&\angle BXM=\angle BAM\end{aligned}$$

进而可知 $\angle MTB-\angle CTM=\angle BAM$，不依赖于 X 的位置.

综上所述，命题证毕.

注：事实上，本题证明中 $AB=AC$ 并不是必要的.

第3讲　圆与切线

§3.1　一般切线问题

3.1.1　求证:圆上任一点到一弦所在直线的距离,等于该点到过此弦两端的切线距离之比例中项.

证　如3.1.1题图,AC,BC为$\odot O$切线,点P为圆上一点,点D,E,F依次是点P在AB,BC,CA上的垂足,则F,P,D,A及E,P,D,B分别四点共圆,从而

$$\angle FDP=\angle FAP=\angle PBD=\angle PED$$

$$\angle EDP=\angle EBP=\angle PAD=\angle PFD$$

故$\triangle FPD\backsim\triangle DPE$. 于是$\frac{FP}{PD}=\frac{DP}{PE}$,即$DP^2=EP\cdot FP$.

证毕.

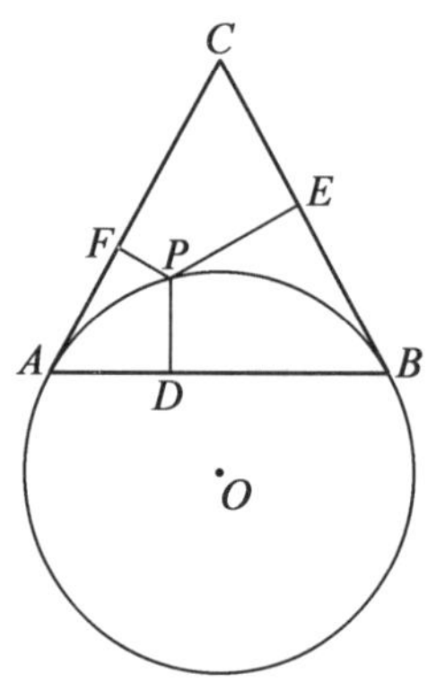

3.1.1题图

3.1.2　求证:过三角形的顶点作外接圆切线分别与对边所在直线的交点共线(莱莫恩(Lemoine)线).

证　如3.1.2题图,设$\triangle ABC$三条切线与对边交点分别为点P,Q,R.

由$\angle PAC=\angle ABC$及$\angle APC=\angle BPA$知$\triangle APC\backsim\triangle BPA$.

故

$$\frac{PC}{PB}=\frac{PC}{PA}\cdot\frac{PA}{PB}=\frac{AC^2}{AB^2}$$

类似还有

$$\frac{QA}{QC}=\frac{AB^2}{BC^2}$$

$$\frac{RA}{RB}=\frac{AC^2}{BC^2}$$

由以上三式得

$$\frac{CP}{PB}\cdot\frac{BR}{RA}\cdot\frac{AQ}{QC}=\frac{CA^2}{AB^2}\cdot\frac{BC^2}{CA^2}\cdot\frac{AB^2}{BC^2}=1$$

由Menelaus定理逆定理知P,Q,R三点共线.

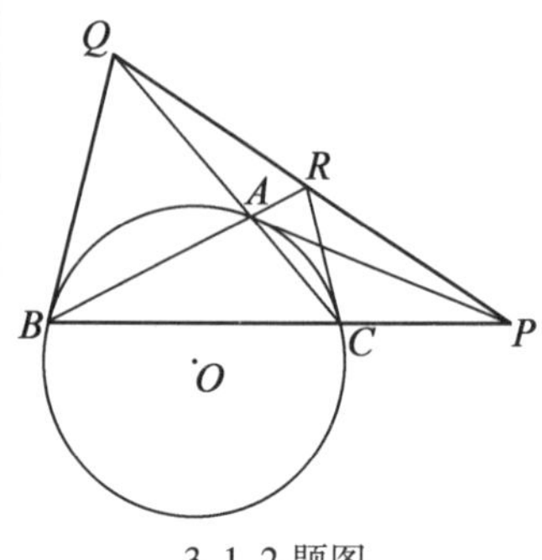

3.1.2题图

综上所述，Lemoine 线证毕.

3.1.3　求证：在$\triangle ABC$中，直径为BC的圆分别交AB，AC于点E，F，则过点E，F的切线与$\triangle ABC$的BC边上的高共点.

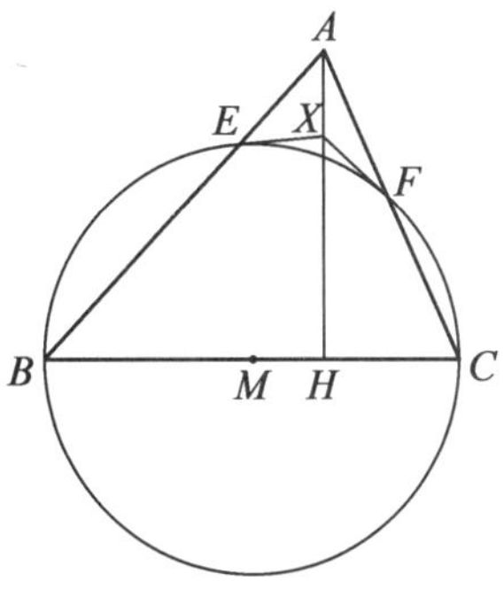

3.1.3 题图

证　如3.1.3题图，记BC边上的高为AH，由条件得AH，BF，CE交$\triangle ABC$垂心为点Y.

设过点E的切线交AH于点X_1，过点F的切线交AH于点X_2. 则由弦切角$\angle X_1EC=\angle EBC=\angle AYE$.

从而点X_1是$Rt\triangle AEY$斜边AY的中点，同理点X_2亦是AY中点. 故点$X_1=X_2$，即过点E，F的切线以及BC边上的高AH三线共点.

证毕.

3.1.4　求证：由三角形的顶点向以对边为直径的圆引切线，则6个切点共圆.

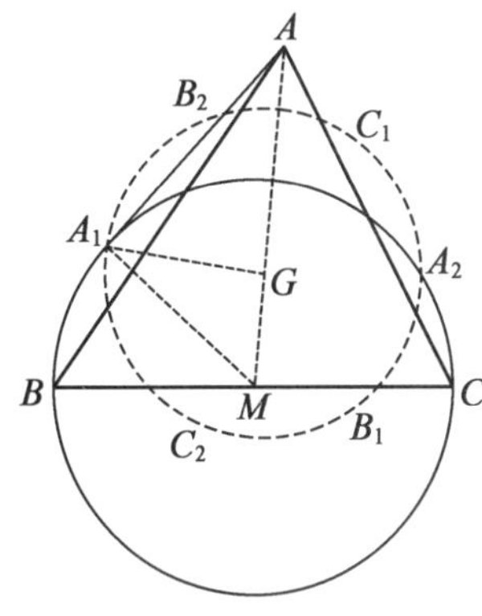

3.1.4 题图

证　如3.1.4题图，设$\triangle ABC$，以BC为直径的圆为$\odot M$.

由点A向圆M引切线，切点为点A_1，A_2，类似定义点B_1，B_2，C_1，C_2.

设$\triangle ABC$重心为点G，则点G在AM上. 且$AG=2GM$.

在$Rt\triangle AA_1M$中，由 Stewart 定理得

$$\begin{aligned}A_1G^2&=A_1A^2\cdot\frac{MG}{MA}+A_1M^2\cdot\frac{AG}{AM}-MG\cdot AG\\&=(AM^2-A_1M^2)\cdot\frac{1}{3}+A_1M^2\cdot\frac{2}{3}-\frac{2}{9}AM^2\\&=\frac{1}{9}AM^2+\frac{1}{3}A_1M^2\end{aligned}$$

设$\triangle ABC$三边长为a，b，c. 则

$$AM^2=\frac{1}{2}b^2+\frac{1}{2}c^2-\frac{1}{4}a^2$$

而$A_1M=\frac{1}{2}a$，故

$$A_1G^2=\frac{1}{9}AM^2+\frac{1}{3}A_1M^2=\frac{1}{18}(a^2+b^2+c^2)$$

上式关于a，b，c对称，故可知

$$A_2G^2=B_1G^2=B_2G^2=C_1G^2=C_2G^2=\frac{1}{18}(a^2+b^2+c^2)$$

因此点 A_1,A_2,B_1,B_2,C_1,C_2 共于以点 G 为圆心的圆上,命题证毕.

3.1.5 以等腰 $\triangle ABC$ 的底边 BC 中点 O 为圆心作圆与两腰相切,设这个圆的一条切线分别交 AB,AC 于点 E,F,则 $BE\cdot CF=\frac{1}{4}BC^2$.

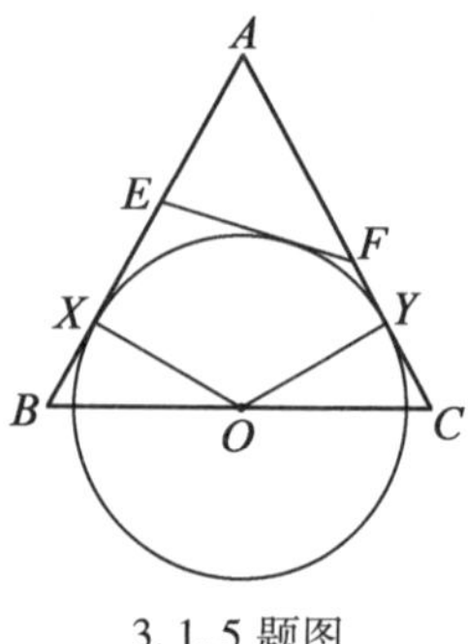

3.1.5 题图

证 如3.1.5题图,设 EF 切 $\odot O$ 于点 Z 则

$$\begin{aligned}\angle BEO&=\frac{1}{2}\angle XEZ\\&=\frac{1}{2}(180^\circ-\angle XOZ)\\&=\frac{1}{2}(\angle XOB+\angle YOC+\angle ZOY)\\&=\angle YOC+\angle FOY=\angle FOC\end{aligned}$$

同理 $\angle CFO=\angle EOB$,因此 $\triangle BEO\backsim\triangle COF$. 故 $\frac{BE}{BO}=\frac{CO}{CF}$,从而

$$BE\cdot CF=BO\cdot CO=\frac{1}{4}BC^2$$

证毕.

3.1.6 设 $\triangle ABC$ 的外接圆为 Γ,$\angle A=90^\circ$,$\angle B<\angle C$,过点 A 作 Γ 的切线与 BC 交于点 D,点 E 是点 A 关于 BC 的对称点,点 A 在 BE 上的投影为点 X,点 Y 是 AX 中点,BY 与圆 Γ 的第二个交点为点 Z,证明:BD 与 $\triangle ADZ$ 的外接圆相切.

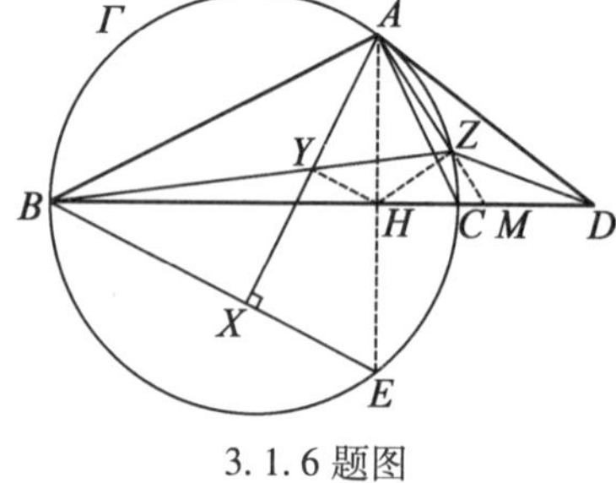

3.1.6 题图

证 如3.1.6题图,延长 AZ 交 HD 于点 M.

联结 AE 交 BC 于点 H. 联结 HY,HZ.

由对称性知 $AE\perp BC$,且 $AH=HE$,$AB=BE$.

此时有 $\angle EBC=\angle ABC=\angle HAC$. 故点 E 也在圆上.

进而

$$\frac{CH}{HB}=\frac{CH}{HA}\cdot\frac{HA}{HB}=\left(\frac{AC}{AB}\right)^2$$

又 AD 是圆 Γ 切线. 故

$$\frac{CD}{DB}=\frac{CD}{DA}\cdot\frac{DA}{DB}=\left(\frac{AC}{AB}\right)^2$$

故 $\frac{CH}{HB}=\frac{CD}{DB}$. B,H,C,D 为调和点列.

又 YH 为 $\triangle AXE$ 的中位线,故 $YH/\!/BE$.

故 $\angle ZAH=\angle ZBE=\angle ZYH\Rightarrow A,Y,H,Z$ 四点共圆.

由 $\angle AHC=\angle HZM=90°$ 知 $MZ\cdot MA=MH^2$.

又 $MZ\cdot MA=MC\cdot MB$,故 $MH^2=MB\cdot MC$.

由调和点列的性质知点 M 为 HD 中点.

故 $MD^2=MH^2=MZ\cdot MA$. 即 MD 为 $\triangle ADZ$ 外接圆的切线.

综上所述,命题证毕.

注:证明 B,H,C,D 为调和点到的方法很多,如 $\angle BAC=90°$ 加之 AC 平分 $\angle HAD$,在此不一一列举了.

3.1.7　在 $\triangle ABC$ 中,$AB=AC$,以 BC 中点为圆心作 $\odot O$,与 AB,AC 相切,$\odot O$ 另一条切线与 AB,AC 延长线分别交于点 E,F,在 AB,AC 上分别取点 G,H,使 $BG=BE,CH=CF$,求证:GH 与 $\odot O$ 相切.

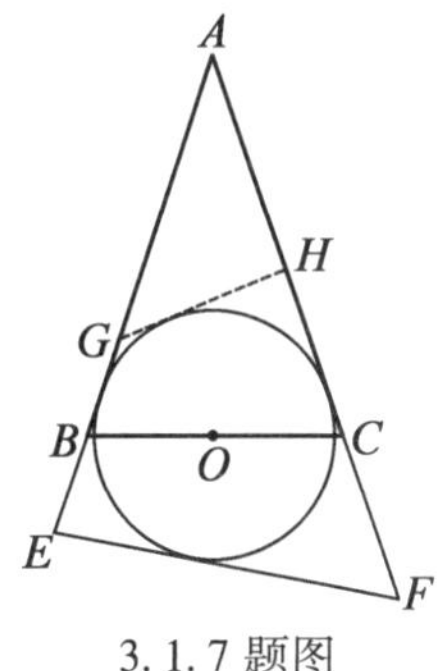

3.1.7 题图

证　如3.1.7题图,过点 G 作 $\odot O$ 的异于 GB 的切线,交 AC 于点 H'.

由之前证明的结论,有

$$BG\cdot CH'=\frac{1}{4}BC^2=BE\cdot CF=BG\cdot CH$$

所以 $CH'=CH,H'=H$. 这就说明了 GH 与 $\odot O$ 相切.

3.1.8　已知圆的直径为 AB,M,N 是圆上两点,且位于 AB 同侧,延长 AM,BN 交于点 P,QA,QM,RN,RB 均为圆的切线,求证:QR 过 $\triangle PAB$ 的垂心;又设直线 QM,BR 交于点 Y,直线 RN,AQ 交于点 X,则 X,P,Y 共线.

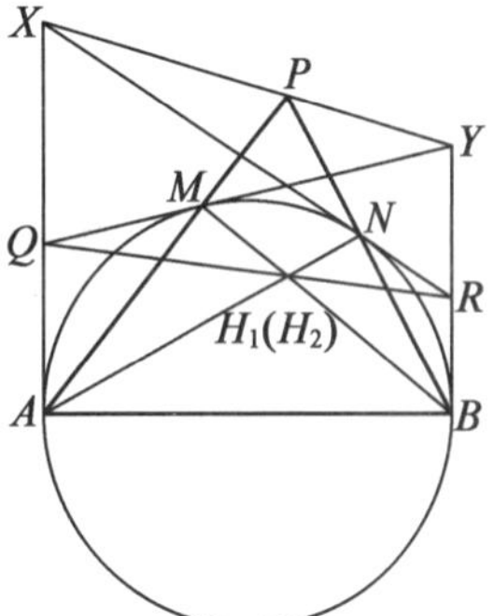

3.1.8 题图

证　设 AN 交 QR 于点 H_1,BM 交 QR 于点 H_2.

则在 $\triangle AQH_1$ 与 $\triangle RNH_1$ 中由正弦定理

$$QH_1=\frac{QA}{\sin\angle QH_1A}\cdot\sin\angle QAH_1$$

$$RH_1=\frac{RN}{\sin\angle RH_1N}\cdot\sin\angle RNH_1$$

故

$$\frac{QH_1}{RH_1}=\frac{QA\cdot\sin\angle QAH_1}{RN\cdot\sin\angle RNH_1}$$

类似可知

$$\frac{QH_2}{RH_2}=\frac{QM\cdot\sin\angle QMH_2}{RB\cdot\sin\angle RBH_2}$$

而 $QA=QM,RB=RN$

$$\begin{aligned}\sin\angle QAH_1&=\sin\angle XNA\\&=\sin\angle RNH_1\end{aligned}$$

同理 $\sin\angle QMH_2=\sin\angle RBH_2$.

故

$$\frac{QH_1}{RH_1}=\frac{QA}{RN}=\frac{QM}{RB}=\frac{QH_2}{RH_2}$$

进而可知点 H_1 即点 H_2. 故 QR,AN,BM 三线共点.

而由 AB 为直径知 $AN\perp PB,BM\perp PA$,故 QR,AN,BM 三线共点于$\triangle PAB$ 垂心.

将$\triangle PAB$ 垂心点 H 视为题中 P 点的地位类似,即可证明 XY 过$\triangle HAB$ 垂心,即点 P.

综上所述,命题证毕.

3.1.9 证明:$\triangle ABC$ 外接圆$\odot O$,AB 交 BC 中垂线 OM 于点 F,CA 延长后与 OF 交于点 G,GT 为切线,则 $TF\perp OG$.

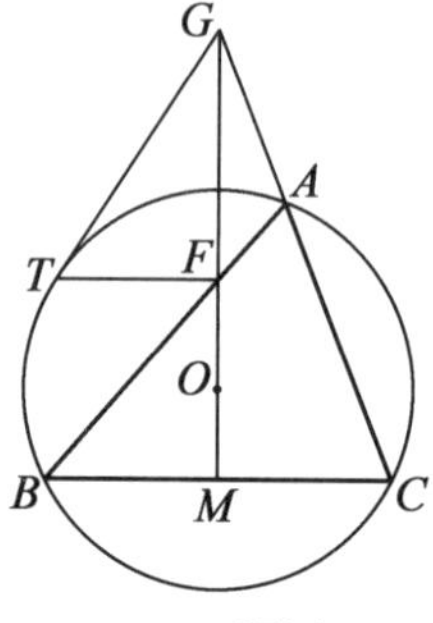

3.1.9 题图

证 如3.1.9题图,因点 F 在 BC 中垂线上,故 $FB=FC$,从而

$$\angle AFC=\angle FBC+\angle FCB=2\angle ABC=\angle AOC$$

A,F,O,C 四点共圆.

因此 $GT^2=GA\cdot GC=GF\cdot GO$.

所以$\triangle GTF\backsim\triangle GOT$,$\angle GFT=\angle GTO=90°$,即 $TF\perp OG$.

证毕.

3.1.10 $\triangle ABC$ 中,$\angle A=90°$,点 D 在 BC 上,一圆过点 C 且与 AC 交于点 F,与 AB 切于点 G,$BD/CD=(AB/AG)^2$,求证:$AD\perp BF$.

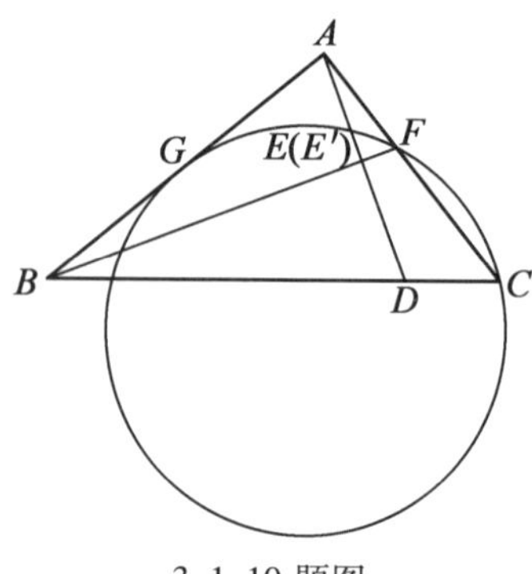

3.1.10 题图

证 如3.1.10题图,联结 AD 交 BF 于点 E,作 $AE'\perp BF$ 于点 E'.

对$\triangle BCF$ 及截线 DEA,由 Menelaus 定理有

$$\frac{BD}{DC}\cdot\frac{CA}{AF}\cdot\frac{FE}{EB}=1 \qquad (*)$$

而

$$\frac{BD}{DC}=\frac{AB^2}{AG^2}$$

由切割线定理

$$\frac{CA}{AF}=\frac{CA\cdot FA}{AF^2}=\frac{AG^2}{AF^2}$$

代入(*)式得$\frac{AB^2}{AG^2}\cdot\frac{AG^2}{AF^2}\cdot\frac{FE}{EB}=1$,故

$$\frac{FE}{EB}=\frac{AF^2}{AB^2}$$

又 $AE'\perp BF$ 知 $\mathrm{Rt}\triangle AE'F\backsim\mathrm{Rt}\triangle BAF\backsim\mathrm{Rt}\triangle BE'A$.

故

$$\frac{FE'}{E'B}=\frac{FE'}{AE'}\cdot\frac{E'A}{E'B}=\left(\frac{AF}{AB}\right)^2=\frac{FE}{EB}$$

故点 E 与点 E' 重合,也即 $AE\perp BF$.

综上所述,$AD\perp BF$,命题证毕.

3.1.11 有一个圆圆心在圆内接四边形 $ABCD$ 的 AB 边上,其他三边都与该圆相切,证明:$AD+BC=AB$. 反之如何?

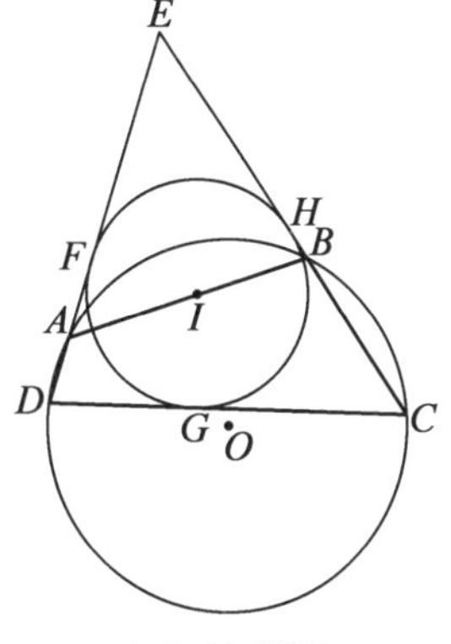

3.1.11 题图

证 如3.1.11题图,设⊙I 的圆心在 AB 上,切 AD,DC,CB 于点 F,G,H,设 $\triangle IDC$ 的外接圆交 AB 于另一点 K.

则

$$\angle AKD=\angle ICD=\frac{1}{2}\angle DCB=\frac{1}{2}(180^\circ-\angle DAK)$$

所以 $\angle AKD=\angle ADK$,$AK=AD$.

同理 $BK=BC$,故 $AD+BC=AK+BK=AB$.

反之,我们证明如下命题:

圆内接四边形 $ABCD$ 若满足 $AD+BC=AB$,则存在一个圆,圆心在 AB 边上,并且与其他三边相切.

证明:在 AB 上找一点 J,使 $JA=AD$,$JB=BC$. 设 $\triangle JDC$ 外接圆交直线 AB 于除点 J 外另一个点 I,则有

$$\angle ICD=\angle AJD=\frac{180^\circ-\angle BAD}{2}=\frac{\angle BCD}{2}$$

故 IC 平分 $\angle BCD$. 同理 ID 平分 $\angle ADC$. 由此可知点 I 在线段 AB 上,并且点 I 到边 AD,DC,CB 的距离均相等. 因此存在一个以点 I 为圆心的圆,与四边形 $ABCD$ 的其余三边均相切.

证毕.

3.1.12 AB 为⊙O 直径,点 P 为⊙O 上除点 A,B 外任一点,过点 P 作⊙O 的切线,和过点 A,O,B 三点与 AB 垂直的直线分别交于点 C,E,D,过点 P 作 AB 的垂线,垂足为点 F,求证:(1)$AE/\!/FD$;(2)$AC\cdot BD=FP\cdot DE$.

证 我们先证明(2)的结论.

如3.1.12题图,联结 OC,OD,OP. 则 $\angle EOC=\angle OCA=\angle OCE$,故 $EC=EO$. 同理还有 $ED=EO$.

故 $\triangle COD$ 为直角三角形且点 E 为斜边 CD 上的中点.

故由 $\angle COA+\angle DOB=90^\circ$ 知 $\mathrm{Rt}\triangle CAO\backsim\mathrm{Rt}\triangle OBD$.

故 $AC\cdot BD=OA\cdot OB=R^2$,$R$ 为⊙O 半径长.

又 $\angle FOP+\angle EOP=90^\circ$ 知 $\mathrm{Rt}\triangle EPO\backsim\mathrm{Rt}\triangle OFP$,故 $FP\cdot$

$OE = OP^2 = R^2$.

故 $AC \cdot BD = FP \cdot OE = FP \cdot DE$. 问题(2)证毕.

回到问题(1),延长 CD 与 AB 交于点 Q($CD /\!/ AB$ 时结论显然成立).

由问题(2)的结论知 $\frac{FP}{AC} = \frac{BD}{OE}$,故 $\frac{QF}{QA} = \frac{FP}{AC} = \frac{BD}{OE} = \frac{QD}{QE}$,进而 $DF /\!/ EA$ 成立. 问题(1)证毕.

综上所述,原命题证毕.

注:本题也可由点 A,F,B,Q 为调和点列,之后通过比例式求解.

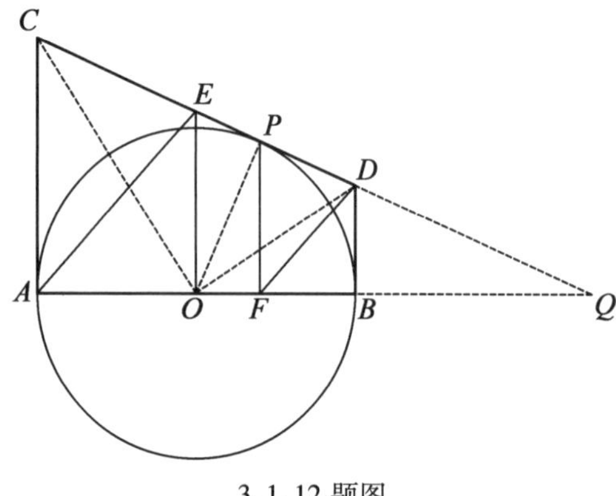

3.1.12 题图

> **3.1.13** 如3.1.13 题图,$AB = AC$,过 $\triangle ABC$ 外接圆作切线 CD,点 D 在 AB 延长线上,作 $DE \perp$ 直线 AC,求证:$BD = 2CE$.

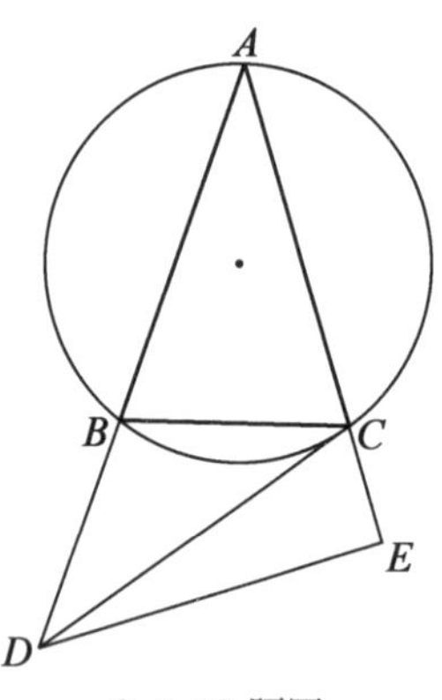

3.1.13 题图

证 取 BD,CD 的中点分别记为点 F,G,则 $FG /\!/ BC$,且由 CD 为切线,有 $\angle DCB = \angle CAB$

$$\begin{aligned}\angle DCE &= 180° - \angle DCB - \angle BCA \\ &= 180° - \angle CAB - \angle BCA = \angle ABC\end{aligned}$$

所以

$$\begin{aligned}\angle CGE &= 2\angle CDE \\ &= 2(90° - \angle DCE) \\ &= 180° - 2\angle ABC \\ &= \angle BAC = \angle DCB\end{aligned}$$

故 $GE /\!/ BC$. 从而 F,G,E 共线,由 $AB = AC$ 知 $BF = CE$,从而 $BD = 2CE$.

证毕.

3.1.14　AB 为圆 ω 的直径,直线 l 切圆 ω 于点 A,三点 C, M,D 在 l 上且满足 $CM=DM$,又设 BC,BD 交圆 ω 于点 P, Q,过点 P,Q 的圆 ω 的切线交于点 R,求证:点 R 在 BM 上.

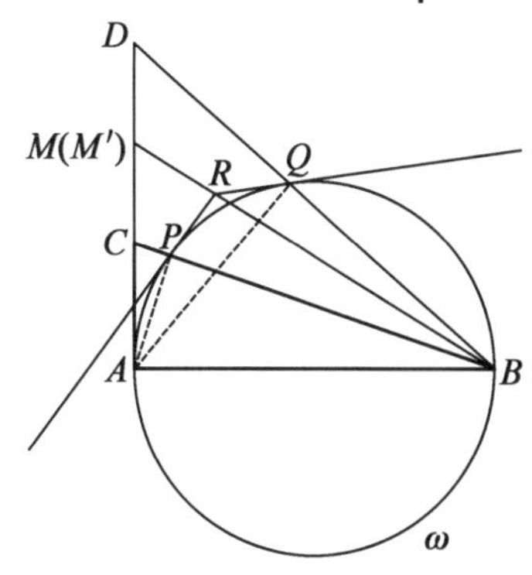

3.1.14 题图

证　如3.1.14 题图,延长 BR 交 CD 于点 M'.

则只要证明 $CM'=DM'$,就有点 $M=M'$. 进而点 R 在 BM 上. 证毕.

下面我们证明 $CM'=DM'$,联结 AP,AQ.

由于 AB 是⊙ω 直径,故 $\angle CAB=\angle DAB=90°$.

且 $\angle APB=\angle AQB=90°$,故

$$\angle ACB=\angle PAB,\angle ADB=\angle QAB$$

又由 RP,RQ 为⊙ω 切线知

$$\angle RPB=\angle PAB,\angle RQB=180°-\angle QAB$$

在△BCD 中,由正弦定理知

$$\frac{BC}{BD}=\frac{\sin\angle BDA}{\sin\angle BCA}=\frac{\sin\angle RQB}{\sin\angle RPB}$$

又在△RQB 与△RPB 中,由正弦定理知

$$\frac{\sin\angle RQB}{RB}=\frac{\sin\angle QBR}{RQ},\frac{\sin\angle RPB}{RB}=\frac{\sin\angle PBR}{RP}$$

由 $RP=RQ$ 知

$$\frac{BC}{BD}=\frac{\sin\angle RQB}{\sin\angle RPB}=\frac{\sin\angle QBR}{\sin\angle PBR}$$

故知

$$S_{\triangle CM'B}=\frac{1}{2}BC\cdot BM'\cdot\sin\angle PBR$$

$$=\frac{1}{2}BD\cdot BM'\cdot\sin\angle QBR=S_{\triangle DM'B}$$

故 $CM'=DM'$. 综上所述,命题证毕.

注:本题的证明方法是比较自然可以想到的. 另外,分别做出 PR 与 QR 与 CD 的交点后以 BPC 与 BQD 为截线由 Menelaus 定理亦可简洁地推出结论,请感兴趣的读者自证.

3.1.15　圆内接四边形 $ABCD$ 中,过点 A 作圆的切线交 CB 的延长线于点 K,点 B 位于点 K 与点 C 之间,而过点 B 所作圆的切线交 DA 的延长线于 M,点 A 位于点 M,D 之间,已知 $AM=AD$,$BK=BC$. 求证:四边形 $ABCD$ 是梯形或正方形.

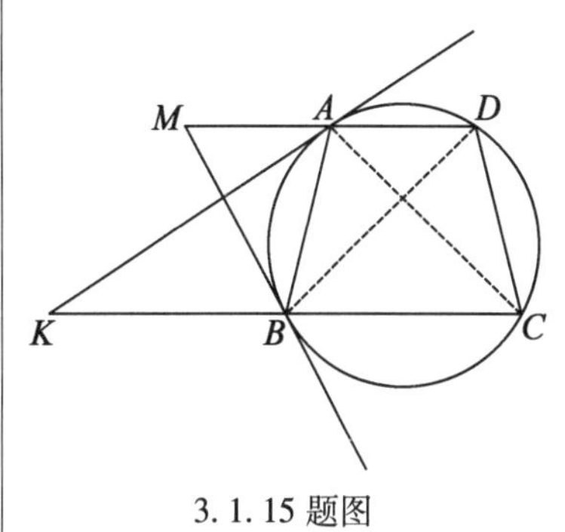

3.1.15 题图

证　如3.1.15 题图,联结 AC,BD.

由 $\angle KAB=\angle KCA$ 且 $\angle AKB=\angle CKA$,知△AKB∽△CKA.

故有

$$\frac{BA}{AC}=\frac{KB}{KA}=\frac{KA}{KC}$$

故

$$\frac{BA}{AC}=\sqrt{\frac{KB}{KA}\cdot\frac{KA}{KC}}=\sqrt{\frac{KB}{KC}}=\frac{\sqrt{2}}{2}$$

完全对称可知$\triangle BMA\backsim\triangle DMB$,以及$\frac{AB}{BD}=\frac{\sqrt{2}}{2}$.

故由$\frac{BA}{AC}=\frac{\sqrt{2}}{2}=\frac{AB}{BD}$知$AC=BD$.

进而可知四边形$ABCD$是梯形($AD/\!/BC$)或正方形,命题证毕.

3.1.16 如3.1.16题图,设点C,D是以点O为圆心,AB为直径的半圆上任意两点,过点B作$\odot O$的切线交直线CD于点P,直线PO与直线CA,AD分别交于点E,F,证明:$OE=OF$.

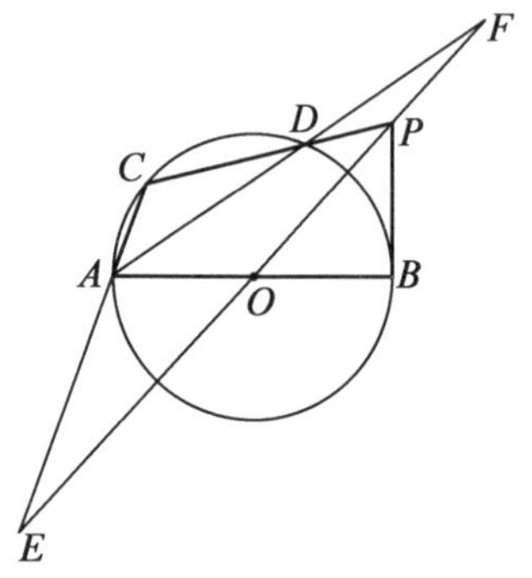

3.1.16题图

证 如3.1.16题图,作$OM\perp CD$于点M.则点M为CD中点,M,P,B,O四点共圆.

由

$$\angle CMB=180^\circ-\angle PMB=180^\circ-\angle POB=\angle AOF$$

$$\angle MCB=\angle OAF$$

知$\triangle MCB\backsim\triangle OAF$,从而

$$\frac{MC}{MB}=\frac{OA}{OF} \quad ①$$

同样地,由$\angle DMB=\angle POB=\angle AOE$,$\angle MDB=\angle OAE$推得$\triangle MDB\backsim\triangle OAE$

$$\frac{MD}{MB}=\frac{OA}{OE} \quad ②$$

对照式①②以及$MC=MD$,便知$OF=OE$.

证毕.

3.1.17 平面内两条平行线k,l,一定圆不与k相交,从直线k上一动点A引两条切线,并与l交于B,C两点,BC中点是点M,求证:直线AM经过一定点.

证 如3.1.17题图,设定圆圆心为点O.

过点O作l的垂线交于点H.

设直线 OH 与 PQ,k 分别交于点 S,T,联结 AO 交 PQ 于点 N.

联结 OP,OQ. 设⊙O 半径为 r.

首先我们证明 AM,PQ,OH 三线共点.

由于 $OP=OQ$,故

$$\frac{SQ}{SP}=\frac{OQ\cdot\sin\angle QOT}{OP\cdot\sin\angle POT}=\frac{\sin\angle QOT}{\sin\angle POT}$$

注意到 $\angle OPB=\angle OHB=90°$, $\angle OQC=\angle OHC=90°$,故 B,H,O,P 四点共圆,C,H,O,Q 四点共圆.

因此 $\angle QOT=\angle C$,$\angle POT=\angle B$. 故

$$\frac{SQ}{SP}=\frac{\sin C}{\sin B}$$

又由于 $AP=AQ$,故

$$\begin{aligned}\frac{S_{\triangle ABS}}{S_{\triangle ACS}}&=\frac{AB\cdot PS\cdot\sin\angle APQ}{AB\cdot QS\cdot\sin\angle AQP}\\&=\frac{AB\cdot SP}{AC\cdot QS}=\frac{AB\cdot\sin B}{AC\cdot\sin C}=1\end{aligned}$$

点 S 在 AM 上,即 AM,PQ,OH 三线共点于点 S,证毕.

此时由 $OA\perp PQ$ 知 $\angle ONS=\angle OTA=90°$. 故 $OS\cdot OT=ON\cdot OA$.

又 $\angle ONQ=\angle OQA=90°$,故 $ON\cdot OA=OQ^2$.

于是得到 $OS=\frac{OQ^2}{OT}=\frac{r^2}{OT}$.

由于点 O 是定点,直线 TH 是定直线,r 与 OT 均为定长,故 OS 长为定值.

因此点 S 是一定点,结合 AM 过点 S 知直线 AM 过一定点.

综上所述,命题证毕.

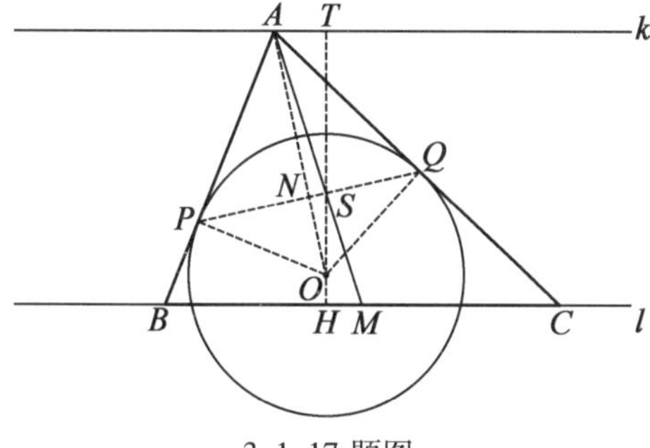

3.1.17 题图

3.1.18 已知定圆 O 外有一条定直线 l,过点 O 作 $OE\perp l$,垂足为点 E. 在 l 上任取一动点 M(不与点 E 重合),过此点作圆的切线切圆于点 A,B,现作 $EC\perp MA,ED\perp MB$,联结 CD 并延长交 OE 于点 F,求证:点 F 是定点.

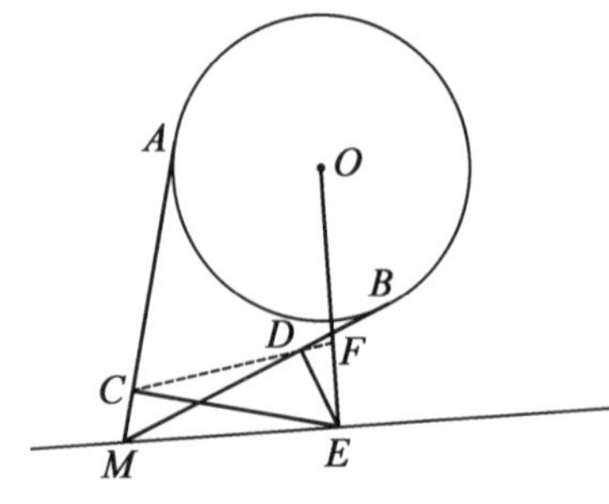

3.1.18 题图

证 如3.1.18 题图,过点 E 作 AB 垂线,交直线 AB 于点 G.

由于 A,M,E,B 五点共于以 OM 为直径的圆上,所以由西姆森定理,知 C,D,G 共线,设 OE 与 AB 交于点 K,$OM\perp AB$ 于点 L.

注意到 $\angle OBK=\angle OAB=\angle OEB$. 故 $OB^2=OK\cdot OE$. $OK=\frac{OB^2}{OE}$为定值,即点 K 为定点.

因 D,B,G,E 共圆,L,K,E,M 共圆,故

$$\begin{aligned}\angle FGE&=\angle DBE=\angle MOE=90^\circ-\angle OME\\&=90^\circ-\angle GKE=\angle FEG\end{aligned}$$

所以点 F 是 $\mathrm{Rt}\triangle KGE$ 斜边中点,结合点 K,E 为定点知点 F 是定点.

证毕.

3.1.19 已知圆外一点 P 向圆引的两条切线的切点分别为点 A,B,点 X 是劣弧$\overset{\frown}{AB}$上任意一点,点 P 在 AX,BX 上的投影分别为点 C,D,证明:当点 X 在弧$\overset{\frown}{AB}$上运动时,CD 经过一个定点 Y.

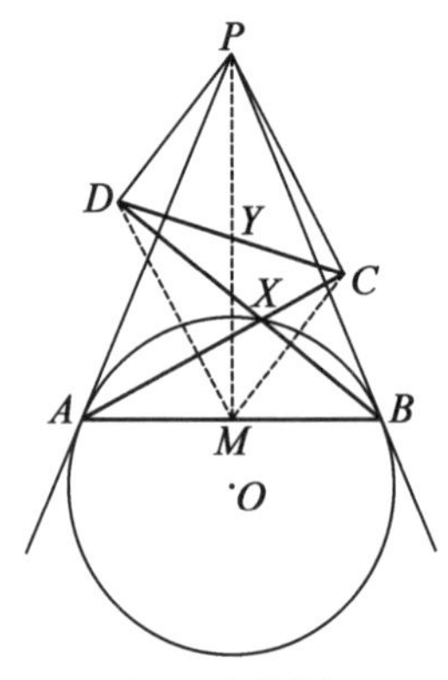

3.1.19 题图

证 如图3.1.19 题图,作 AB 中点 M,联结 PM,CM,DM. 则 $PM\perp AB$.

故由 $PC\perp AC,PD\perp BD$,知 $\angle PMA=90^\circ=\angle PCA$. $\angle PMB=90^\circ=\angle PDB$.

故 P,A,M,C 四点共圆,P,B,M,D 四点共圆.

进而

$$\angle MPC=\angle MAC=\angle MAX=\angle PBX=\angle PBD=\angle PMD$$

故 $PC/\!/DM$,同理有 $PD/\!/CM$.

故四边形 $PDMC$ 为平行四边形.

故 PM 与 CD 互相平分,即 CD 过 PM 中点.

令点 P,M 中点为点 Y,则当点 X 在弧 $\overset{\frown}{AB}$ 上运动时,CD 总是过点 Y.

综上所述,命题证毕.

3.1.20　点 A 是 $\odot O$ 外一点，过点 A 作圆的切线 AB,AC，$\odot O$ 的切线 l 与 AB,AC 分别交于点 P,Q，过点 P 且平行于 AC 的直线与 BC 交于点 R，证明：无论 l 如何变动，直线 QR 恒过一定点.

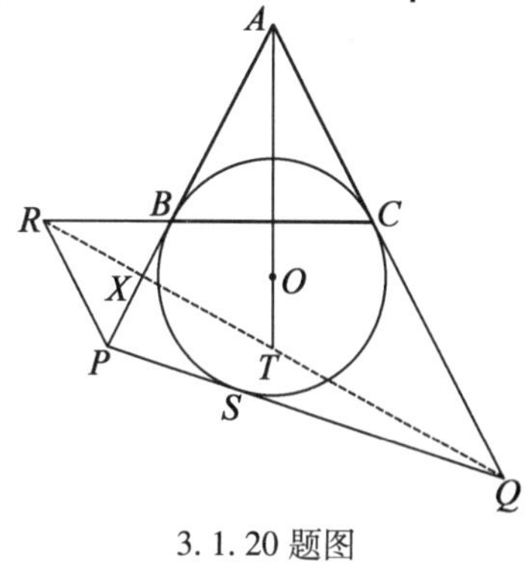

3.1.20 题图

证　如 3.1.20 题图，设 QR 交直线 AB 于点 X 我们证明 X 为定点.

由 Menelaus 定理，$\frac{AX}{XB}\cdot\frac{BR}{RC}\cdot\frac{CQ}{QA}=1$.

因点 R,Q 分别在 CB,AC 延长线上，故点 X 在 AB 延长线上；

由上式知，只需证 $\frac{BR}{RC}\cdot\frac{CQ}{QA}$ 为定值，注意到 $\frac{BR}{RC}=\frac{BP}{PA}$，若设

$$AB=AC=1,BP=x,CQ=y$$

则只需证

$$\frac{xy}{(1+x)(1+y)}\left(=\frac{BP}{PA}\cdot\frac{CQ}{QA}\right)$$

为定值. 事实上，对 $\triangle APQ$ 使用余弦定理，有

$$\begin{aligned}(x+y)^2&=(1+x)^2+(1+y)^2-2(1+x)(1+y)\cos A\\&=(x-y)^2+2(1+x)(1+y)(1-\cos A)\end{aligned}$$

故 $\frac{xy}{(1+x)(1+y)}=\frac{1-\cos A}{2}$ 为定值.

命题证毕.

3.1.21　已知锐角 $\triangle ABC$，以 AB 为直径的 $\odot K$ 分别交 AC，BC 于点 P,Q，分别过点 A,Q 作 $\odot K$ 的两条切线交于点 R，分别过点 B,P 作 $\odot K$ 的两条切线交于点 S，证明：点 C 在线段 RS 上.

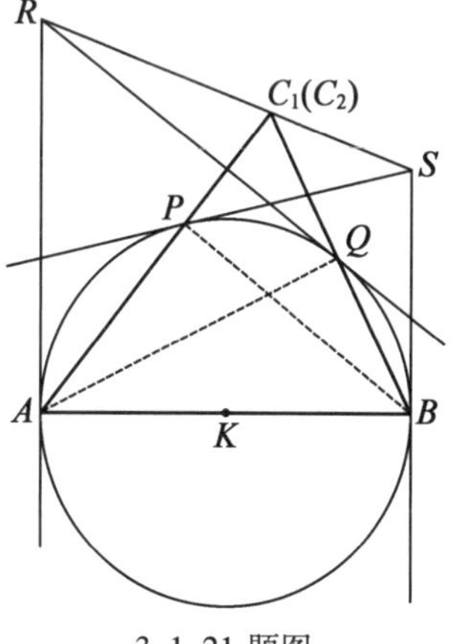

3.1.21 题图

证　如 3.1.21 题图，联结 AQ,BP，设 AP 交 RS 于点 C_1，BQ 交 RS 于点 C_2.

只要证明 $C_1=C_2$ 即知点 C_1,C_2 即为 AP 与 BQ 的交点 C，它在线段 RS 上.

注意到

$$\begin{aligned}\angle C_1PS&=90^\circ-\angle SPB\\&=90^\circ-\angle SBP\\&=\angle PBA\\&=\angle C_1AR\end{aligned}$$

在 $\triangle RC_1A$ 与 $\triangle SC_1P$ 中，由正弦定理知

$$\frac{RC_1}{\sin\angle RAC_1}=\frac{RA}{\sin\angle RC_1A}$$

$$\frac{C_1S}{\sin\angle C_1PS}=\frac{SP}{\sin\angle SC_1P}.$$

又$\angle RAC_1=\angle C_1PS$, $\angle RC_1A$、$\angle SC_1P$,故$\frac{RC_1}{C_1S}=\frac{RA}{SP}$,同理有$\frac{SC_2}{C_2R}=\frac{SB}{RQ}$.

又$RA=RQ$,$SB=SP$,所以$\frac{RC_1}{C_1S}=\frac{RC_2}{C_2S}$.

进而可知点C_1即为点C_2,故而命题证毕.

注:事实上,本题中不必利用$AP\perp PB$与$BQ\perp QA$亦可证明

$$\angle C_1PS=\angle C_1AR, \angle C_2QR=\angle C_2BS$$

故AB为直径的条件事实上也非必要的.

3.1.22 已知直线上3个定点依次为A,B,C,圆Γ为过A,C且圆心不在AC上的圆,分别过A,C且与Γ相切的直线交于点P,PB与Γ交于点Q,求证:$\angle AQC$的平分线与AC的交点不依赖于Γ的选取.

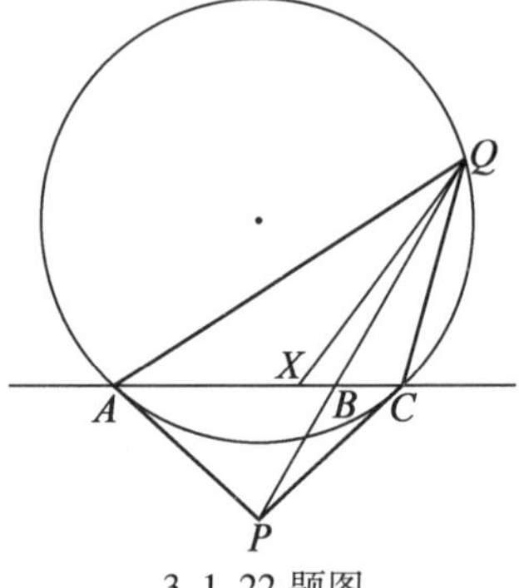

3.1.22 题图

证 如3.1.22题图,设$\angle AQC$的平分线交线段AC于点X.下证点X为定点.

因$\frac{AX}{XC}=\frac{AQ}{QC}$,故只需证$\frac{AQ}{QC}$为定值即可.

事实上,由PA,PC为切线可知

$$\frac{AB}{BC}=\frac{S_{\triangle QAP}}{S_{\triangle QCP}}=\frac{\frac{1}{2}QA\cdot AP\sin\angle QAP}{\frac{1}{2}QC\cdot CP\sin\angle QCP}=\frac{QA\cdot\sin\angle ACQ}{QC\cdot\sin\angle QAC}=\frac{QA^2}{QC^2}$$

所以$\frac{AQ}{QC}=\sqrt{\frac{AB}{BC}}$为定值. 证毕.

3.1.23 圆Γ和直线l不相交,AB是圆Γ的直径,且垂直于l,点B比点A更靠近l,在Γ上任意取一点$C(\neq A,B)$,直线AC交l于点D,直线DE与Γ切于点E,且点B,E在AC的同一侧,设BE交l于点F,AF交Γ于点$G(\neq A)$,证明:点G关于AB的对称点在直线CF上.

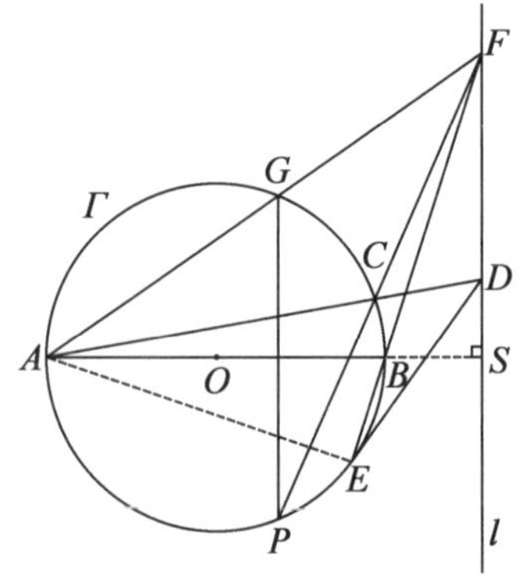

3.1.23 题图

证 如3.1.23题图,延长AB交l于点S,联结AE.

由 AB 是 Γ 的直径知 $\angle AEB=90°$，又 $\angle ASF=90°$，故 A,E,S,F 四点共圆.

故由 DE 与 Γ 相切于点 E 知

$$\angle DEF=\angle DEB=\angle BAE=\angle SFE=\angle DFE$$

故 $DE=DF$.

于是 $DC\cdot DA=DE^2=DF^2$，进而有 $\triangle DFC\backsim\triangle DAF$.

设点 G 关于 AB 的对称点为点 P.

则 $GP\perp AB$ 且点 P 也在 Γ 上.

故有

$$\begin{aligned}\angle DCF&=\angle DFA\\&=90°-\angle FAS\\&=\angle AGP=\angle ACP\end{aligned}$$

由 A,C,D 共线知 P,C,F 三点共线，即点 P 在直线 CF 上，命题证毕.

3.1.24　$\odot O$ 为钝角 $\triangle ABC$（$\angle B$ 为钝角）的外接圆，过点 C 的 $\odot O$ 的切线与 AB 交于点 B_1，设点 O_1 为 $\triangle AB_1C$ 外心，在线段 BB_1 上任选一点 B_2（不同于 B,B_1），过点 B_2 作 $\odot O$ 的切线，记离开点 C 较近的切点为点 C_1，设点 O_2 为 $\triangle AB_2C_1$ 外心，若 $OO_2\perp AO_1$，证明：O,O_2,O_1,C_1,C 五点共圆.

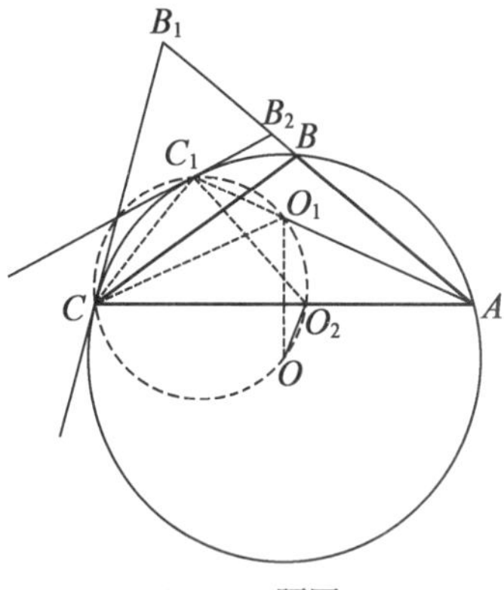

3.1.24 题图

证　联结 $CC_1,CO_1,C_1O_1,C_1O_2,OO_1$.

由于点 O 在 AC_1 的垂直平分线上，点 O_2 在 AC_1 的垂直平分线上. 故 OO_2 即为 AC_1 的垂直平分线.

由 $OO_2\perp AC_1$，$OO_2\perp AO_1$ 知 A,O_1,C_1 三点共线.

又 $\angle B_2C_1A=\angle C_1CA$，$\angle B_2AC_1=\angle BAO_1=90°-\angle B_1CA$，（由于点 O_1 是 $\triangle B_1CA$ 外心）.

故

$$\begin{aligned}\angle AO_2C_1&=360°-2\angle AB_2C_1\\&=2\angle B_2C_1A+2\angle B_2AC_1\\&=2(90°-\angle B_1CA+\angle C_1CA)\\&=2(90°-\angle B_1CC_1)\\&=2(90°-\angle C_1AC)\end{aligned}$$

又 $O_2C_1=O_2A$，故 $\angle AO_2C_1=180°-2\angle C_1AO_2$，故 $\angle C_1AC=\angle C_1AO_2\Rightarrow C,O_2,A$ 三点共线.

故

$$\angle O_1CA=\angle O_1AC=\angle O_2AC_1=\angle O_2C_1O_1$$

故 C_1,C,O_2,O_1 四点共圆.

又 $OO_1\perp AC$，$OO_2\perp AC_1$，易知

$$\angle O_1OO_2=\angle CAC_1=\angle O_1CO_2$$

故点 O 也在这个圆上.

综上所述,O,O_2,O_1,C_1,C 五点共圆,命题证毕.

3.1.25 不等边锐角$\triangle ABC$,外接圆是 Γ,$\angle A$ 的平分线交 BC 于点 K,记弧 $\overset{\frown}{BAC}$ 的中点为点 M,直线 MK 与 Γ 不同于点 M 的交点为点 A',分别过点 A 与 A'作的切线交于点 T,过点 A 且垂直于 AK 的直线与过点 A'且垂直于 $A'K$ 的直线交于点 R,求证:T,R,K 三点共线.

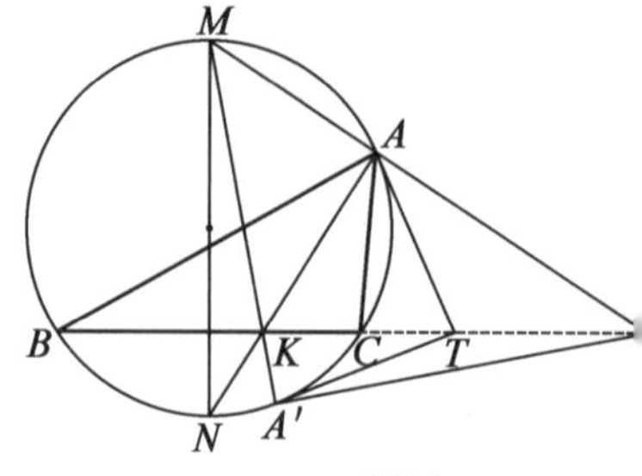

3.1.25 题图

证 如3.1.25 题图,先证明点 R 在直线 BC 上.

事实上,由 $KA\perp AR,KA'\perp A'R$ 知 A,K,A',R 共圆.

延长 AK 交$\triangle ABC$ 外接圆于另一点 N,则点 N 为$\overset{\frown}{BC}$(不含点 A)中点,MN 为直径并且 $MN\perp BC$. 设垂足为点 H,则 H,K,A,M 四点共圆,从而

$$\begin{aligned}\angle AKR&=\angle AA'R=90^\circ-\angle MA'A\\&=90^\circ-\angle MNA=\angle AMN=\angle AKC\end{aligned}$$

故 K,C,R 三点共线,得点 R 在 BC 上.

现在我们证明点 T 是 KR 中点. 用同一法,取 KR 中点为点 T',则

$$T'A=T'K=T'R=T'A'$$

于是

$$\begin{aligned}\angle T'AC=\angle T'AK-\angle KAC&=\angle AKT'-\angle KAC\\&=\angle ABC\end{aligned}$$

$$\begin{aligned}\angle T'A'C=\angle T'A'K-\angle KA'C&=\angle A'KC-\angle KA'C\\&=(\angle CBA'+\angle MA'B)-\angle MA'C\\&=\angle CBA'\end{aligned}$$

故 $T'A,T'A'$均为$\triangle ABC$ 外接圆切线,从而点 $T'=T$ 为 KR 中点,这就得出了结论. 证毕.

3.1.26 在 Rt$\triangle ABC$ 中,已知$\angle B=90^\circ$,$\triangle ABC$ 内切圆切 BC 于点 D,点 X,Z 分别是$\triangle ABD$,$\triangle ACD$ 内心,XZ 与 AD 交于点 K,与$\triangle ABC$ 外接圆交于点 U,V,点 M 为弦 UV 中点,点 Y 为 AD 与$\triangle ABC$ 外接圆交点($Y\neq A$),求证:$YC=2MK$.

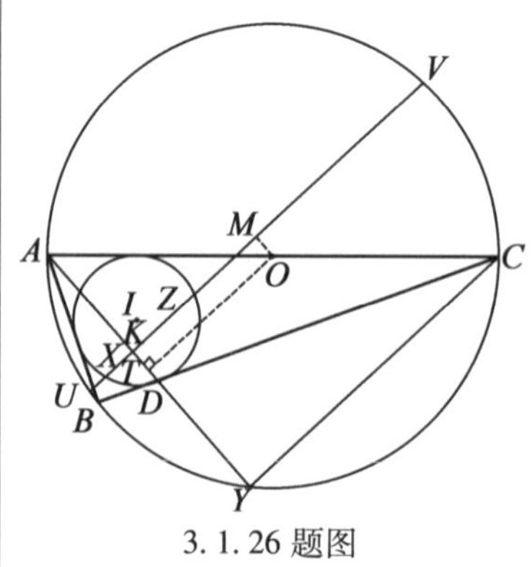

3.1.26 题图

证 如3.1.26 题图,作 $OT\perp AY$ 于点 T. 联结 OM.

设 $XK_1\perp AD$ 于点 K_1. $ZK_2\perp AD$ 于点 K_2.

则

$$AK_1=\frac{1}{2}(AB+AD-BD)$$

$$AK_2=\frac{1}{2}(AC+AD-CD)$$

又 $AB-BD=AC-CD$,故 $AK_1=AK_2$ 进而可知点 $K_1=K_2=K$.

故 $XZ\perp AD$ 于点 K.

又由点 M 是 UV 中点知 $OM\perp KM$. 又 $OT\perp KT$,故四边形 $KTOM$ 是矩形.

由 $\angle B=90°$知 AC 为$\odot O$ 直径,故$\angle CYA=90°$且点 O 在 AC 上,为 AC 中点.

又点 T 是 AY 中点,知 OT 是$\triangle ACF$ 的中位线. 故 $YC=2TO=2MK$.

综上所述,命题证毕.

3.1.27 已知 AB 是$\odot O$ 的弦,点 P 在 AB 的延长线上,PC 与$\odot O$ 相切于点 C,直径 CD 与 AB 的交点在$\odot O$ 内,设 DB 与 OP 交于点 E,证明:$AC\perp CE$.

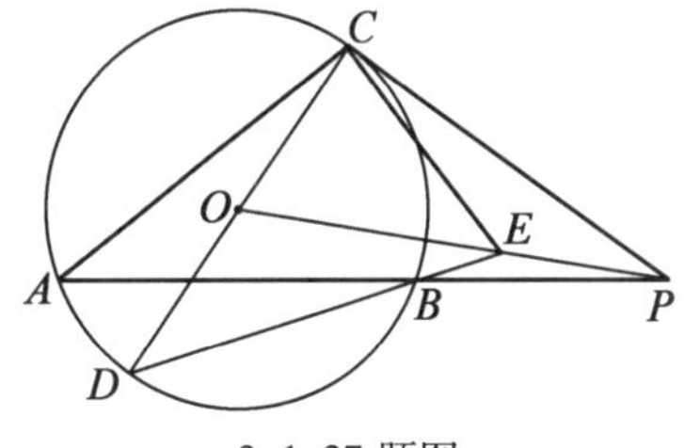

3.1.27 题图

证 如3.1.27题图,使用同一法,我们先过点 C 作 AC 垂线与直线 DB 交于点 E',去证明点 E'在 OP 上,这样就有 $E'=E$,进而 $AC\perp CE$.

因$\angle PCO=90°=\angle E'CA$,故$\angle PCE'=\angle ACD=\angle ABD=\angle E'BP$. 记此角为 α.

延长 CE'交 BP 于点 F. 则由 Menelaus 定理. 只需证

$$\frac{CO}{OG}\cdot\frac{GP}{PF}\cdot\frac{FE'}{E'C}=1 \qquad (*)$$

这里点 G 是 AB 与 CD 的交点.

又$\angle BFE'=90°-\angle BCF-\alpha=\angle DCB$,记此角为 β,则由

$$\frac{CO}{OG}=\frac{BO}{OG}=\frac{\sin\angle CGB}{\sin\angle OBA}=\frac{\sin\angle CGB}{\cos(\alpha+\beta)} \qquad ①$$

$$\frac{GP}{PF}=\frac{S_{\triangle CGP}}{S_{\triangle FCP}}=\frac{GC\sin\angle GCP}{FC\sin\angle FCP}=\frac{GC}{FC\sin\alpha}=\frac{\sin\beta}{\sin\angle CGB\cdot\sin\alpha} \qquad ②$$

$$\frac{FE'}{E'C}=\frac{S_{\triangle BFE'}}{S_{\triangle BCE'}}=\frac{BF\sin\angle FBE'}{BC\sin\angle CBE'}=\frac{\sin\angle BCF}{\sin\angle BFC}\cdot\sin\angle FBE'$$

$$=\frac{\cos(\alpha+\beta)\sin\alpha}{\sin\beta} \qquad ③$$

式①②③三式相乘即得式(*). 命题证毕.

3.1.28 已知四边形 $ABCD$ 内接于圆 Γ,两底 BC,AD 满足 $BC<AD$,过点 C 的切线与 AD 交于点 P,过点 P 的切线切 Γ 于异于点 C 的另一点 E,BP 与 Γ 交于点 K,过点 C 作 AB 的平行线,分别与 AK,AE 交于 M,N,证明:点 M 是 CN 中点.

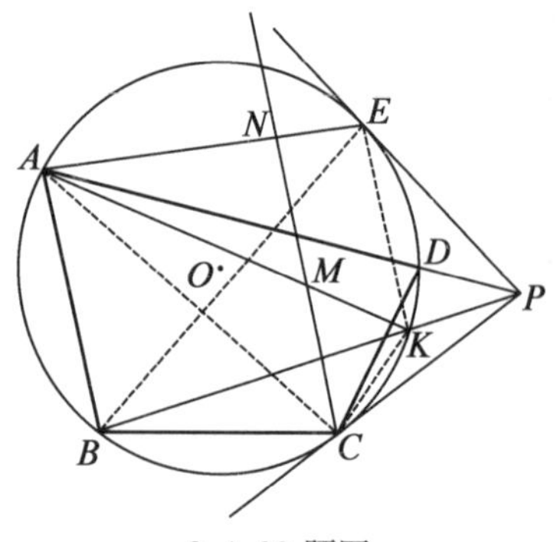

3.1.28 题图

证 如3.1.28题图,联结 KE,AC,BE.

$$\angle AMN=\angle MAB=\angle KAB=\angle BEK$$

$$\angle MAN=\angle KAE=\angle EBK$$

故

$$\triangle AMN\backsim\triangle BEK\Rightarrow\frac{MN}{AM}=\frac{EK}{BE} \quad ①$$

$$\angle CAM=\angle CAK=\angle KBC$$

$$\angle ACM=\angle CAB=\angle BKC$$

故

$$\triangle ACM\backsim\triangle BKC\Rightarrow\frac{MC}{AM}=\frac{CK}{BC} \quad ②$$

又 PC 与 PE 均为 $\odot O$ 的切线,故

$$\frac{EK}{BE}=\frac{PK}{PE}=\frac{PK}{PC}=\frac{CK}{BC}$$

结合①②式知

$$\frac{MN}{AM}=\frac{EK}{BE}=\frac{CK}{BC}=\frac{MC}{AM}$$

故 $MN=MC$,即点 M 是 CN 中点.

综上所述,命题证毕.

3.1.29 过 $\odot O$ 外一点 P 向 $\odot O$ 作两条切线,切点分别为 A,B,记 AB 中点为点 M,线段 AM 的中垂线交 $\odot O$ 于点 C(在 $\triangle ABP$ 内部),直线 AC,PM 交于点 G,PM 交 $\odot O$ 于点 D(在 $\triangle ABP$ 外部),若 $BD/\!/AC$,求证:点 G 是 $\triangle ABP$ 重心.

证 如3.1.29题图,由 $BD/\!/AC$,$MA=MB$ 知四边形 $DBGA$ 为平行四边形.

进而由 $DP\perp AB$ 知其为菱形. 现在利用已知条件将其解出,由于 $\angle BCG=\angle BDA=\angle BGC$,故 $BC=BG$,又 $PM\perp AB$,$AC=CM$ 知 $AC=CG$.

从而

$$\begin{aligned}BG^2&=BC^2=\frac{1}{2}(BA^2+BG^2)-\frac{1}{4}AG^2\\&=2BM^2+\frac{1}{4}BG^2\end{aligned}$$

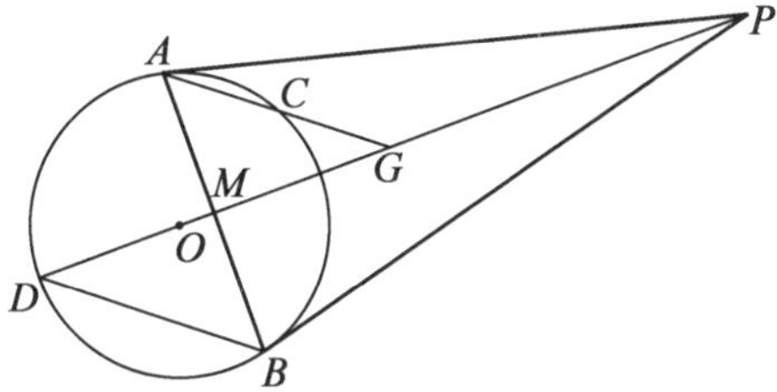

3.1.29 题图

不妨设 $BG=4$，则由上式知 $BM=\sqrt{6}$，从而 $MG=\sqrt{10}$，易知点 O 在直线 PM 上，且

$$\begin{aligned}OM&=DM-DO\\&=DM-\frac{DB}{2\cos\angle BDM}\\&=\sqrt{10}-\frac{4}{2\cdot\frac{\sqrt{10}}{4}}=\frac{\sqrt{10}}{5}\end{aligned}$$

而 $AM\perp OP$，$OA\perp AP$，故 $\mathrm{Rt}\triangle OAP$ 中，有 $AM^2=OM\cdot MP$，从而

$$PM=\frac{AM^2}{OM}=3\sqrt{10}=3MG$$

结合 PM 为中线可知点 G 为 $\triangle ABP$ 重心. 证毕.

3.1.30 设点 O 是 $\triangle ABC$ 外心，点 P 和点 Q 分别是边 AC，AB 上的一点，点 K，L 和 M 分别是线段 BP，CQ，PQ 的中点，Γ 是过点 K，L 和 M 的圆，若直线 PQ 与圆 Γ 相切，证明：$OP=OQ$.

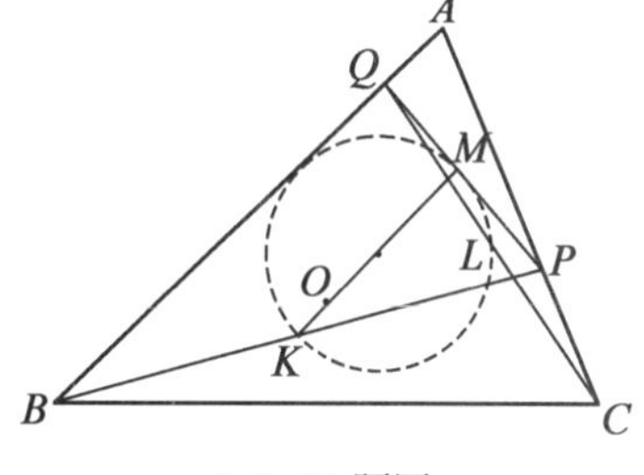

3.1.30 题图

证 如3.1.30题图，在等腰 $\triangle OAB$ 和 $\triangle OAC$ 中，分别有

$$OA^2-OQ^2=AQ\cdot QB, OA^2-OP^2=AP\cdot PC$$

因此，要证 $OP=OQ$，只需

$$AQ\cdot QB=AP\cdot PC \qquad ①$$

事实上，由 PQ 和圆 Γ 相切，$MK\underline{\underline{\parallel}}\frac{1}{2}QB$ 和 $ML\underline{\underline{\parallel}}\frac{1}{2}PC$ 知

$$\angle APQ=\angle PML=\angle MKL, \angle AQP=\angle QMK=\angle MLK$$

所以 $\triangle AQP\backsim\triangle MLK$. 于是

$$\frac{AQ}{AP}=\frac{ML}{MK}=\frac{PC}{QB}.$$

即得式①. 命题证毕.

3.1.31 Γ 为 $\triangle ABC$ 外接圆,过点 A,C 的圆分别与 BC,BA 交于点 D,E,联结 AD,CE 并延长分别交 Γ 于点 G,H,过点 A,C 作 Γ 的切线,分别与直线 ED 交于点 L,M,证明:直线 LH 与 MG 的交点在圆 Γ 上.

证 如3.1.31题图,设 MG 与圆 Γ 交于点 P. LH 与圆 Γ 交于点 Q.

联结 PB,PD,PE,QB,QD,QE.

由 A,E,D,C 共圆知 $\angle MDC=\angle EAC$,又 MC 与圆 Γ 相切,故 $\angle MCD=\angle BAC$.

进而 $\angle MDC=\angle MCD$. 故 $MC=MD$.

又 $MC^2=MG\cdot MP$. 故 $MD^2=MG\cdot MP$. $\angle DMG=\angle PMD$,故 $\triangle DMG\backsim\triangle PMD$.

故

$$\begin{aligned}\angle PBE&=\angle PBA=\angle PGA=180^\circ-\angle MGD\\&=180^\circ-\angle MDP=\angle PDE\end{aligned}$$

故 B,D,E,P 四点共圆.

即点 P 为 $\triangle BDE$ 外接圆与 Γ 除点 B 外的另一交点.

对称地可证点 Q 为 $\triangle BDE$ 外接圆与 Γ 除点 B 外的另一交点(这里利用 $LE^2=LA^2=LH\cdot LQ$ 进而 $\angle LEQ=\angle LHE=\angle QBD$).

进而可知 $P=Q$,即直线 MG 与 LH 交于 $\triangle BDE$ 外接圆与 Γ 的交点. 故即直线 LH 与 MG 的交点在 Γ 上,命题证毕.

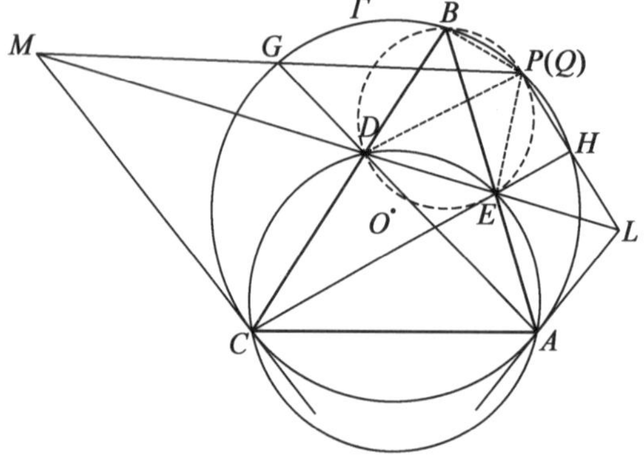

3.1.31 题图

3.1.32 $\triangle ABC$ 内接于 $\odot O$,$\odot O$ 在点 B,C 的切线相交于点 T,S 在射线 BC 上使得 $AS\perp AT$,点 B_1,C_1 在射线 ST 上(点 C_1 在点 S 和 B_1 之间),使得 $B_1T=C_1T=BT$,证明:$\triangle ABC\backsim\triangle AB_1C_1$.

证 如3.1.32题图,作 $TM\perp BC$ 于点 M. 则点 M 为 BC 中

点，设直线 TM 交$\odot O$ 于点 P,Q，其中点 P 比点 Q 距点 T 近，POQ 为直径. 则由弦切角

$$\angle TBP=\angle BCP=\angle CBP, BP\text{ 平分}\angle TBM$$

又 $BP\perp BQ$，故 BQ 平分$\angle TBM$ 外角，T,P,M,Q 成调和点列，从而对以 PQ 为直径的阿波罗尼斯圆$\odot O$ 上的点 A，有 AP 平分$\angle MAT$，于是

$$\frac{AM}{AT}=\frac{MP}{PT}=\frac{MC}{CT}=\frac{MC}{TC_1}$$

又$\angle AMS=\angle ATS$，故$\triangle AMC\backsim\triangle ATC_1$，点 B 与 B_1 为对应点(向相同方向倍长点 A 的对边所得)，所以$\triangle ABC\backsim\triangle AB_1C_1$.

结论证毕.

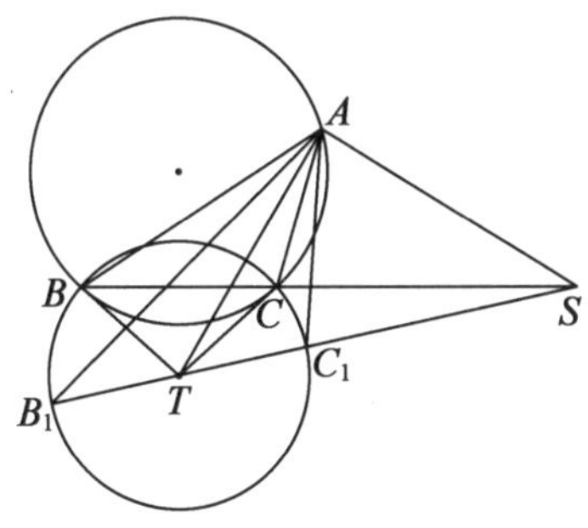

3. 1. 32 题图

3. 1. 33　如3. 1. 33 题图，已知直线 l 与单位圆 S 相切于点 P，点 A 与点 S 分别在 l 的同侧，且点 A 到 l 的距离为 $h(>2)$，从点 A 作圆 S 的两条切线，分别与 l 交于点 B,C，求 $PB\cdot PC$.

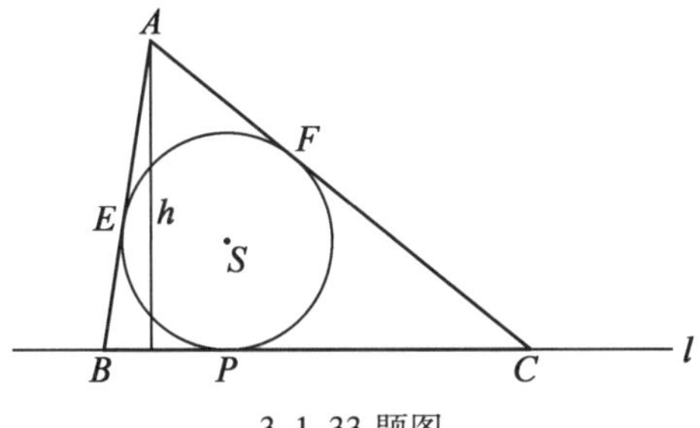

3. 1. 33 题图

证　设$\triangle ABC$ 外接圆半径为 R，内切圆半径 $r=1$. 用$\angle A,\angle B,\angle C$ 代替其三内角，则 $h=2R\sin B\sin C$. 由三角变形

$$PB \cdot PC = \cot\frac{B}{2}\cot\frac{C}{2}$$

$$=\frac{\cos\frac{B}{2}\cos\frac{C}{2}\cdot\sin\frac{B}{2}\sin\frac{C}{2}}{\sin\frac{B}{2}\sin\frac{C}{2}\cdot\sin\frac{B}{2}\sin\frac{C}{2}}$$

$$=\frac{\frac{1}{4}\sin B\sin C}{\sin\frac{B}{2}\sin\frac{C}{2}\cdot\left(\cos\frac{B}{2}\cos\frac{C}{2}-\cos\frac{B+C}{2}\right)}$$

$$=\frac{\frac{1}{4}\sin B\sin C}{\frac{1}{4}\sin B\sin C-\sin\frac{A}{2}\sin\frac{B}{2}\sin\frac{C}{2}}$$

$$=\frac{2R\sin B\sin C}{2R\sin B\sin C-8R\sin\frac{A}{2}\sin\frac{B}{2}\sin\frac{C}{2}}$$

$$=\frac{h}{h-2r}=\frac{h}{h-2}$$

这里运用了恒等式$\frac{r}{R}=4\sin\frac{A}{2}\sin\frac{B}{2}\sin\frac{C}{2}$.

3.1.34 如3.1.34题图,过圆外一点P作两条切线PA,PB和一条割线PCD,在CD上取一点Q,使$\angle DAQ=\angle PBC$,求证:$\angle DBQ=\angle PAC$.

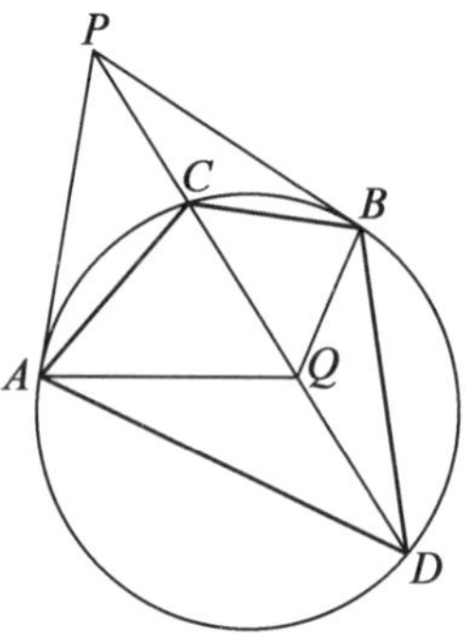

3.1.34 题图

证 联结AB,由条件可知

$\angle PQA=\angle DAQ+\angle CDA=\angle PBC+\angle CBA=\angle PBA$

故P,A,Q,B四点共圆. 从而

$\angle DBQ=\angle PQB-\angle CDB=\angle PAB-\angle CAB=\angle PAC$

证毕.

注:本题中PA,PB为切线的条件是多余的.

3.1.35 过锐角$\triangle ABC$的顶点A,B分别作该三角形外接圆切线,分别与过点C的该三角形外接圆的切线交于点D,E,直线AE交BC于点P,直线BD交AC于点R,设点Q为AP中点,点S为BR中点,求证:$\angle ABQ=\angle BAS$.

证 如3.1.35题图,在$\overset{\frown}{BC}$上取点X. $\overset{\frown}{AC}$上取点Y.
使得$\angle CAX=\angle PAB$,$\angle CBY=\angle RBA$.
联结AX交BC于点M,联结BY交AC于点N.
设AX与BY交于点K. 联结CX,CY,XN,YM.

在$\triangle ABE$与$\triangle ACE$中,由正弦定理得

$$\frac{\sin\angle BAE}{BE}=\frac{\sin\angle ABE}{AE}$$

$$\frac{\sin\angle CAE}{CE}=\frac{\sin\angle ACE}{AE}$$

由EB,EC为圆的切线知$BE=CE$,$\sin\angle ABE=\sin\angle ACB$,$\sin\angle ACE=\sin\angle ABC$.故

$$\frac{\sin\angle BAE}{\sin\angle CAE}=\frac{\sin\angle ABE}{\sin\angle ACE}=\frac{\sin\angle ACB}{\sin\angle ABC}=\frac{AB}{AC}$$

由点X的选取知$\angle BAE=\angle CAM$,$\angle CAE=\angle BAM$.

故$AB\cdot\sin\angle BAM=AC\cdot\sin\angle CAM$,进而$BM=CM$,对称地有$AN=CN$.又

$$\angle CAX=\angle PAB,\angle CXA=\angle CBA=\angle PBA$$

故$\triangle CAX\backsim\triangle PAB$,由于点$N$是$AC$边中点,点$Q$是$AP$边中点,故$\triangle ABQ\backsim\triangle AXN$,进而$\angle ABQ=\angle AXN$,同理可得$\angle BAS=\angle BYM$.

由于AM,BN是$\triangle ABC$两条中线,故点K为$\triangle ABC$的重心,故$AK=2KM$,$BK=2KN$,由于$AK\cdot KX=BK\cdot KY$,故$KM\cdot KX=KN\cdot KY$,进而X,Y,N,M四点共圆.

故

$$\angle ABQ=\angle AXN=\angle MXN=\angle MYN=\angle BYM=\angle BAS$$

综上所述,命题证毕.

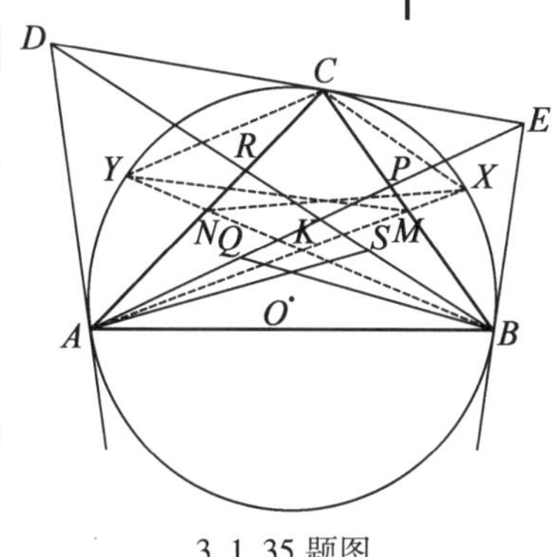

3.1.35 题图

3.1.36 P为圆O的弦AB之中点,另一条弦MN过点P,过点M,N的切线分别与直线AB交于点S,T,求证:$AS=BT$.

证 如3.1.36题图,联结OM,OS,OP,ON,OT.

易知$OP\perp AB$,所以S,P,O,M共圆,T,O,P,N共圆

$$\angle OST=\angle OMN=\angle ONM=\angle OTS,OS=OT$$

所以$PS=PT$,$SA=BP$.

证毕.

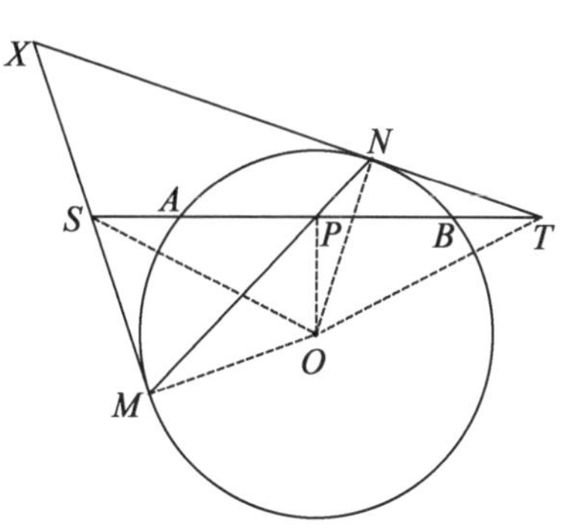

3.1.36 题图

3.1.37 设A,B为圆Γ上两点,点X为Γ在点A和点B处切线的交点,在Γ上选取点C,D,使得点C,D,X位于同一条直线上,且直线$AC\perp BD$,再设点F,G分别为CA与BD,CD与AB的交点,点H为GX的中垂线与BD的交点,证明:X,F,G,H共圆.

证 如3.1.37题图,由$AC\perp BD$知,$\angle DFC=90°$.

由$HM\perp GX$知,$\angle DMH=90°$.故$\triangle DFC\backsim\triangle DMH$.有

$$DF\cdot DH=CD\cdot DM \quad ①$$

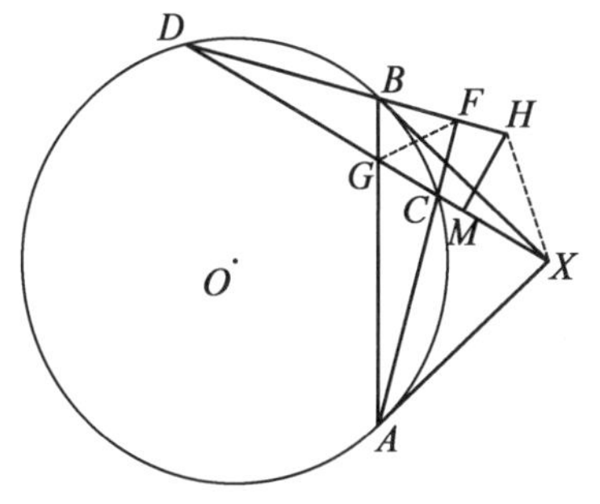

3.1.37 题图

而由 XA,XB 为$\odot O$ 的两条切线,点 G 为 AB 与割线 XCD 的交点,故 D,G,C,X 成调和点列.

由于点 M 为 GX 中点. 根据调和点列的性质知

$$DG\cdot DX=DC\cdot DM \quad ②$$

结合式①②有 $DF\cdot DH=DG\cdot DX$,则有 X,F,G,H 四点共圆.

综上所述,命题证毕.

§3.2 三角形的内切圆与旁切圆

3.2.1 点 I 是$\triangle ABC$ 的内心或旁心,点 J 是对应的葛尔刚点,A',B',C'各为 AJ,BJ,CJ 上的点,若 $A'B'\perp CI,C'A'\perp BI$,则 $B'C'\perp AI$,且$\triangle A'B'C'$与$\triangle ABC$ 的非对应边所在直线的6个交点共圆.

证 如3.2.1题图,因

$$A'B'\perp CI,A'C'\perp BI,DE\perp CI,DF\perp BI$$

故 $A'B'/\!/DE,A'C'/\!/DF$. 从而

$$\frac{B'J}{JE}=\frac{A'J}{JD}=\frac{C'J}{JF}$$

得 $B'C'/\!/EF$.

又 $EF\perp AI$,故 $B'C'\perp AI$.

如图标好各交点,要证明 A_1,A_2,B_1,B_2,C_1,C_2 共圆,只需证它们到点 I 的距离相等,由 $ID=IE=IF$ 知,只需证

$$A_1D=A_2D=B_1E=B_2E=C_1F=C_2F \quad (*)$$

因 $A'B'$垂直于$\angle C$ 的平分线 CI,故 $CA_1=CB_2$,又 $CD=CE$,故 $A_1D=B_2E$. 同理可知 $B_1E=C_2F,C_1F=A_2D$. 现在我们证明 $A_1D=A_2D$.

若该式成立就同理可证 $B_1E=B_2E$,再由上三式即得式$(*)$.

事实上,过点 J 作直线 $XJY/\!/BC$. 其中点 X,Y 分别在 FD,ED 上,则

$$\triangle DJX\backsim\triangle A'DA_2,\triangle DJY\backsim\triangle A'DA_1,\frac{DA_1}{JY}=\frac{A'D}{DJ}=\frac{DA_2}{JX}$$

所以 $A_1D=A_2D\Leftrightarrow JX=JY$. 设 DE 与 CJ 交于点 K,则易知 C,K,J,F 为调和点列,于是

$$\frac{JX}{CD}=\frac{KJ}{KC}=\frac{FJ}{FC}=\frac{JY}{CD}$$

由此得 $JX=JY$.

综上,命题证毕.

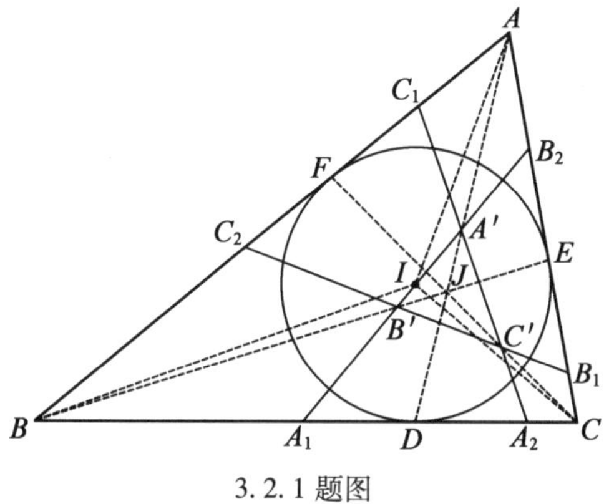

3.2.1 题图

3.2.2 $\triangle ABC$ 内切圆切 AB 于点 D，且 $AC\cdot CB=2AD\cdot DB$，求证：$\triangle ABC$ 为直角三角形；若条件是 $AD\cdot DB=S_{\triangle ABC}$，是否成立？

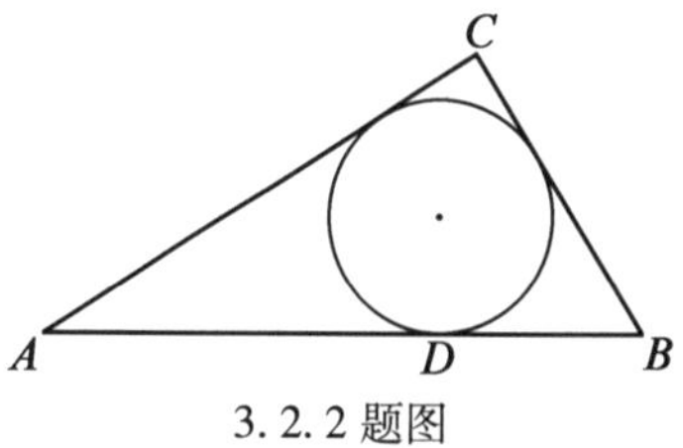

3.2.2 题图

证 如3.2.2题图，设 $BC=a,CA=b,AB=c$.

$\triangle ABC$ 的半周长为 $p=\dfrac{a+b+c}{2}$.

若 $AC\cdot CB=2AD\cdot DB$，则

$$ab=2\cdot\frac{b+c-a}{2}\cdot\frac{a+c-b}{2}$$

$$\Rightarrow 2ab=c^2-(a-b)^2$$

$$\Rightarrow 2ab=c^2-a^2-b^2+2ab$$

$$\Rightarrow a^2+b^2=c^2$$

故 $\angle C=90°$，$\triangle ABC$ 为直角三角形.

若 $AD\cdot DB=S_{\triangle ABC}$，则由海伦公式

$$(p-a)(p-b)=\sqrt{p(p-a)(p-b)(p-c)}$$

即

$$(p-a)(p-b)=p(p-c)$$

故

$$(b+c-a)(a+c-b)=(a+b+c)(a+b-c)$$

$$\Rightarrow c^2-(a-b)^2=(a+b)^2-c^2$$

$$\Rightarrow c^2-a^2-b^2+2ab=a^2+b^2-c^2+2ab$$

$$\Rightarrow a^2+b^2=c^2$$

故 $\angle C=90°$，亦有 $\triangle ABC$ 为直角三角形.

3.2.3 如3.2.3题图，定角 $\angle XAY$ 内有一定点 P，过点 P 作任一直线交 $\angle A$ 两边于 M,N，求 $\triangle AMN$ 周长的最小值. 这里假定 $PA=l,\angle XAP=\alpha,\angle PAY=\beta$.

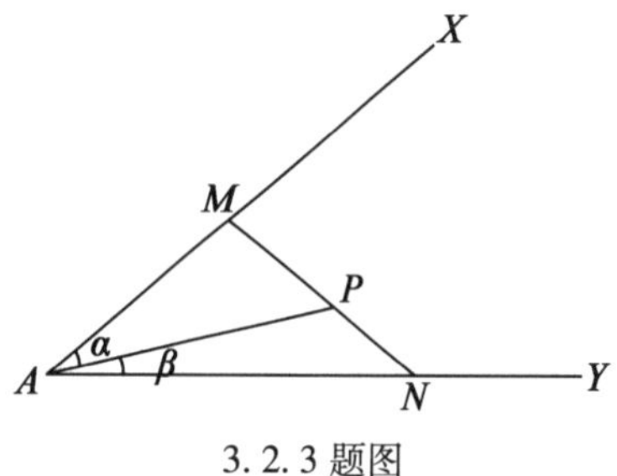

3.2.3 题图

证 考虑一个过点 P 且与 $\angle A$ 两边均相切的圆,并使得若过点 P 作该圆切线交 AX,AY 于 M_0,N_0,则该圆为 $\triangle AMN$ 之 $\angle A$ 内的旁切圆. 记为 Γ.

过点 P 任作一直线交 $\angle A$ 两边于点 M,N. 若 $M\neq M_0,N\neq N_0$,则 PMN 是 Γ 的割线,我们作出点 P 与 PMN 平行的切线中离点 A 较近的那条,交 AX,AY 于点 M',N'则 M',N'分别在线段 AM,AN 上,于是

$$\triangle AMN\text{ 的周长}>\triangle AM'N'\text{的周长}=\angle AM_0N_0\text{ 的周长}$$

所以我们要求的最小周长就是 $\triangle AM_0N_0$ 的周长.

对 $\triangle AM_0N_0$ 周长的计算,我们只需设 $\angle APN=\lambda$,Γ 与 AX,AY 切于点 Q,R,利用 $AQ=AR$ 即 $\frac{AQ}{AP}=\frac{AR}{AP}$,应用正弦定理知

$$\frac{\sin\frac{\lambda+\alpha}{2}}{\sin\frac{\lambda-\alpha}{2}}=\frac{\cos\frac{\lambda-\beta}{2}}{\cos\frac{\lambda+\beta}{2}}$$

由此得到一个关于 $\sin\lambda(\cos\lambda)$ 的表达式,再在 $\triangle APR$ 中使用正弦定理,即

$$\triangle AMN\text{ 周长}=2AR=2l\cdot\frac{\cos\frac{\lambda-\beta}{2}}{\cos\frac{\lambda+\beta}{2}}$$

将含 λ 的值代入即可. 计算过程比较烦琐,供有兴趣的读者练习.

3.2.4 $\triangle ABC$ 内心是点 I,内切圆切 BC 于点 T,过点 T 作 IA 的平行弦 ST,过点 S 作圆的切线,分别交 AB,AC 于点 C',B',求证:$\triangle AB'C'\backsim\triangle ABC$.

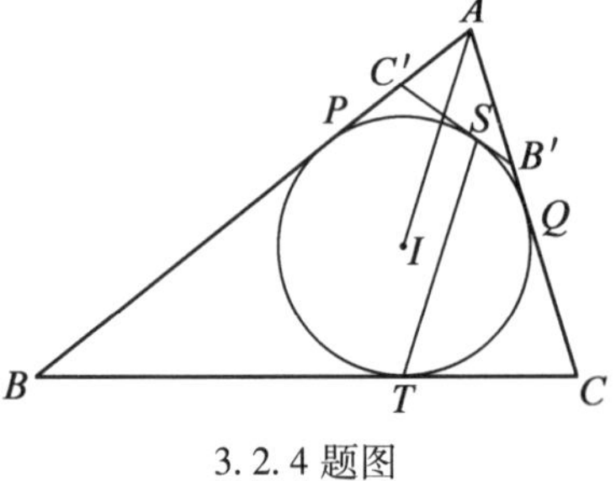

3.2.4 题图

证 如3.2.4 题图,设$\odot I$ 在 AB,AC 上的切点分别为点 P,Q,则 $AI\perp PQ$,则 $AI/\!/ST$ 知 $ST\perp PQ$.

由弦切角知 $90°=\angle TSQ+\angle SQP=\angle CTQ+\angle C'SP$.

因此

$$\begin{aligned}&\angle BC'B'+\angle C\\&=(180°-2\angle C'SP)+(180°-2\angle CTQ).\\&=360°-2\times90°=180°\end{aligned}$$

故 B,C,B',C'四点共圆,即有 $\triangle AB'C'\backsim\triangle ABC$.

证毕.

3.2.5　设$\triangle ABC$内切圆与三边AB,BC,CA分别切于点P,Q,R,证明:$\frac{BC}{PQ}+\frac{CA}{QR}+\frac{AB}{RP}\geqslant 6$.

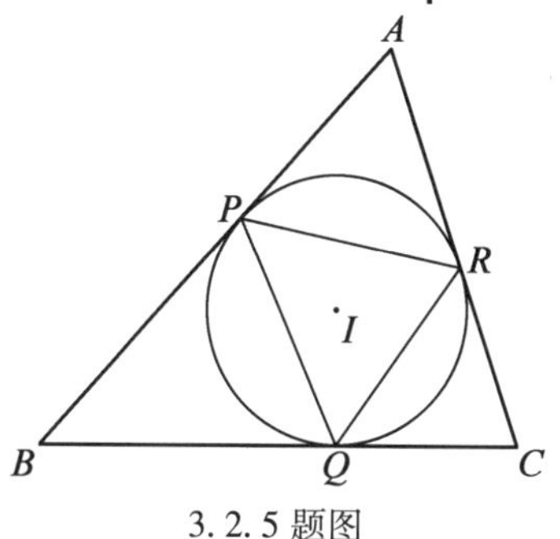

3.2.5 题图

证　如3.2.5题图,设$PR=x,PQ=y,QR=z$. 则

$$AB=AP+BP=\frac{x}{2\sin\frac{A}{2}}+\frac{y}{2\sin\frac{B}{2}}$$

$$BC=BQ+CQ=\frac{y}{2\sin\frac{B}{2}}+\frac{z}{2\sin\frac{C}{2}}$$

$$CA=CR+AR=\frac{z}{2\sin\frac{C}{2}}+\frac{x}{2\sin\frac{A}{2}}.$$

故

$$\frac{BC}{PQ}+\frac{CA}{QR}+\frac{AB}{RP}\geqslant 6$$

$$\Leftrightarrow\frac{1}{\sin\frac{A}{2}}+\frac{1}{\sin\frac{B}{2}}+\frac{1}{\sin\frac{C}{2}}+\frac{x}{z\sin\frac{A}{2}}+\frac{y}{x\sin\frac{B}{2}}+\frac{z}{y\sin\frac{C}{2}}\geqslant 12 \quad (*)$$

注意到$\sin\frac{A}{2}\sin\frac{B}{2}\sin\frac{C}{2}\leqslant\frac{1}{8}$及均值不等式

故(*)式的左边$\geqslant 3\sqrt[3]{\frac{1}{\sin\frac{A}{2}}\cdot\frac{1}{\sin\frac{B}{2}}\cdot\frac{1}{\sin\frac{C}{2}}}+$

$$3\sqrt[3]{\frac{x}{z\sin\frac{A}{2}}\cdot\frac{y}{x\sin\frac{B}{2}}\cdot\frac{z}{y\sin\frac{C}{2}}}$$

$$\geqslant 3\sqrt[3]{8}+3\sqrt[3]{8}=12$$

命题证毕.

注:$\sin\frac{A}{2}\sin\frac{B}{2}\sin\frac{C}{2}\leqslant\frac{1}{8}$是一个常用的三角不等式.

其证明如下

$$\sin\frac{A}{2}\sin\frac{B}{2}\sin\frac{C}{2}$$

$$=\frac{1}{2}\left(\cos\frac{A-B}{2}-\cos\frac{A+B}{2}\right)\sin\frac{C}{2}$$

$$\leqslant\frac{1}{2}\left(1-\sin\frac{C}{2}\right)\sin\frac{C}{2}$$

$$=-\frac{1}{2}\left(\sin\frac{C}{2}-\frac{1}{2}\right)^2+\frac{1}{8}\leqslant\frac{1}{8}$$

请读者熟悉这个不等式及其证明过程.

3.2.6 $\triangle ABC$ 内切圆$\odot I$与AB,BC分别切于点X,Y,XI与$\odot I$交于另一点T,点X'是AB,CT的交点,点L在线段$X'C$上,且$X'L=CT$,证明:当且仅当A,L,Y共线时$AB=AC$.

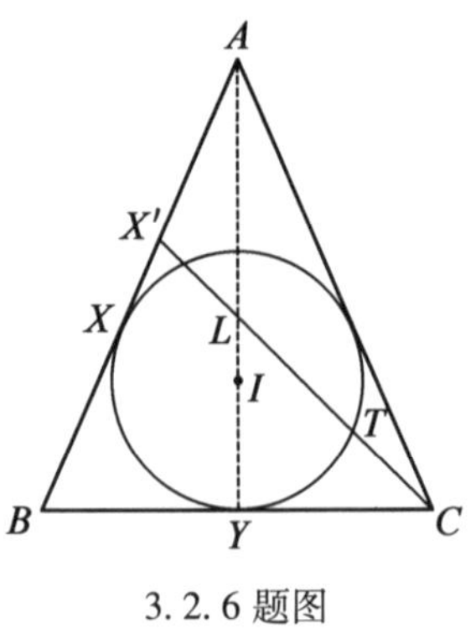

3.2.6 题图

证 如3.2.6题图,我们先证明:点X'是$\triangle ABC$的$\angle C$内的旁切圆在AB上的切点.

使用同一法,设上述切点为X'',只需证C,T,X''三点共线.

这是因为XT为$\odot I$直径,导致过点T作$\odot I$切线与过点X''作$\triangle ABC$旁切圆切线平行,$\odot I$与$\angle C$内的旁切圆以C为位似中心位似,上述平行关系说明点T与点X''为对应点,故C,T,X''三点共线,于是$X''=X'$.

回到原题,设$AB=c$,$BC=a$,$CA=b$,AB边上高线长为h,$\triangle ABC$内切圆半径为Γ. 则由Menelaus定理

A,L,Y共线

$$\Leftrightarrow \frac{X'A}{AB}\cdot\frac{BY}{YC}\cdot\frac{CL}{LX'}=1$$

$$\Leftrightarrow \frac{a+c-b}{2c}\cdot\frac{a+c-b}{a+b-c}\cdot\frac{2r}{h-2r}=1$$

$$\Leftrightarrow \frac{(a+c-b)^2}{2c(a+b-c)}\cdot\frac{2c}{a+b-c}=1$$ (这里用到$X'L=TC$及$ch=2S_{\triangle ABC}=(a+b+c)r$)

$$\Leftrightarrow (a+c-b)^2=(a+b-c)^2$$

$$\Leftrightarrow b=c$$

命题得证.

3.2.7 已知$\triangle ABC$中,$AB=BC$,平行于BC的中位线MZ交$\triangle ABC$内切圆于点F,点F不在AC上,证明:过点F的切线与$\angle C$的平分线的交点在AB上.

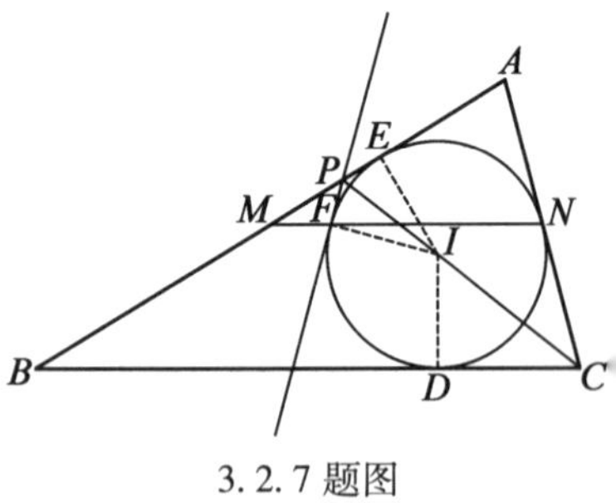

3.2.7 题图

证 如3.2.7题图,设$\triangle ABC$的内切圆为$\odot I$.

联结CI交AB于点P,$\odot I$切AB边于点E,切BC边于点D.

联结ID,IE,IF. 则由$ID\perp BC$与$MN \underline{\mathrel{/\!/}} \frac{1}{2}BC$,知$ID\perp FN$,故$\overset{\frown}{FD}=\overset{\frown}{ND}$,进而$\angle FID=180^\circ-\angle ACB$.

故

$$\begin{aligned}\angle PIF&=180^\circ-\angle FID-\angle DIC\\&=\angle ACB-\left(90^\circ-\frac{1}{2}\angle ACB\right)\end{aligned}$$

$$=\frac{3}{2}\angle ACB-90^\circ$$

又由 $ID\perp BC$ 且 $IE\perp AB$ 知 $\angle EID=180^\circ-\angle ABC$.

由 $AB=BC$ 知 $\angle EID=\angle BAC+\angle ACB=2\angle ACB$,故

$$\begin{aligned}\angle PIE&=\angle EID-\angle PID\\&=2\angle ACB-\left(90^\circ+\frac{1}{2}\angle ACB\right)\\&=\frac{3}{2}\angle ACB-90^\circ=\angle PIF\end{aligned}$$

又 $PI=PI$, $IE=IF$,故 $\triangle PIE\cong\triangle PIF$(SAS).

因此 $\angle PFI=\angle PEI=90^\circ$,即有 PF 与 $\odot I$ 相切.

综上所述,命题证毕.

3.2.8　如 3.2.8 题图,已知 $\triangle ABC$ 的 $\angle C$ 内的旁切圆与 AB 切于点 C',设点 Z 为由点 C 引出的 $\triangle ABC$ 的高的中点,证明:$\triangle ABC$ 的内心在直线 $C'Z$ 上.

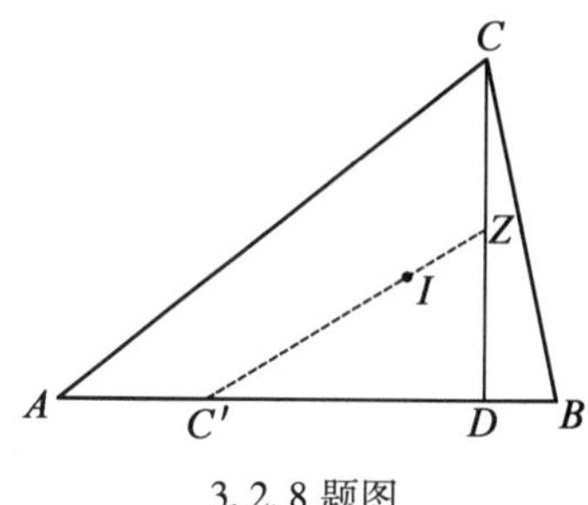

3.2.8 题图

证　设 $\triangle ABC$ 内心为 I,联结 CI 并延长,交 AB 于点 K.

设 $\triangle ABC$ 三边 BC,AC,AB 分别为 a,b,c 则有(不妨 $b\geqslant a$)

$$AD=b\cos A=\frac{b^2+c^2-a^2}{2c}$$

$$AK=\frac{bc}{a+b},AC'=\frac{a+c-b}{2}$$

$$C'D=AD-AC'=\frac{(b-a)(a+b+c)}{2c}$$

$$C'K=AK-AC'=\frac{(a+b+c)(b-a)}{2(a+b)}$$

从而 $\dfrac{CI}{IK}\cdot\dfrac{KC'}{C'D}\cdot\dfrac{DZ}{ZC}=\dfrac{a+b}{c}\cdot\dfrac{c}{a+b}\cdot 1=1$.

故由 Menelaus 逆定理知,C',I,Z 共线,即点 I 在 $C'Z$ 上.

证毕.

3.2.9　已知 $\triangle ABC(AB\neq AC)$ 的内切圆分别切 BC,CA,AB 于点 D,E,F,点 H 是 EF 上一点,$DH\perp EF$,若 $AH\perp BC$,求证:点 H 是 $\triangle ABC$ 的垂心.

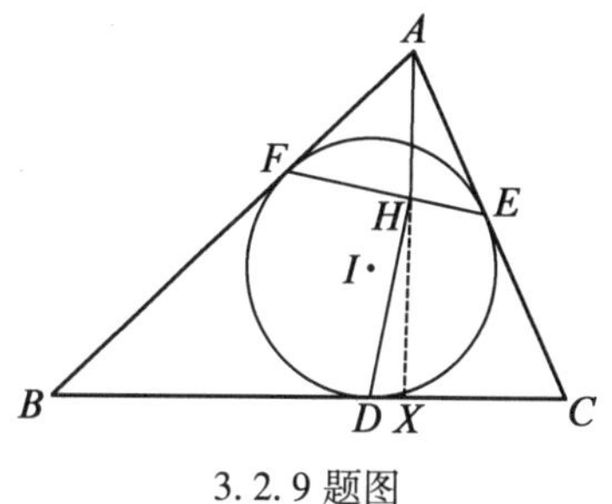

3.2.9 题图

证　如 3.2.9 题图,由平行四边形 $AIDH$ 知 $AH=r$(内切圆半径),又由 $S_{\triangle AFE}=S_{\triangle AFH}+S_{\triangle AEH}$ 知 $AH=\dfrac{AE\sin A}{\cos B+\cos C}$. 所以

$$\frac{\sin A}{\cos B+\cos C}=\frac{r}{AE}=\tan\frac{A}{2},2\cos^2\frac{A}{2}=\cos B+\cos C$$

$$\Rightarrow 1+\cos A=\cos B+\cos C$$

所以

$$2\cos A=4\sin\frac{A}{2}\sin\frac{B}{2}\sin\frac{C}{2},\frac{2\sin\frac{A}{2}}{\cos A}=\frac{1}{\sin\frac{B}{2}\sin\frac{C}{2}}$$

即

$$\tan A=\frac{\sin\frac{B+C}{2}}{\sin\frac{B}{2}\sin\frac{C}{2}}=\cot\frac{B}{2}+\cot\frac{B}{2}+\cot\frac{C}{2}=\frac{BC}{r}$$

故点 H 为 $\triangle ABC$ 垂心.

3.2.10 设点 I 为 $\triangle ABC$ 内心,点 D,E,F 分别为内切圆与三边 BC,CA,AB 的切点,点 M 为点 D 在 EF 上的投影,设点 P 为 DM 中点,点 H 为 $\triangle BIC$ 的垂心,求证:直线 PH 平分 EF.

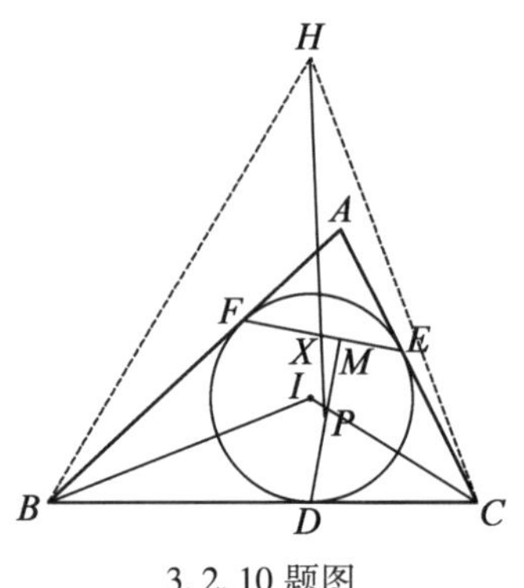

3.2.10 题图

证 如3.2.10题图,首先,计算角度可知

$$\angle HBC=90^\circ-\angle ICB=90^\circ-\frac{\angle C}{2}=\frac{\angle A+\angle B}{2}=\angle DFE$$

同理 $\angle HCB=\angle DEF$. 故 $\triangle HBC\backsim\triangle DFE$.

设 EF 中点为点 X,则 $IX\perp EF$,故 $IX/\!/PD$;而 $HI\perp BC$,$ID\perp BC$,故 H,I,D 共线.

本题即要证明 H,X,P 共线,在 H,I,D 共线及 $IX/\!/PD$ 的基础上只需证明 $\frac{HI}{HD}=\frac{IX}{PD}$.

事实上,设 $\triangle DEF$ 垂心为点 K,则由点 I 为 $\triangle DEF$ 外心,有

$$IX=\frac{1}{2}DK,\frac{IX}{PD}=\frac{DK}{DM}$$

故只需证 $\frac{HI}{HD}=\frac{DK}{DM}$,此由 $\triangle HBC\backsim\triangle DFE$,点 I 与点 K,点 D 与点 M 分别为对应点立得.

命题得证.

3.2.11 $\triangle ABC$ 中,$AC=BC$,其内切圆分别与 AB,BC 切于点 D,E,一条过点 A 且异于 AE 的直线交 $\triangle ABC$ 内切圆于点 F,G,EF,EG 分别交 AB 于点 K,L,求证:$DK=DL$.

3.2.11 题图

证 如3.2.11题图,设 $\triangle ABC$ 内切圆为 $\odot I$,切 AC 边于点 M.

联结 DF,DG,MF,MG,DM. 由于 $AC=BC$,由对称性知 $\overset{\frown}{DE}=$

$\overset{\frown}{DM}$. 故$\angle DGE=\angle DFM$,$\angle DFE=\angle DGM$.

由$\angle LDG=\angle DMG$及$\angle LGD=\angle DFE=\angle DGM$,知$\triangle LGD\backsim\triangle DGM$,故

$$\frac{DL}{MD}=\frac{GD}{GM} \quad ①$$

由$\angle KDF=\angle DMF$,及$\angle KFD=\angle DGE=\angle DFM$,知$\triangle KFD\backsim\triangle DFM$,故

$$\frac{DK}{MD}=\frac{FD}{FM} \quad ②$$

又由AD,AM与$\odot I$相切,故

$$\frac{FD}{DG}=\frac{AD}{AG}=\frac{AM}{AG}=\frac{FM}{MG}$$

即

$$\frac{GD}{GM}=\frac{FD}{FM}$$

结合式①②知

$$\frac{DL}{MD}=\frac{GD}{GM}=\frac{FD}{FM}=\frac{DK}{MD}$$

故有$DK=DL$,命题证毕.

3.2.12　$\triangle ABC$的内切圆$\odot I$与AB,AC切于点D,E,点P是$\odot I$大弧$\overset{\frown}{DE}$上任一点,点F是点A关于直线DP的对称点,M是线段DE中点,求证:$\angle FMP=90°$.

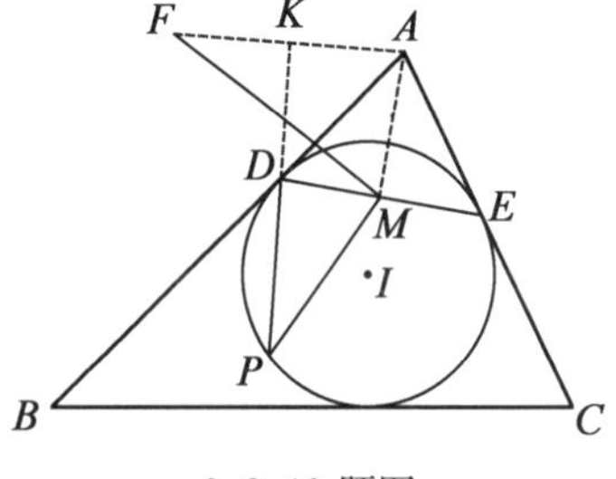

3.2.12 题图

证　如3.2.12题图,设直线AF与DP交于点K. 则由点A,F关于DP对称知$AK=KF$,$DK\perp AF$,故A,M,D,K四点共圆,从而

$$\begin{aligned}\frac{AF}{AM}&=\frac{2AK}{AM}\\&=\frac{2\sin\angle ADK}{\sin\angle ADM}=\frac{2\sin\angle DEP}{\sin\angle DPE}=\frac{2DP}{DE}\\&=\frac{DP}{\frac{1}{2}DE}=\frac{DP}{DM}\end{aligned}$$

又$\angle FAM=\angle PDM$,故$\triangle FAM\backsim\triangle PDM$,从而

$\angle FMP=\angle FMD+\angle DMP=\angle FMD+\angle AMF=\angle AMD=90°$

证毕.

3.2.13　如3.2.13题图,已知$\triangle ABC$满足$\angle C<\angle A<90°$,点D为AC上一点,且$BD=AB$,$\triangle ABC$内切圆与AB,AC分别切于点K,L,$\triangle BCD$内心为点J,证明:KL平分线段AJ.

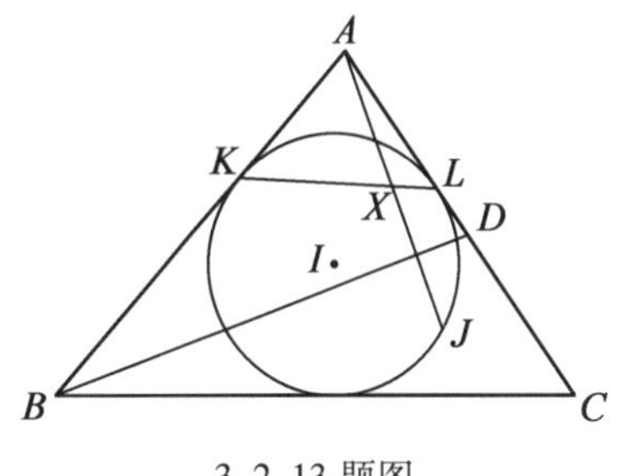

3.2.13 题图

证 过点 J 作 $JM /\!/ KL$ 交 AC 于 M,则有

$$\angle JDM=\frac{180^\circ-\angle BDA}{2}=\frac{180^\circ-\angle BAC}{2}=\angle ALK=\angle DMJ$$

故 $JD=JM$,取 DM 中点为点 T,则 $JT\perp DM$,点 T 为 $\triangle BCD$ 内切圆 $\odot J$ 在 CD 上的切点.

现在记 $AB=c, BC=a, CA=b$. 要证 KL 平分 AJ,即点 X 是 AJ 中点只需证 L 是 AM 中点,或 $AM=2AL$.

由切线长

$$AL=\frac{b+c-a}{2}$$

$$DT=\frac{DB+DC-BC}{2}=\frac{c+DC-a}{2}$$

故 $AM=AD+2DT=AD+(c+DC-a)=b+c-a=2AL$.

结论证毕.

3.2.14 在 $\triangle ABC$ 中,已知 $\angle A$ 内的旁切圆圆心为点 J,其与 BC 及 AC,AB 延长线的切点分别为点 A_1,B_1,C_1,若 $A_1B_1\perp AB$,且垂足为点 D,点 C_1 在 DJ 上的投影为点 E,求 $\angle BEA_1$ 和 $\angle AEB_1$ 的度数.

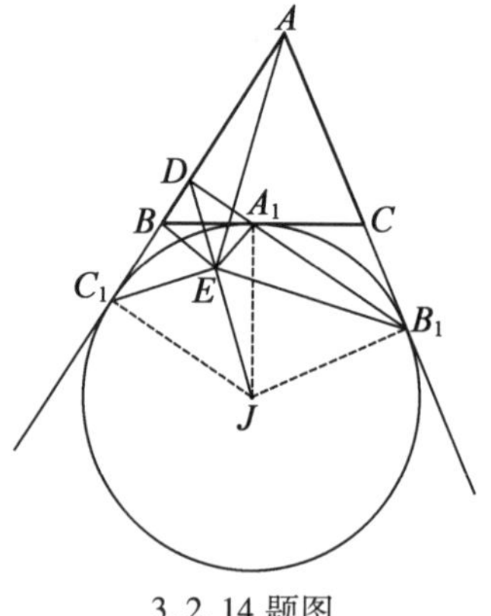

3.2.14 题图

证 如3.2.14 题图,联结 JA_1,JB_1,JC_1.

由于 $A_1B_1\perp AB$,故 $\angle ADB_1=90^\circ$,故 $\angle BAC+\angle AB_1D=90^\circ$. 而

$$\angle AB_1D=\angle CB_1A_1=\frac{1}{2}\angle ACB$$

故 $\angle BAC=90^\circ-\frac{1}{2}\angle ACB$.

因此 $\angle BAC=\angle ABC$(事实上 $\triangle ABC$ 是等腰三角形).

由于 $\angle C_1ED=\angle JC_1D=90^\circ$,进而 $DE\cdot DJ=DC_1^2=DA_1\cdot DB_1$,故 E,J,B_1,A_1 四点共圆.

故

$$\begin{aligned}\angle B_1EJ&=\angle B_1A_1J\\&=\angle A_1B_1J\\&=90^\circ-\angle CB_1A_1=\angle DAB_1\end{aligned}$$

因此 A,D,E,B_1 四点共圆.

故 $\angle AEB_1=\angle ADB_1=90^\circ$. 又

$$\angle DEA_1=\angle A_1B_1J=\angle BAC=\angle ABC=\angle DBA_1$$

因此 D,B,E,A_1 四点共圆. 故

$$\angle BEA_1=180^\circ-\angle BDA_1=90^\circ$$

综上所述,所求 $\angle BEA_1$ 与 $\angle AEB_1$ 均为 90°.

3.2.15　已知$\triangle ABC$的中线AM交其内切圆Γ于点K,L，分别过点K,L且平行于BC的直线交Γ于点X,Y,AX,AY分别交BC于点P,Q，证明：$BP=CQ$.

证　引理：如3.2.15题图(引理图)，已知$\triangle ABC$及其内切圆$\odot I$，$\odot I$切BC,CA,AB分别于点D,E,F.

AM为$\triangle ABC$中线，EF交AM于点N，则$NI\perp BC$.

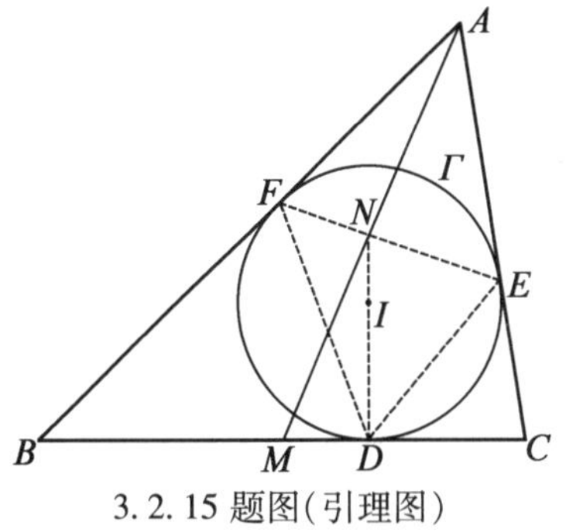

3.2.15题图(引理图)

引证：如3.2.15题图(引证图)，要证$NI\perp BC$即要证N,I,D三点共线.

只需证明

$$\frac{\sin\angle NDE}{\sin\angle NDF}=\frac{\sin\angle IDE}{\sin\angle IDF}$$

事实上

$$\angle IDE=90^\circ-\angle EDC=\frac{1}{2}\angle C$$

$$\angle IDF=90^\circ-\angle FDB=\frac{1}{2}\angle B$$

故要证

$$\frac{\sin\angle NDE}{\sin\angle NDF}=\frac{\sin\frac{1}{2}C}{\sin\frac{1}{2}B}$$

由正弦定理

$$\frac{\sin\angle NDE}{\sin\angle NDF}=\frac{\sin\angle NED\cdot\frac{NE}{ND}}{\sin\angle NFD\cdot\frac{NF}{ND}}=\frac{\sin\angle FED\cdot NE}{\sin\angle EFD\cdot NF}$$

又

$$\begin{aligned}\frac{NE}{NF}&=\frac{S_{\triangle ANE}}{S_{\triangle ANF}}=\frac{AE\cdot\sin\angle CAM}{AF\cdot\sin\angle BAM}\\&=\frac{AB}{AC}\cdot\frac{AC\cdot\sin\angle CAM}{AB\cdot\sin\angle BAM}=\frac{AB}{AC}\\&=\frac{\sin C}{\sin B}\end{aligned}$$

$$\frac{\sin\angle FED}{\sin\angle EFD}=\frac{\sin\left(90^\circ-\frac{1}{2}B\right)}{\sin\left(90^\circ-\frac{1}{2}C\right)}=\frac{\cos\frac{1}{2}B}{\cos\frac{1}{2}C}$$

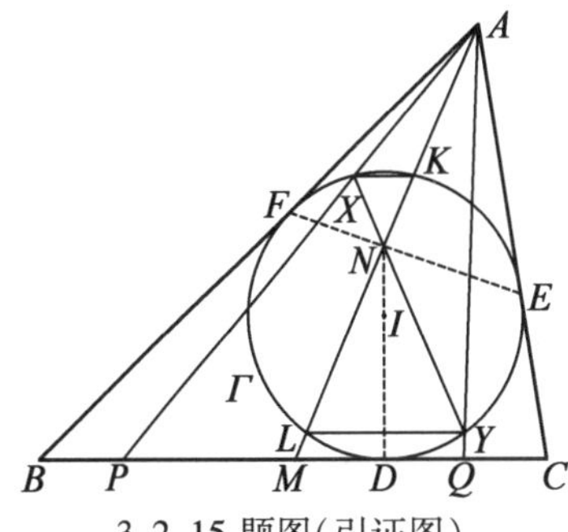

3.2.15题图(引证图)

故

$$\frac{\sin\angle NDE}{\sin\angle NDF}=\frac{\cos\frac{1}{2}B}{\cos\frac{1}{2}C}\cdot\frac{\sin C}{\sin B}$$

$$=\frac{\sin\frac{1}{2}C}{\sin\frac{1}{2}B}$$

进而引理证毕.

回到原题,设 XY 与 KL 交于点 N,则点 N 在 AM 上且 $IN\perp XK$.

又 $XK/\!/BC$,故 $IN\perp BC$,由引理可知点 N 即为 EF 与 AM 交点,故由 AE,AF 为$\odot I$ 切线知 A,K,N,L 为调和点列. 故

$$\frac{AK}{AL}=\frac{KN}{NL}=\frac{XK}{LY}\Rightarrow\frac{PM}{MQ}=\frac{PM}{XK}\cdot\frac{LY}{MQ}\cdot\frac{XK}{LY}=\frac{AM}{AK}\cdot\frac{AL}{AM}\cdot\frac{AK}{AL}=1$$

所以 $PM=MQ,BP=QC$.

3.2.16 在$\triangle ABC$ 中,$\angle A=60°$,$\triangle ABC$ 的内切圆 I 分别切 AB,AC 于点 D,E,直线 DE 分别与直线 BI,CI 交于点 F,G,求证:$FG=\frac{1}{2}BC$.

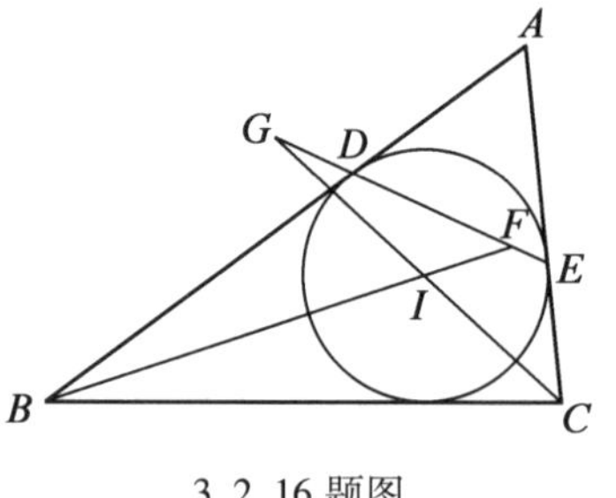

3.2.16 题图

证 如 3.2.16 题图,由 $\angle A=60°$及点 I 为内心知 $\angle BIC=120°$,$\angle FIC=60°=\angle AED$,故 C,E,F,I 四点共圆.

同理 B,D,G,I 四点共圆,因此

$$\angle BFC=\angle IEC=90°,\angle CGB=\angle IDB=90°$$

从而 B,C,F,G 四点共圆,故$\triangle FIG\backsim\triangle CIB$,由此得

$$\frac{FG}{CB}=\frac{FI}{IC}=\cos\angle FIC=\frac{1}{2}$$

证毕.

3.2.17 点 P 是$\triangle ABC$ 内一点,点 P 在 BC,CA,AB 上的射影分别为点 D,E,F,满足 $AP^2+PD^2=BP^2+PE^2=CP^2+PF^2$,求证:若记点 I_A,I_B,I_C 分别为对应的旁心,则点 P 是$\triangle I_AI_BI_C$ 的外心.

3.2.17 题图

证 如 3.2.17 题图,由于 $PE\perp AC,PF\perp AB$. 故

$$PE^2=CP^2-CE^2,PF^2=BP^2-BF^2$$

由 $BP^2+PE^2=CP^2+PF^2$ 知 $BF^2=CE^2$,即 $BF=CE$.

同理有 $AF=CD,AE=BD$. 故

$$CE=BF=\frac{1}{2}(AB+AC-BC)$$

$$CD=AF=\frac{1}{2}(BA+BC-AC)$$

$$BD=AE=\frac{1}{2}(CA+CB-AB)$$

进而可知点 D,E,F 即为 $\triangle ABC$ 的三个旁切圆在三边上的切点.

联结 I_aD,I_bE,I_cF 可知

$$I_aD\perp BC,I_bE\perp AC,I_cF\perp AB$$

故 P,D,I_a 共线,P,E,I_b 共线,P,F,I_c 共线.

又由旁心性质,知 I_b,A,I_c 共线,I_c,B,I_a 共线,I_a,C,I_b 共线.

由

$$\angle I_bPI_c=\angle EPF=180^\circ-\angle BAC=2\angle BI_aC=2\angle I_bI_aI_c$$

以及同理的 $\angle I_aPI_c=2\angle I_aI_bI_c$,$\angle I_aPI_b=2\angle I_aI_cI_b$,故点 P 是 $\triangle I_aI_bI_c$ 的外心.

综上所述,命题证毕.

3.2.18　证明:边长为 a 的正三角形内切圆上任一点至三边的距离为 x,y,z,则 $x^2+y^2+z^2=2(xy+yz+zx)=\frac{3}{8}a^2$.

证　设 $\triangle ABC$ 为边长为 a 的正三角形,$\odot I$ 为其内切圆,点 P 为 $\odot I$ 上任一点,其到三边垂足为点 D,E,F,$PD=x$,$PE=y$,$PF=z$. 下证 $x^2+y^2+z^2=2(xy+yz+zx)=\frac{3}{8}a^2$.

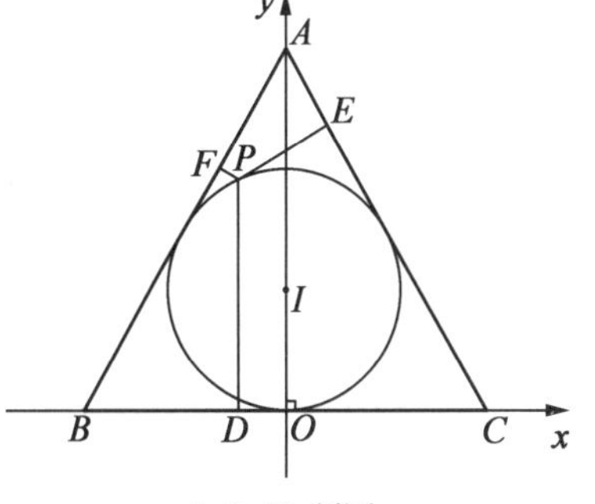

3.2.18 题图

如 3.2.18 题图,以 BC 边中点点 O 为坐标原点,OC 为 x 轴正方向,OA 为 y 轴正方向构建平面直角坐标系.

则 $A\left(0,\frac{\sqrt{3}}{2}a\right)$,$B\left(-\frac{1}{2}a,0\right)$,$C\left(\frac{1}{2}a,0\right)$,$I\left(0,\frac{\sqrt{3}}{6}a\right)$.

$BC:y=0$,$AB:-2\sqrt{3}x+2y=\sqrt{3}a$,$AC:2\sqrt{3}x+2y=\sqrt{3}a$.

设点 $P(u,v)$,则由 P 在 $\odot I$ 上知

$$u^2+v^2-\frac{\sqrt{3}}{3}a\cdot v=0 \qquad (*)$$

设 $x=v$,$y=\frac{1}{4}(\sqrt{3}a-2\sqrt{3}u-2v)$,$z=\frac{1}{4}(\sqrt{3}a+2\sqrt{3}u-2v)$

(由点到直线距离公式以及点 P 在 $\triangle ABC$ 内这一位置关系)

故

$$\begin{aligned}x^2+y^2+z^2&=v^2+2\cdot\left(\frac{\sqrt{3}a-2v}{4}\right)^2+2\cdot\left(\frac{\sqrt{3}u}{2}\right)^2\\&=\frac{3}{2}u^2+\frac{3}{2}v^2-\frac{\sqrt{3}}{2}a\cdot v+\frac{3}{8}a^2=\frac{3}{8}a^2\quad(\text{由}(*)\text{式})\end{aligned}$$

$$\begin{aligned}xy+yz+zx&=x(y+z)+yz\\&=v\cdot\frac{\sqrt{3}a-2v}{2}+\left(\frac{\sqrt{3}a-2v}{4}\right)^2-\left(\frac{\sqrt{3}u}{2}\right)^2\\&=-\frac{3}{4}u^2-\frac{3}{4}v^2+\frac{\sqrt{3}}{4}a\cdot v+\frac{3}{16}a^2=\frac{3}{16}a^2\quad(\text{由}(*)\text{式})\end{aligned}$$

故有 $x^2+y^2+z^2=2(xy+yz+zx)=\frac{3}{8}a^2$,命题证毕.

3.2.19 求证:以直角三角形内切圆在三边上切点为顶点的三角形的欧拉线平分该直角三角形的斜边.

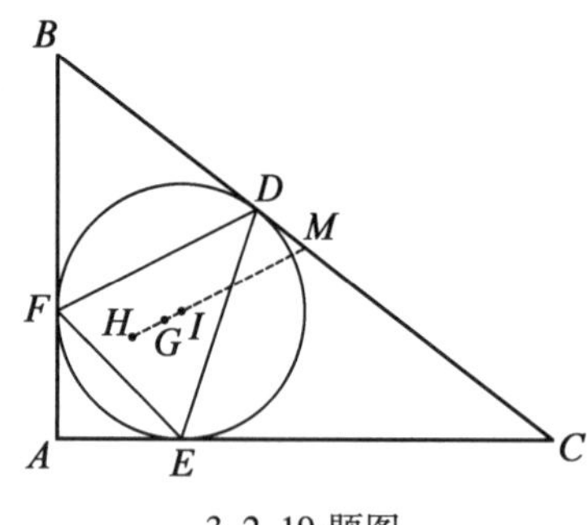

3.2.19 题图

证 如3.2.19题图,设 Rt$\triangle ABC$($\angle A=90°$)中,内切圆$\odot I$切 BC,CA,AB 于点 D,E,F;设$\triangle DEF$ 的重心为 G,我们要证明直线 GI 平分 BC,只需 $S_{\triangle BGI}=S_{\triangle CGI}$.

记 FD 中点为点 Q,则点 Q 在 GE,BI 上且 $EQ=3GQ$,所以 $S_{\triangle BIE}=3S_{\triangle BGI}$,同理 $S_{\triangle CIF}=3S_{\triangle CGI}$.

由 $S_{\triangle BIE}=S_{\triangle AIE}=S_{\triangle AIF}$(四边形 $AEIF$ 为正方形)$=S_{\triangle CIF}$ 知 $S_{\triangle BGI}=S_{\triangle CGI}$.

故命题证毕.

3.2.20 一直线与正$\triangle ABC$ 的内切圆相切,且分别交 AB,AC 于点 D,E,证明:$\frac{AD}{BD}+\frac{AE}{CE}=1$.

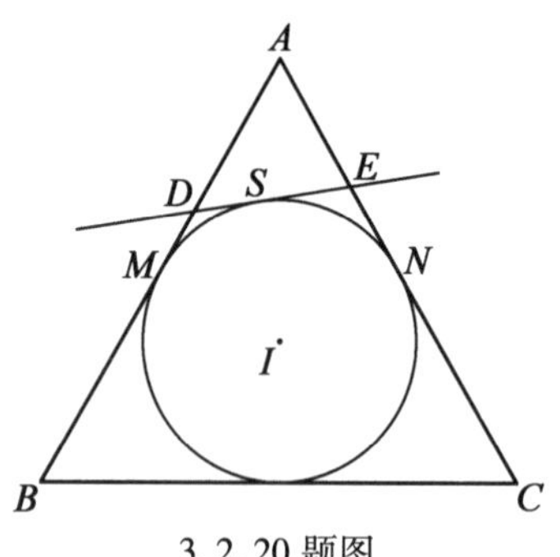

3.2.20 题图

证 如3.2.20题图,设$\triangle ABC$ 内切圆$\odot I$ 切 AB 于点 M,切 AC 于点 N,DE 切$\odot I$ 于点 S.

设 $AM=BM=AN=CN=a$,$DM=DS=x$,$EN=ES=y$.

故

$AD=a-x$,$BD=a+x$,$AE=a-y$,$CE=a+y$,$DE=x+y$

由$\angle DAE=60°$及余弦定理知

$$AD^2+AE^2-AD\cdot AE=DE^2$$

即

$$(a-x)^2+(a-y)^2-(a-x)(a-y)=(x+y)^2$$

$$\Rightarrow a^2+x^2+y^2-ax-ay-xy=x^2+y^2+2xy$$

$$\Rightarrow a^2-ax-ay-3xy=0$$

$$\Rightarrow(a^2-ax+ay-xy)+(a^2+ax-ay-xy)=a^2+ax+ay+xy$$

$$\Rightarrow(a-x)(a+y)+(a-y)(a+x)=(a+x)(a+y)$$

$$\Rightarrow\frac{a-x}{a+x}+\frac{a-y}{a+y}=1$$

即$\frac{AD}{BD}+\frac{AE}{CE}=1$.

综上所述,命题证毕.

3.2.21　点 I 为 $\triangle ABC$ 的内心的充要条件: $IA^2\cdot BC+IB^2\cdot CA+IC^2\cdot AB=BC\cdot CA\cdot AB$.

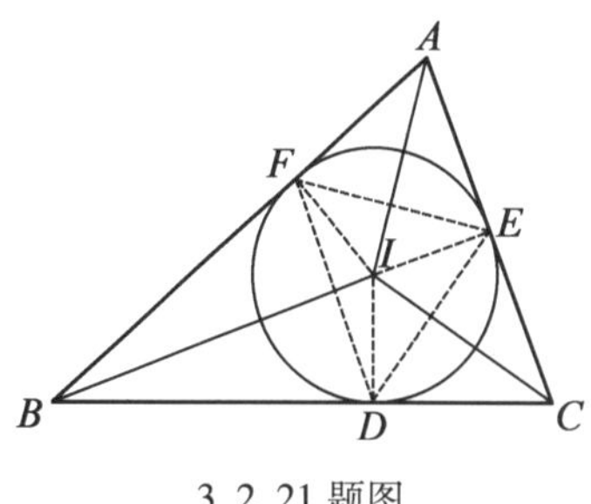

3.2.21 题图

证　如3.2.21题图,设点 I 在 BC,CA,AB 上的投影分别为点 D,E,F,记 $\triangle ABC$ 外接圆半径为 R,则

$$\begin{aligned}&IA^2\cdot BC+IB^2\cdot CA+IC^2\cdot AB\\=&2R(IA^2\sin A+IB^2\sin B+IC^2\sin C)\\=&2R(IA\cdot EF+IB\cdot DF+IC\cdot DE)\\\geqslant&2R(2S_{AFIE}+2S_{BFID}+2S_{CDIE})\\=&4R\cdot S_{\triangle ABC}=AB\cdot BC\cdot CA\end{aligned}$$

等号成立的充要条件是 $IA\perp EF,IB\perp DF,IC\perp DE$,这等价于 $ID=IE=IF$,又等价于点 I 为内心.

综上,命题得证.

注:式中第一项取"－"号而后两项取"＋"号则对应于 BC 边外的旁心,依次类推.这部分的证明留给读者.

3.2.22　设⊙I 是以 $\triangle ABC$ 的内心 I 为圆心的一个圆,D,E,F 分别是从 I 出发垂直于 BC,CA,AB 的直线与⊙I 的交点,求证:AD,BE,CF 共点.

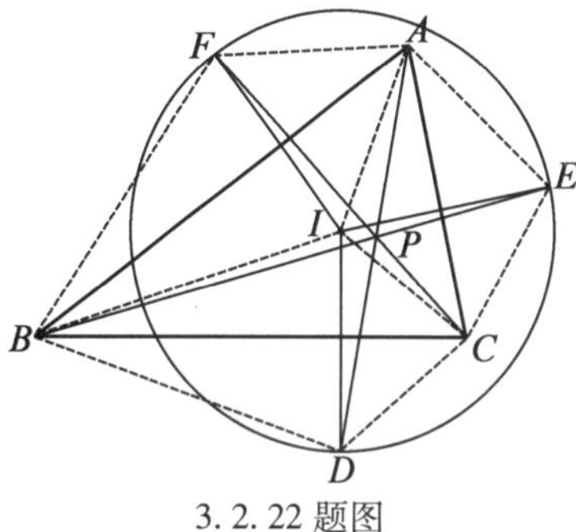

3.2.22 题图

证　如3.2.22题图,联结 AI,AE,AF,BE,BF,BD,CI,CD,CE.则知点 E,F 分别关于 AI 对称,点 F,D 分别关于 BI 对称,点 D,E 关于 CI 对称.

故

$$AE=AF,BF=BD,CD=CE,\angle EAB=\angle FAC$$
$$\angle FBC=\angle DBA,\angle DCA=\angle ECB$$

故

$$\begin{aligned}&\frac{\sin\angle BAD}{\sin\angle CAD}\cdot\frac{\sin\angle ACF}{\sin\angle BCF}\cdot\frac{\sin\angle CBE}{\sin\angle ABE}\\=&\frac{AD\cdot\sin\angle BAD}{AD\cdot\sin\angle CAD}\cdot\frac{CF\cdot\sin\angle ACF}{CF\cdot\sin\angle BCF}\cdot\frac{BE\cdot\sin\angle CBE}{BE\cdot\sin\angle ABE}\\=&\frac{BD\cdot\sin\angle ABD}{CD\cdot\sin\angle ACD}\cdot\frac{AF\cdot\sin\angle CAF}{BF\cdot\sin\angle CBF}\cdot\frac{CE\cdot\sin\angle BCE}{AE\cdot\sin\angle BAE}\\=&1\end{aligned}$$

由角元塞瓦定理逆定理知 AD,BE,CF 共点于点 P.

综上所述,命题证毕.

3.2.23　$\triangle ABC$ 中,一圆切 CA,AB 于点 Y,Z,自点 B,C 另作该圆切线交于点 X,则 AX,BY,CZ 三线共点(或平行).

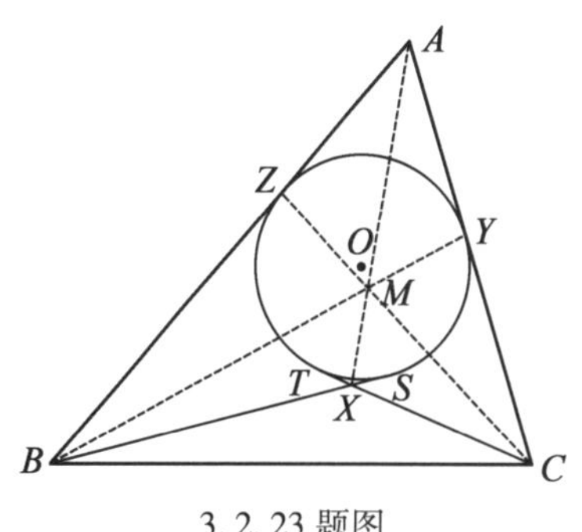

3.2.23 题图

证 设直线 BX,CX 分别与 AC,AB 交于点 P,Q.

设 AX 交 BY 于点 I,交 CZ 于点 J. 则由 Menelaus 定理

$$\frac{AI}{IX}\cdot\frac{XB}{BP}\cdot\frac{PY}{YA}=1,\frac{AJ}{JX}\cdot\frac{XC}{CQ}\cdot\frac{QZ}{ZA}=1$$

要证明 AX,BY,CZ 三线共点,只需点 $I=J$,或

$$\frac{XB}{BP}\cdot\frac{PY}{YA}=\frac{XC}{CQ}\cdot\frac{QZ}{ZA}$$

$$\text{上式}\Leftrightarrow\frac{AX\sin\angle BAX}{AP\sin\angle BAC}\cdot PY=\frac{AX\sin\angle CAX}{AQ\sin\angle BAC}\cdot QZ$$

$$\Leftrightarrow\frac{AQ\sin\angle BAX}{AP\sin\angle CAX}=\frac{QZ}{PY}$$

由 Newton 定理,AX,PQ,ZS,TY 四线共点,设该点为点 D,则有

$$\frac{QZ}{PY}=\frac{QT}{PY}=\frac{QD\cdot\dfrac{\sin\angle QDT}{\sin\angle QTD}}{PD\cdot\dfrac{\sin\angle PDY}{\sin\angle PYD}}=\frac{QD}{PD}=\frac{S_{\triangle AQD}}{S_{\triangle APD}}=\frac{AQ\cdot\sin\angle BAX}{AP\cdot\sin\angle CAX}$$

证毕.

3.2.24 内切圆$\odot I$ 分别切$\triangle ABC$ 的边 AB,AC 于点 E,F,作 BG 垂直于直线 CI 于点 G,CH 垂直于直线 BI 于点 H,求证:E,F,G,H 共线.

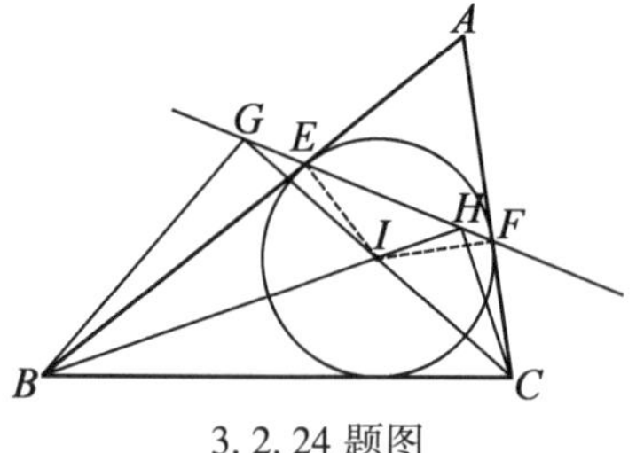

3.2.24 题图

证 如3.2.24 题图,联结 IE,IF. 则$\angle IEB=\angle IGB=90°$. 故 G,B,I,E 四点共圆.

又$\angle CHB=\angle CGB=90°$,故 G,B,C,H 四点共圆.

故$\angle IGE=\angle IBE=\angle IBC=\angle IGH$,故 G,E,H 共线.

即点 E 在直线 GH 上,类似地有点 F 在直线 GH 上,(是由于$\angle IHG+\angle IHF=180°$,利用 H,I,C,F 共圆及 G,B,C,H 共圆. 此题中是要证角相等还是角互补是由位置关系决定的)故有 E,F 均在直线 GH 上,则 E,F,G,H 共线. 命题证毕.

3.2.25 $\triangle ABC$ 内切圆 Γ 分别切 BC,CA,AB 于 D,E,F,AD 交 Γ 于点 M,MB,MC 分别交于点 Y,Z,证明:EY,FZ,AD 三线共点.

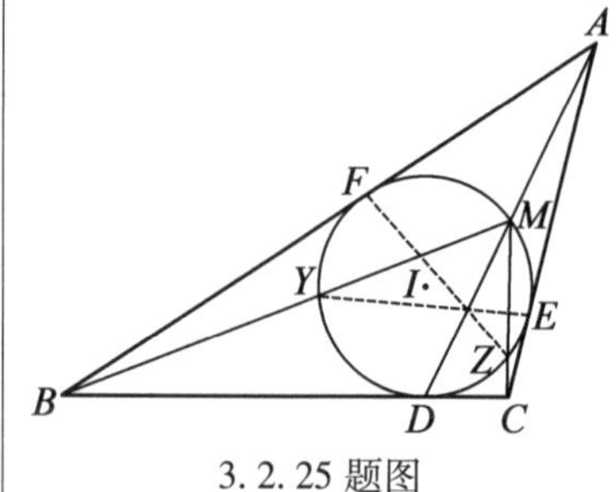

3.2.25 题图

证 由弦切角知$\triangle BFY\backsim\triangle BMF$,$\triangle BDY\backsim\triangle BMD$,故

$$\frac{FY}{FM}=\frac{BF}{BM}=\frac{BD}{BM}=\frac{DY}{DM},\frac{FY}{YD}=\frac{FM}{DM}$$

同理

$$\frac{EZ}{ZD}=\frac{EM}{DM}.$$

所以

$$\frac{FY}{YD}\cdot\frac{DZ}{ZE}\cdot\frac{EM}{MF}=\frac{FM}{DM}\cdot\frac{DM}{EM}\cdot\frac{EM}{FM}=1$$

故 EY,FZ,MD 三线共点.

(此为圆中三弦共点的充要条件,请读者自行证明. 证明过程只需用到共圆导出的相似关系,必要时可使用同一方法.)

3.2.26 设$\odot I$ 是$\triangle ABC$ 内切圆或旁切圆,切 BC,CA,AB 直线于点 D,E,F,任取一点 P,联结 DP,EP,FP 延长使其分别交$\odot I$ 于点 X,Y,Z,求证:AX,BY,CZ 三线共点或平行.

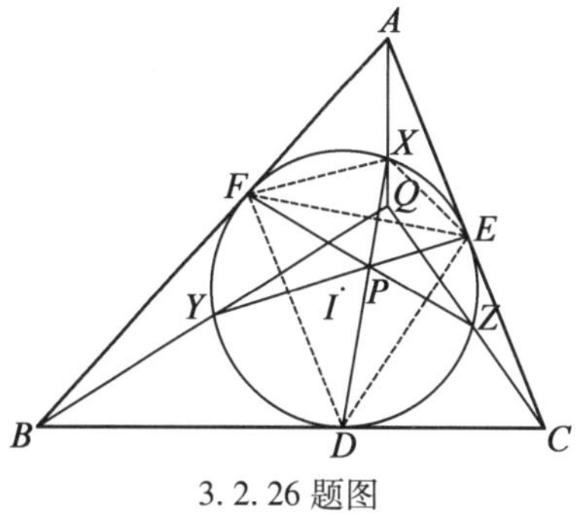

3.2.26 题图

证 如3.2.26 题图,联结 DE,EF,FD,XE,XF.

则

$$\frac{\sin\angle BAX}{\sin\angle CAX}=\frac{\sin\angle FAX}{\sin\angle EAX}=\frac{AX\cdot\sin\angle FAX}{AX\cdot\sin\angle EAX}=\frac{FX\cdot\sin\angle AFX}{EX\cdot\sin\angle AEX}=\frac{\sin\angle XEF}{\sin\angle XFE}\cdot\frac{\sin\angle AFX}{\sin\angle AEX}=\left(\frac{\sin\angle XDF}{\sin\angle XDE}\right)^2=\left(\frac{\sin\angle PDF}{\sin\angle PDE}\right)^2$$

同理有

$$\frac{\sin\angle CBY}{\sin\angle ABY}=\left(\frac{\sin\angle PED}{\sin\angle PEF}\right)^2$$

$$\frac{\sin\angle ACZ}{\sin\angle BCZ}=\left(\frac{\sin\angle PFE}{\sin\angle PFD}\right)^2$$

由角元塞瓦定理

$$\frac{\sin\angle PDF}{\sin\angle PDE}\cdot\frac{\sin\angle PED}{\sin\angle PEF}\cdot\frac{\sin\angle PFE}{\sin\angle PFD}=1$$

故

$$\frac{\sin\angle BAX}{\sin\angle CAX}\cdot\frac{\sin\angle CBY}{\sin\angle ABY}\cdot\frac{\sin\angle ACZ}{\sin\angle BCZ}=\left(\frac{\sin\angle PDF}{\sin\angle PDE}\cdot\frac{\sin\angle PED}{\sin\angle PEF}\cdot\frac{\sin\angle PFE}{\sin\angle PFD}\right)^2=1$$

由角元塞瓦定理逆定理知命题证毕.

$\odot I$ 是$\triangle ABC$ 的旁切圆时证明过程是类似的,在此略去.

3.2.27 已知$\triangle ABC$ 内切圆切 AB,CA,BC 于点 P,Q,R,PQ 与 AB 上的中位线交于点 X,RQ 与 BC 上的中位线交于点 Y,求证:B,X,Y 共线.

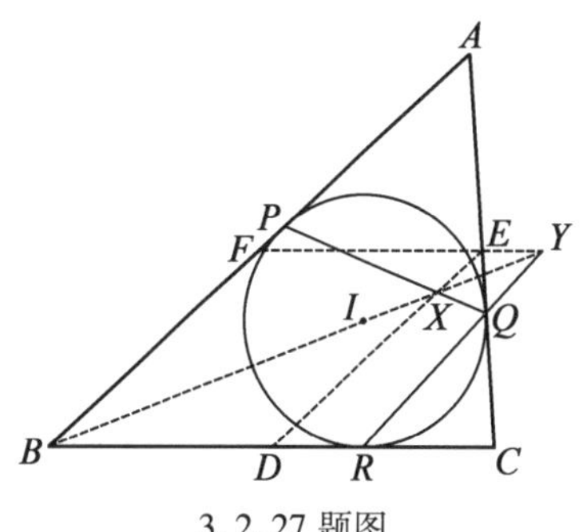

3.2.27 题图

证 如3.2.27 题图,我们证明加强命题:点 X,Y 都在$\angle ABC$

平分线上.

要证明点 X 在 $\angle B$ 平分线上,只需 PQ,DE(AB 上中位线),$\angle B$ 的平分线三线共点,设 PQ 与 $\angle B$ 平分线交于点 S,DE 与 $\angle B$ 平分线交于点 T,只需证 $BS=BT$.

由于 $\angle BPS=90^\circ+\frac{\angle A}{2}=\angle BIC$,$\angle PBS=\angle IBC$,故 $\triangle BPS\backsim\triangle BIC$

$$\frac{BS}{BP}=\frac{BC}{BI},BS=BC\cdot\frac{BP}{BI}=BC\cos\frac{B}{2}$$

又 $\angle BTD=\angle ABT=\angle TBD$,等腰 $\triangle BDT$ 中,有

$$BT=2BD\cos\angle DBT=BC\cos\frac{B}{2}$$

故 $BS=BT$,由上面的分析知点 X 在 $\angle B$ 平分线上.

同理点 Y 在 $\angle B$ 平分线上.

故加强的命题得证,原命题证毕.

3.2.28 $\triangle ABC$ 的内切圆 $\odot I$ 分别切 BC,CA,AB 于点 D,E,F,AD 与 $\odot I$ 的另一个交点是点 X,BX,CX 分别还交 $\odot I$ 于点 P,Q,又记 BC 中点是点 M,若 $AX=XD$,求证:(1) $FP/\!/EQ$;(2) AD,EP,FQ 共点(平行);(3) $BX/CX=BI/CI$;(4) X,I,M 共线.

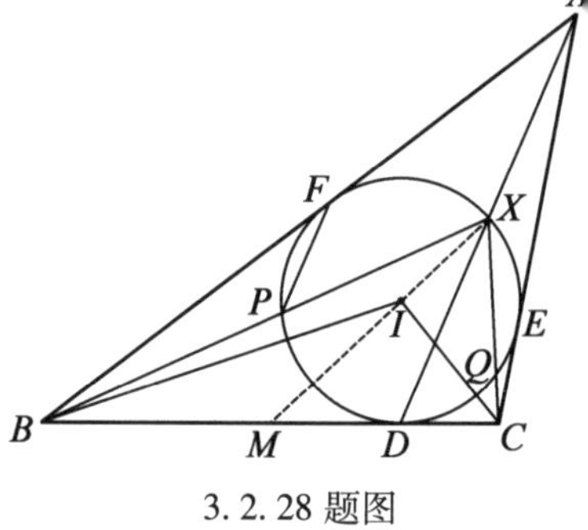

3.2.28 题图

证 (1)如3.2.28题图,由 $AX=XD$ 可知 $AE^2=AX\cdot AD=2AX^2$,故 $AF=\sqrt{2}AX$,进而由 $\triangle AFX\backsim\triangle ADF$ 知

$$DF=\sqrt{2}FX \quad ①$$

又由弦切角易知 $\triangle BFP\backsim\triangle BXF$,$\triangle BDP\backsim\triangle BXD$,从而

$$\frac{FP}{FX}=\frac{BF}{BX}=\frac{BD}{BX}=\frac{DP}{DX},FP\cdot DX=FX\cdot DP$$

对圆内接四边形 $FPDX$ 应用 Ptolemy 定理知

$$FD\cdot PX=FP\cdot DX+PD\cdot FX=2FX\cdot DP$$

代入①式得 $PX=\sqrt{2}DP$.

又 $\angle DPX=\angle DFX$,故 $\triangle PDX\backsim\triangle FXD$,由 DX 为对应边知两三角形全等,这导致 $FXDP$ 为等腰梯形,$FP/\!/DX$.

同理 $EQ/\!/DX$,故 $FP/\!/EQ$.

(2)此问的证明在之前已进行,且不需要 $AX=XD$ 的条件. 证明略.

(3)由 $\frac{BX}{BD}=\frac{XD}{DP}$,$\frac{CX}{CD}=\frac{XD}{DQ}$ 知

$$\frac{BX}{CX}=\frac{BD}{CD}\cdot\frac{DQ}{DP}=\frac{BD}{CD}\cdot\frac{EX}{FX}=\frac{BD}{CD}\cdot\frac{ED}{FD}=\frac{\sin\frac{C}{2}}{\sin\frac{B}{2}}=\frac{BI}{CI}$$

(4)(如3.2.28题图)不妨令$AB\geqslant AC$,设AI交BC于点T,用a,b,c表示三边,则

$$BM=\frac{a}{2},BT=\frac{ac}{b+c},BD=\frac{a+c-b}{2}$$

故$DM=\frac{c-b}{2},MT=\frac{a(c-b)}{2(b+c)}$,从而当$c>b$时($c=b$时结论是显然的)

$$\frac{AI}{IT}\cdot\frac{TM}{MD}\cdot\frac{DX}{XA}=\frac{b+c}{a}\cdot\frac{a}{b+c}\cdot 1=1$$

故由 Menelaus 逆定理知X,I,M三点共线.

综上,结论证毕.

3.2.29 不等边$\triangle ABC$中,点I是内心,点A_1,B_1,C_1分别是内切圆在BC,CA,AB上的切点,求证:$\triangle AA_1I$, $\triangle BB_1I$, $\triangle CC_1I$的外心共线.

证 如3.2.29题图,联结A_1B_1交CI于点C_2,联结B_1C_1交AI于点A_2,联结C_1A_1交BI于点B_2.

则点A_2为B_1C_1中点,点B_2为C_1A_1中点,点C_2为A_1B_1中点,

故联结A_1A_2,B_1B_2,C_1C_2可知三线共点于$\triangle A_1B_1C_1$的重心点M.

以$\triangle ABC$的内切圆$\odot I$为反演圆作反演变换.则$A\to A_2,A_1\to A_1$.

故$\triangle AA_1I$在反演变换下的像为直线A_1A_2.同理$\triangle BB_1I$在反演变换下的像为直线B_1B_2. $\triangle CC_1I$在反演变换下的像为直线C_1C_2.

由于A_1A_2,B_1B_2,C_1C_2共于点M,故$\triangle AA_1I$, $\triangle BB_1I$, $\triangle CC_1I$的外接圆均过点I及点M在反演下的原像.故这三个圆有公共弦,可知其圆心共线.

即$\triangle AA_1I,\triangle BB_1I,\triangle CC_1I$的外心共线,命题证毕.

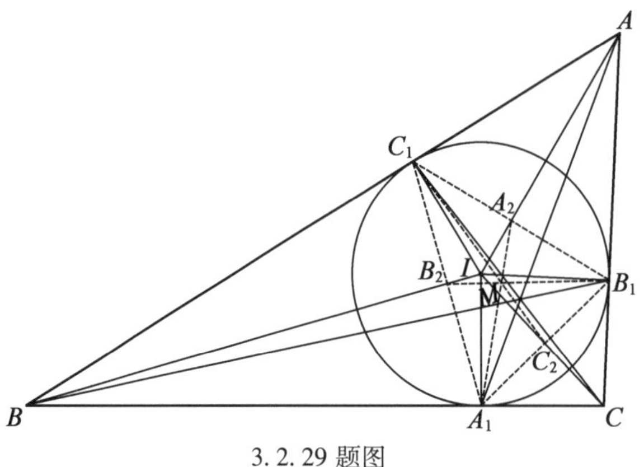

3.2.29 题图

§3.3 圆外切四边形

3.3.1 设四边形 $ABCD$ 有内切圆 I,求证:$IA^2/IC^2=(AB\cdot AD)/(BC\cdot CD)$.

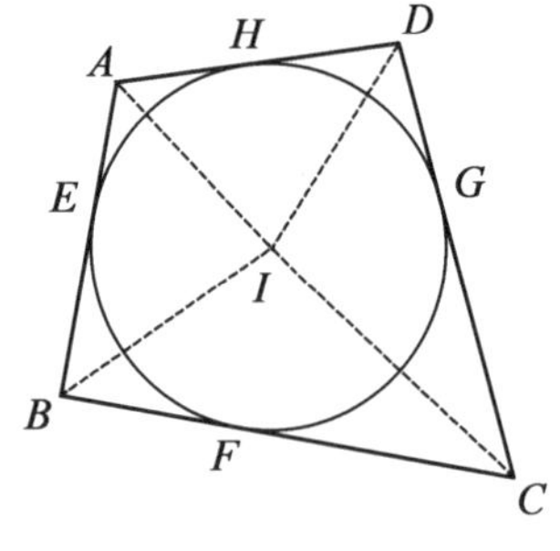

3.3.1 题图

证 如3.3.1题图,联结 IA,IB,IC,ID. 设⊙I 在 AB,BC,CD,DA 上的切点依次为 E,F,G,H. 则

$$\angle AID=\frac{1}{2}(\angle EIH+\angle GIH),\angle BIC=\frac{1}{2}(\angle EIF+\angle FIG)$$

故 $\angle AID+\angle BIC=180^\circ$,从而

$$\frac{S_{\triangle AID}}{S_{\triangle BIC}}=\frac{AI\cdot ID}{BI\cdot IC}$$

同理

$$\frac{S_{\triangle AIB}}{S_{\triangle CID}}=\frac{AI\cdot IB}{CI\cdot ID}$$

故

$$\frac{IA^2}{IC^2}=\frac{S_{\triangle AID}}{S_{\triangle BIC}}\cdot\frac{S_{\triangle AIB}}{S_{\triangle CID}}=\frac{AD\cdot AB}{BC\cdot CD}$$

证毕.

3.3.2 已知四边形 $ABCD$ 有内切圆⊙I,且满足 $\angle BAD+\angle ADC>180^\circ$,过点 I 的直线分别交 AB,CD 于点 X,Y,证明:若 $IX=IY$,则 $AX\cdot DY=BX\cdot CY$.

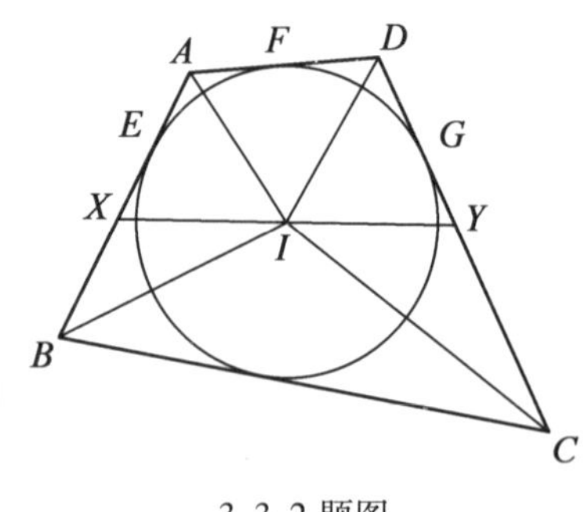

3.3.2 题图

证 如3.3.2题图,因 $\angle BAD+\angle ADC>180^\circ$,故可以延长 BA,CD 交于点 T.

由点 T 切 TB,TC 知 TI 平分 $\angle XIY$,又 $IX=IY$,故△TXY 为等腰三角形,$\angle AXI=\angle DYI$.

设$\odot I$在AB,AD,DC上的切点依次为点E,F,G,则

$$\angle XAI=\frac{1}{2}\angle EAF=\frac{1}{2}(180^\circ-\angle EIF)$$

$$=\frac{1}{2}(\angle EIX+\angle GIY+\angle FIG)$$

$$=\angle GIY+\angle DIG=\angle DIY$$

因此$\triangle XAI\backsim\triangle YID$,$\frac{AX}{XI}=\frac{IY}{YD}$,$AX\cdot DY=XI\cdot IY$.

同样可以证明$\triangle XBI\backsim\triangle YIC$,亦有$BX\cdot CY=XI\cdot IY$,所以$AX\cdot DY=BX\cdot CY$.

证毕.

3.3.3 在$\triangle ABC$中,点D,E分别是AC,AB上的点,且BD,CE的交点P在$\angle A$的平分线上,求证:存在一个圆内切于四边形$ADPE$的充要条件是$AB=AC$.

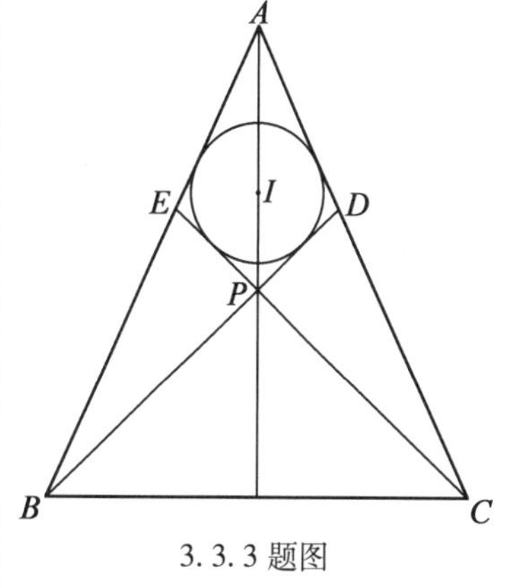

3.3.3 题图

证 如3.3.3题图,若$AB=AC$,则

充分性:在$\triangle BAP$与$\triangle CAP$中

$$\begin{cases}AB=AC\\ \angle BAP=\angle CAP\\ AP=AP\end{cases}$$

故$\triangle BAP\cong\triangle CAP$(SAS),$\angle BPA=\angle CPA$,进而$\angle APD=\angle APE$.又$\angle PAD=\angle PAE$,$AP=AP$,故$\triangle APD\cong\triangle APE$(ASA),进而$AD=AE$,$PD=PE$,故有一个圆内切于四边形$ADPE$,证毕.

必要性:设$\odot I$为四边形$ADPE$的内切圆.

则AI平分$\angle DAE$,故点P在直线AI上.

由$\angle IPE=\angle IPD$知$\angle APE=\angle APD$.

又$\angle PAE=\angle PAD$,$AP=AP$,故$\triangle APD\cong\triangle APE$(ASA),$\angle ADB=\angle ADP=\angle AEP=\angle AEC$,$AD=AE$,又$\angle DAB=\angle EAC$.

故$\triangle DAB\cong\triangle EAC$(ASA),故$AB=AC$,证毕.

综上所述,充要性证毕,原命题证毕.

3.3.4 对边不平行的四边形$ABCD$外切于以点O为圆心的圆,证明:点O与四边形$ABCD$的两组对边中点连线的交点重合,当且仅当$OA\cdot OC=OB\cdot OD$.

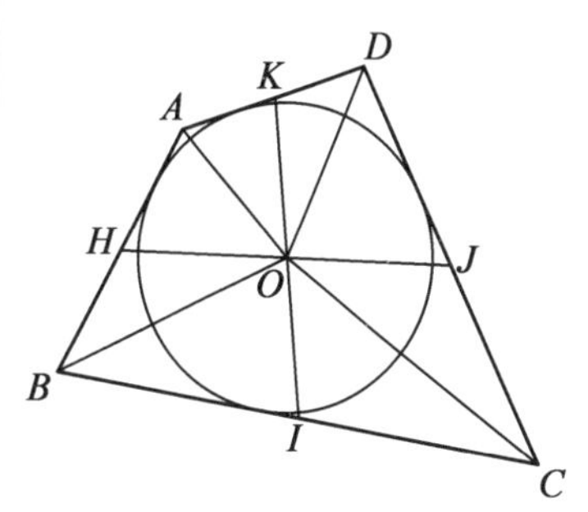

3.3.4 题图

证 必要性:如3.3.4题图,设H,I,J,K分别是边AB,BC,CD,DA的中点,则四边形$HIJK$为平行四边形.

若点O为其对角线交点,则$OH=OJ$,因为四边形$ABCD$对边

不平行,故不妨设 BA,CD 延长后交于点 X,由 XO 平分 $\angle HXJ$ 及 $OH=OJ$ 知

$$XH=XJ,\angle AHO=\angle DJO$$

由之前证明的结论亦有 $\triangle HAO\backsim\triangle JOD$,$\triangle HBO\backsim\triangle JOC$,从而

$$\frac{AO}{OD}=\frac{AH}{OJ}=\frac{BH}{OJ}=\frac{BO}{OC}$$

即

$$OA\cdot OC=OB\cdot OD$$

充分性:若 $OA\cdot OC=OB\cdot OD$,我们仍标好各边中点,倍长 OH 至点 O',则四边形 $AOBO'$ 为平行四边形,$\angle OBO'=180°-\angle AOB=\angle DOC$.

而$\frac{BO'}{BO}=\frac{AO}{BO}=\frac{OD}{OC}$,故$\triangle OBO'\backsim\triangle COD$,其中边 OO'的中点 H 与 DC 中点 J 为对应点,故$\triangle BHO\backsim\triangle OJC$,继而

$$\begin{aligned}\angle BHO&=180°-\angle HBO-\angle HOB\\&=180°-\frac{1}{2}\angle ABC-\frac{1}{2}\angle DCB\\&=180°-\angle OBC-\angle OCB=\angle BOC\end{aligned}$$

$$\begin{aligned}&\angle HOB+\angle BOC+\angle COJ\\=&\angle HOB+\angle BHO+\angle HBO=180°\end{aligned}$$

点 H,O,J 共线.

同理 K,O,I 共线,即点 O 与四边形 $ABCD$ 的两组对边中点连线的交点重合.

综上,命题证毕.

3.3.5 凸四边形 $ABCD$ 有内切圆,切 AB,BC,CD,DA 于点 A_1,B_1,C_1,D_1,点 E,F,G,H 分别为 $A_1B_1,B_1C_1,C_1D_1,D_1A_1$ 的中点,证明:四边形 $EFGH$ 为矩形的充要条件是 A,B,C,D 共圆.

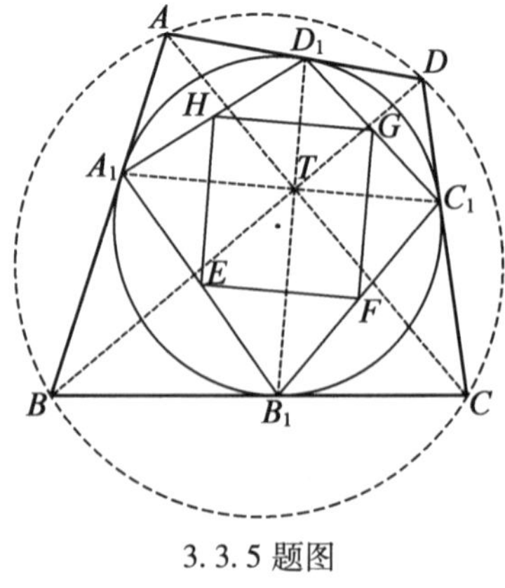

3.3.5 题图

证 如3.3.5题图,由 Newton 定理知,对四边形 $ABCD$,有对角线 AC,BD 及对边切点连线 A_1C_1,B_1D_1 四线共点,设为点 T,由点 E,F,G,H 分别为 $A_1B_1,B_1C_1,C_1D_1,D_1A_1$ 的中点.

故 $HG\underline{\underline{/\!/}}\frac{1}{2}A_1C_1\underline{\underline{/\!/}}EF$,$HE\underline{\underline{/\!/}}\frac{1}{2}B_1D_1\underline{\underline{/\!/}}GF$.

因此,有

四边形 $EFGH$ 为矩形

$\Leftrightarrow A_1C_1 \perp B_1D_1$

$\Leftrightarrow \angle A_1B_1T + \angle B_1A_1T = 90°$

$\Leftrightarrow \angle AA_1D_1 + \angle CC_1B_1 = 90°$

$\Leftrightarrow \frac{1}{2}(180° - \angle A_1AD_1) + \frac{1}{2}(180° - \angle C_1CB_1) = 90°$

$\Leftrightarrow \angle A_1AD_1 + \angle C_1CB_1 = 180°$

$\Leftrightarrow A,B,C,D$ 四点共圆.

综上所述,命题证毕.

3.3.6　设凸四边形 $ABCD$ 有内切圆,它的每个内角和外角都不小于 $60°$,求证:$\frac{1}{3}|AB^3 - AD^3| \leqslant |BC^3 - CD^3| \leqslant 3|AB^3 - AD^3|$,并问等号何时成立?

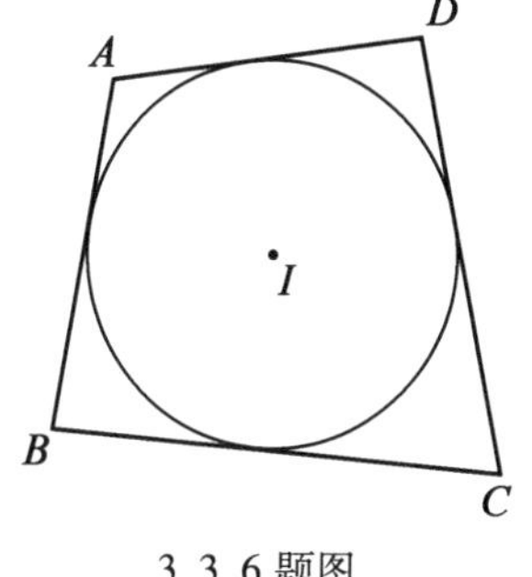

3.3.6 题图

证　如3.3.6题图,由凸四边形 $ABCD$ 有内切圆知

$$AB + DC = AD + BC$$

$$AB - AD = BC - CD \qquad (*)$$

若该式两边均为零,则欲证不等式成立并且等号取到.

否则对上式加绝对值并且从欲证不等式中除去,只需证

$$\frac{1}{3}(AB^2 + AB \cdot AD + AD^2)$$
$$\leqslant BC^2 + BC \cdot CD + CD^2$$
$$\leqslant 3(AB^2 + AB \cdot AD + AD^2)$$

由点 A,C 的地位平等,我们只需考虑不等式左边,右边的证明只需将点 A,C 对调即可.

由 $\angle A, \angle C$ 均在 $[60°,120°]$ 之间,得

$$BC^2 + BC \cdot CD + CD^2$$
$$\geqslant BC^2 - 2BC \cdot CD\cos\angle BCD + CD^2$$
$$= BD^2$$
$$= BA^2 + AD^2 - 2BA \cdot AD\cos\angle BAD$$
$$\geqslant BA^2 + AD^2 - BA \cdot AD$$
$$\geqslant \frac{1}{3}(BA^2 + AD^2 + BA \cdot AD)$$

最后一步等价于 $(BA - AD)^2 \geqslant 0$.

要取到等号,由上面的过程知,$\angle BCD = 120°$,$\angle BAD = 60°$ 且

$BA=AD$,进而推出 $BC=CD$,化归为(*)式两边为零的情况,

综上可知,欲证不等式成立,且等号(任一个)成立的充分必要条件是 $AB=AD$ 且 $CB=CD$.

3.3.7 四边形 $ABCD$ 外切于圆 I,$\angle A$ 和 $\angle B$ 的外角平分线交于点 K,$\angle B$ 和 $\angle C$ 的外角平分线交于点 L,$\angle C$ 和 $\angle D$ 的外角平分线交于点 M,$\angle D$ 和 $\angle A$ 的外角平分线交于点 N,求证:$\triangle ABK$,$\triangle BCL$,$\triangle CDM$,$\triangle DAN$ 的垂心是一个平行四边形的顶点.

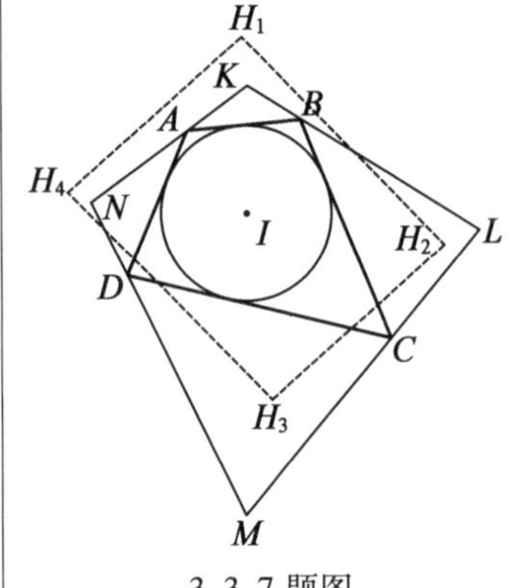

3.3.7 题图

证 如 3.3.7 题图,设$\triangle ABK$,$\triangle BCL$,$\triangle CDM$,$\triangle DAN$ 垂心依次为点 H_1,H_2,H_3,H_4.

由于 $H_1A\perp KL$,$H_2C\perp KL$,故 $H_1A/\!/H_2C$.

又由垂心到顶点的距离公式

$$H_1A=BK\cot\angle KAB \quad ①$$

$$H_2C=BL\cot\angle LCB \quad ②$$

注意到 $IA\perp KN$,$IB\perp KL$,$IC\perp ML$,I,A,K,B;I,C,L,B 分别四点共圆,故

$$\frac{BK}{BL}=\frac{BI\cdot\tan\angle KIB}{BI\cdot\tan\angle LIB}=\frac{\tan\angle KAB}{\tan\angle LCB} \quad ③$$

由①②③式知 $H_1A=H_2C$. 从而 $H_1A \underline{\mathbin{/\!/}} H_2C$,四边形 H_1ACH_2 为平行四边形,于是 $H_1H_2 \underline{\mathbin{/\!/}} AC$.

同理 $H_3H_4 \underline{\mathbin{/\!/}} AC$,故 $H_1H_2 \underline{\mathbin{/\!/}} H_3H_4$,四边形 $H_1H_2H_3H_4$ 为平行四边形.

证毕.

3.3.8 作圆内接四边形的两对角线的等角线,求证:(1)所作四线同切于一圆;(2)每边与其两端所作的线所构成的三角形其垂心四点共线.

证 如 3.3.8 题图,设圆内接四边形 $ABCD$. 对角线为 AC,BD,其等角线分别交于点 E,F,G,H.

(1)即要证四边形 $EFGH$ 为圆外切四边形.

设四边形 $ABCD$ 外接圆圆心为点 O. 联结 OE,OF,OG,OH.

由$\angle EAB=\angle CAD=\angle CBD=\angle EBA$,知 $EA=EB$. 故点 E 在 AB 的垂直平分线上.

进而由点 O 是圆心知 OE 即为 AB 边的垂直平分线.

故 $\angle OEA=\angle OEB$. 同理可知 OF,OG,OH 分别是其余三内角的平分线,故 EF,FG,GH,HE 同切于一以点 O 为圆心的圆,证毕.

(2)设 $\triangle ABE,\triangle BCF,\triangle CDG,\triangle DAH$ 的垂心分别为点 P,Q,S,T.

联结 BP,DT,并作 $PM\perp AB$ 于点 M,$TN\perp DA$ 于点 N.

设 AC 与 BD 交于点 K,PT 与 BD 交于点 K'. 则由 $DT\perp AH$,$BP\perp AE$ 知 $DT/\!/BP$. 故 $\frac{DK'}{K'B}=\frac{DT}{BP}$.

又

$$DT=\frac{DN}{\sin\angle DTN}=\frac{DN}{\sin\angle DAH}=\frac{\frac{1}{2}AD}{\sin\angle BAC}=\frac{AD}{BC}\cdot R$$

其中 R 为 $\odot O$ 半径,同理 $BP=\frac{BM}{\sin\angle BPM}=\frac{AB}{CD}\cdot R$.

因此

$$\frac{DK'}{K'B}=\frac{DT}{BP}=\frac{AD\cdot CD}{AB\cdot CB}$$

注意到

$$\frac{DK}{KB}=\frac{DK}{KA}\cdot\frac{KA}{KB}=\frac{CD}{AB}\cdot\frac{AD}{BC}=\frac{DK'}{K'B}$$

于是点 K 与点 K' 重合,即 PT,AC,BD 交于一点.

类似可知 P,Q,S,T,K 五点共线,更有 P,Q,S,T 四点共线. 命题证毕.

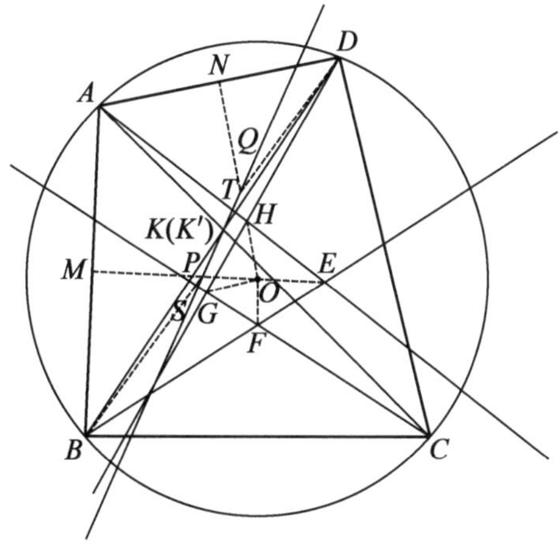

3.3.8 题图

3.3.9 设四边形 $ABCD$ 有内切圆,点 E,F,G,H 分别是 AB,BC,CD,DA 上的切点,在 AC 上取点 A',C',在 BD 上取点 B',D',若 $A'B'\parallel EG\parallel C'D'$,且 $A'D'\parallel FH$,则 $B'C'\parallel FH$,而 $A'B',C'D'$ 交 AB,CD 所得四点及 $A'D',B'C'$ 交 AD,BC 所得四点共八点共圆.

证 如3.3.9题图,标好各字母,并设 $A'B'$ 交 HF 于点 M. 我们先证明点 M 为 $A'B'$ 中点. 由面积,只需证

$$\frac{A'X\sin\angle A'XM}{B'X\sin\angle B'XM}=1 \qquad ①$$

事实上,由正弦定理

$$\begin{aligned}\frac{A'X}{B'X}&=\frac{\sin\angle A'B'X}{\sin\angle B'A'X}=\frac{\sin\angle DXG}{\sin\angle AXE}\\&=\frac{\sin\angle DXG/\sin\angle XGD}{\sin\angle AXE/\sin\angle XEA}\\&=\frac{DG/DX}{AE/AX}=\frac{DH}{AH}\cdot\frac{AX}{DX}\\&=\frac{DX\sin\angle B'XM}{AX\sin\angle A'XM}\cdot\frac{AX}{DX}=\frac{\sin\angle B'XM}{\sin\angle A'XM}\end{aligned}$$

从而①式成立. 现由 $A'D'\parallel FH$ 又知 $B'X=XD'$,再由 $A'B'\parallel C'D'$知 $A'X=XC'$. 于是 $\triangle A'XD'\backsim\triangle C'XB'$,由此推出 $B'C'\parallel A'D'\parallel FH$.

因 $A'B'\parallel EG\parallel C'D'$,$B'X=XD'$所以 $A_1E=A_2E$,又由

$$\frac{A_2E}{BE}=\frac{D'X}{BX}=\frac{B_1F}{BF},\text{且 } BE=BF$$

知 $A_2E=B_1F$.

由对称性顺次可得

$$A_1E=A_2E=B_1F=B_2F=C_1G=C_2G=D_1H=D_2H=k$$

所以 $A_i,B_i,C_i,D_i(i=1,2)$ 到点 I 的距离均为 $\sqrt{k^2+r^2}$,r 为 $\odot I$ 半径.

因此这八点共圆. 证毕.

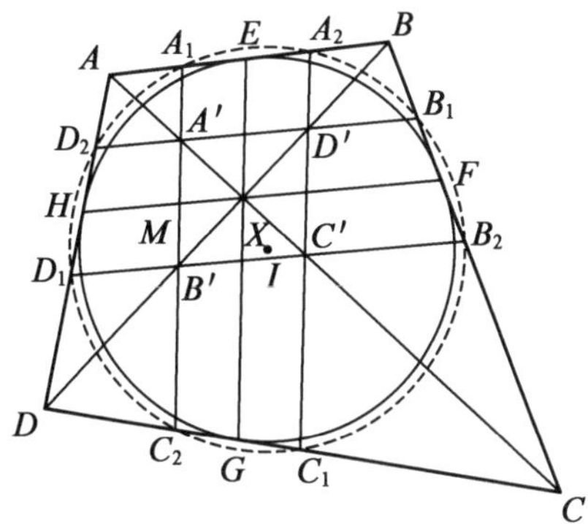

3.3.9 题图

3.3.10　以点 O 为圆心的圆内切于凸四边形 $ABCD$,分别切 AB,BC,CD,DA 于点 K,L,M,N 直线 KL,MN 交于一点 S,求证:$BD\perp OS$.

证　如3.3.10题图,因为 KL 是点 B 关于$\odot O$ 的极线,NM 是点 D 关于$\odot O$ 的极线,它们均过点 S,所以点 S 关于$\odot O$ 的极线亦同时过点 B,D,从而该线就是 BD.

由极线的基本性质知,$OS\perp BD$. 证毕.

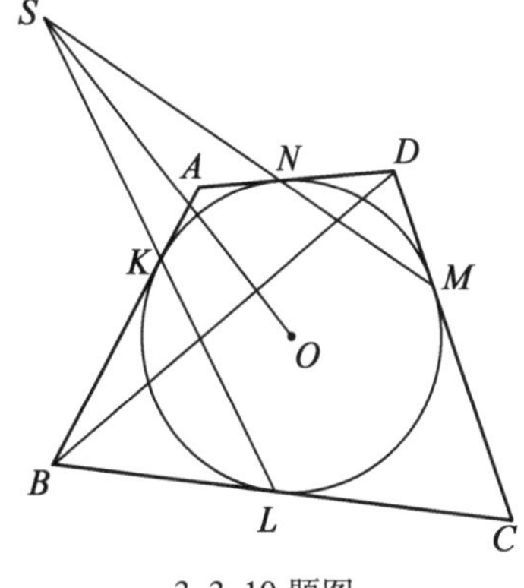

3.3.10 题图

第4讲　综合问题举隅

4.1　$\triangle ABC$ 中,以 AB 为直径作圆,交 BC 于点 H,交 $\angle BAC$ 的平分线于点 D,作 $CK\perp AD$,垂足为点 K,又设点 M 为 BC 中点,求证:D,M,K,H 四点共圆.

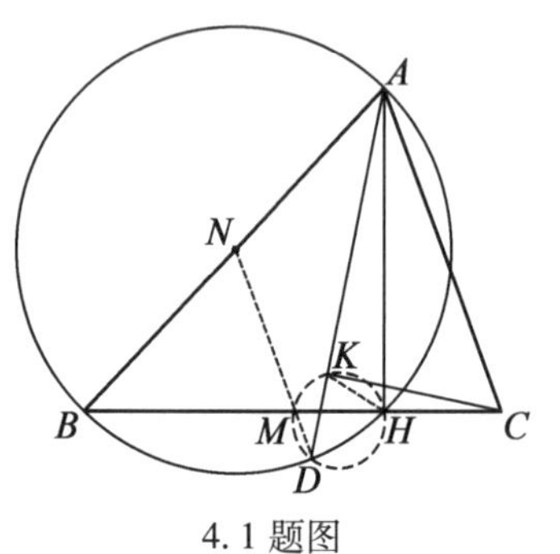

4.1 题图

证　如4.1题图,由 $\angle ADB=90°$,取 AB 中点为点 N,则

$$DN=\frac{1}{2}AB=AN$$

$$\angle NDA=\angle NAD=\angle DAC$$

从而 $ND/\!/AC$,又由中位线知 $MN/\!/AC$,所以 N,M,D 三点共线,注意到 $\angle AKC=\angle AHC=90°$,故 A,K,H,C 四点共圆,从而

$$\angle KHM=\angle KAC=\angle MDK$$

因此 D,M,K,H 四点共圆,证毕.

4.2　定圆上有两定点 A,B 及动点 C 构成的锐角 $\triangle ABC$,AB 的中点 M 在 AC,BC 上的投影分别为 E,F,求证:EF 的中垂线经过一定点.

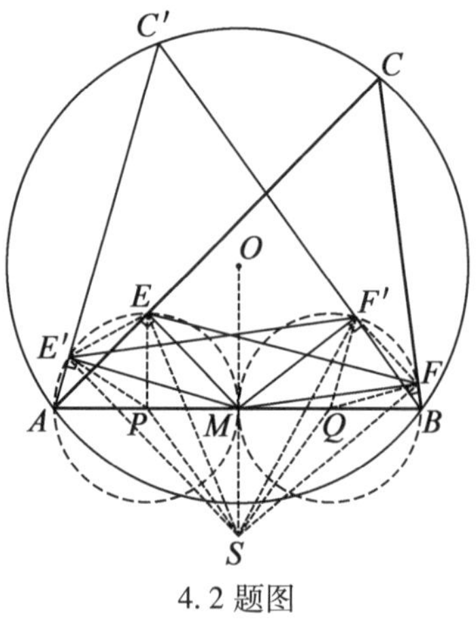

4.2 题图

证　如4.2题图,设定圆圆心为点 O. 在 $\odot O$ 上任取一点 C 及满足条件的点 E,F,以 AM 和 BM 为直径分别作圆 $\odot P$ 及 $\odot Q$,则点 P,点 Q 分别为 AM,BM 的中点.

设直线 OM 与 EF 的中垂线交于一点 S,我们证明点 S 即为所求定点.

为此在 $\odot O$ 上取异于点 C 的一点 C' 并作点 M 在 AC',BC' 上的投影点 E',F'. 我们只要证明 $E'F'$ 中垂线过点 S,即 $SE'=SF'$ 即可.

联结 $EE',FF',PE',PE',QF,QF',SE,SF,SE',SF',SP,SQ$.

由 $\angle AE'M=\angle AEM=90°$ 及 $\angle BF'M=\angle BFM=90°$,知点 E 和 E' 均在 $\odot P$ 上,而点 F 和 F' 均在 $\odot Q$ 上. 由

$$\angle E'MF'=180°-\angle E'C'F'=180°-\angle ECF=\angle EMF$$

知 $\angle E'ME=F'MF$.

故 $\angle EPE'=2\angle EME'=2\angle FMF'=\angle FQF'$.

由 $AM=BM$ 知 $\odot P$ 与 $\odot Q$ 为等圆,故 $EE'=FF'$.

由于$\odot P$与$\odot Q$关于根轴OMS对称. 故有$SP=SQ$,又点S在EF中垂线上,故$SE=SF$.

注意到$PE=QF$,故$\triangle SPE\cong\triangle SQF$(SSS).

进而

$$\angle E'ES=\angle E'EP+\angle PES=\angle F'FQ+\angle QFS=\angle F'FS$$

又$EE'=FF'$(由于$\odot P$与$\odot Q$为等圆且所对圆心角相等). $SE=SF$,故$\triangle SEE'\cong\triangle SFF'$(SAS).

于是有$SE'=SF'$,即点S在$E'F'$的中垂线上.

由点C'的任意性知满足题意的EF中垂线均过定点S. 命题证毕.

4.3　在圆O上取4个不同的点A,B,C,D,使得$\angle ACD$不为直角,AB,AC的中垂线分别与直线AD交于点W和V,且直线CV和BW交于点T,证明:线段AD,BT和CT中某一条的长度是另两条长度之和.

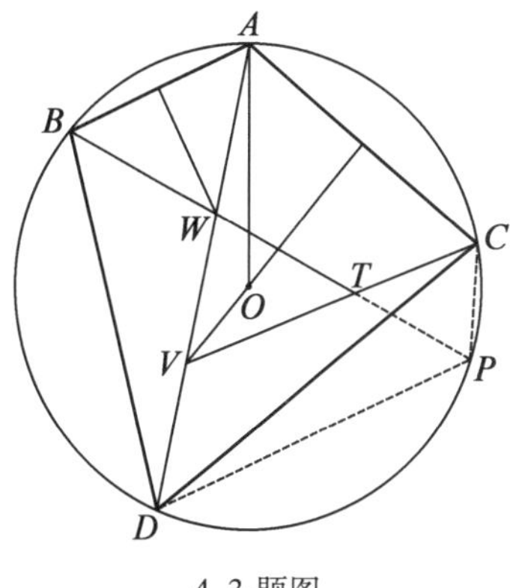

4.3 题图

证　仅对如4.3题图所示位置关系进行证明,其他情况均是类似的.

延长BT交$\odot O$于点P,联结PC,PD.

由点W在AB中垂线上,点V在AC中垂线上知$AW=BW$, $AV=CV$.

由$AW\cdot DW=BW\cdot PW$知$DW=PW$,故$AD=BP$.

又

$$\begin{aligned}\angle TCP&=180^\circ-\angle ACV-\angle ADP\\&=180^\circ-\angle CAV-\angle ABP\\&=180^\circ-\angle CAV-\angle BAW\\&=180^\circ-\angle BAC\\&=\angle BDC=\angle BPC\end{aligned}$$

故有$TC=TP$. 进而可知$AD=BP=BT+TP=BT+CT$.

综上所述,命题证毕.

4.4　锐角$\triangle ABC$中,点A_1是其外接圆弧$\overset{\frown}{BC}$之中点,点D是点A_1到直线AB的投影,点L,M,N分别是AC,AB,BC中点,则(1)$AD=(AB+AC)/2$;(2)$DA_1=OM+OL$;(3)试用纯几何方法证明:$OL+OM+ON=\triangle ABC$外接圆与内切圆半径之和.

4.4 题图

证　(1)作$A_1E\perp AC$于点E,因为$\angle DA_1E=180^\circ-\angle A=\angle BA_1C$,所以当点$D\neq B(E\neq C)$时,点$D,E$不可能同在$AB,AC$边上或延长线上.

故由 $A_1B=A_1C$ 及 $\angle DBA_1=\angle ECA_1$ 知 $\triangle A_1BD\cong\triangle A_1CE$;

不妨如4.4题图所示点 D 在 AB 边上,从而点 E 在 AC 延长线上,有

$$\begin{aligned}AD(=AE)&=AB-BD=AC+CE\\&=\frac{1}{2}(AB-BD+AC+CE)\\&=\frac{1}{2}(AB+AC)\end{aligned}$$

(2)易知线段 ONA_1 为 BC 的垂直平分线. 作 $OJ\perp DA_1$ 于点 J,则 $OMDJ$ 为矩形,$DJ=OM$,现在由 $\angle OA_1J=\angle ABC=\angle AOL$ 及 $OA_1=AO$,知 $\mathrm{Rt}\triangle AOL\cong\mathrm{Rt}\triangle OA_1J$,故 $OL=A_1J$,从而

$$DA_1=DJ+JA_1=OM+OL$$

(3)由点 A_1 是 $\overset{\frown}{BC}$ 中点,知 $\triangle ABC$ 内心点 I 在 AA_1 上. 作 $IS\perp AB$ 于 S,$IT\perp DA_1$ 于点 T. 则四边形 $ISDT$ 为矩形,$DT=IS=r$.

由鸡爪定理,$IA_1=A_1B$. 又 $\angle IA_1T=90^\circ-\dfrac{\angle BAC}{2}=\angle BA_1N$,所以 $\mathrm{Rt}\triangle IA_1T\cong\mathrm{Rt}\triangle BA_1N$,$A_1T=A_1N$. 于是

$$\begin{aligned}OL+OM+ON=DA_1+ON&=(DT+A_1T)+(OA_1-A_1N)\\&=r+R\end{aligned}$$

综上,命题证毕.

4.5 AB 是 $\odot O$ 的一条非直径的弦,把劣弧 $\overset{\frown}{AB}$ 三等分为弧 $\overset{\frown}{AC}$,$\overset{\frown}{CD}$,$\overset{\frown}{DB}$,把弦 AB 三等分为 AC',$C'D'$,$D'B$,直线 CC',DD'交于点 P,则 $\angle APB=\angle AOB/3$.

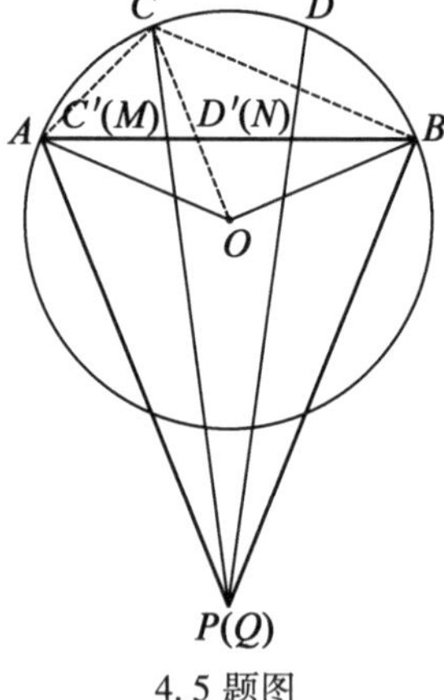

4.5 题图

证 如4.5题图,作点 Q 使得点 Q 与 C,D 在 AB 异侧,且 $QA=QB$,$\angle AQB=\dfrac{1}{3}\angle AOB$. 联结 QC,QD 交 AB 于点 M,N. 联结 AC,BC,OC.

由 $\overset{\frown}{AC}=\dfrac{1}{3}\overset{\frown}{AB}$ 知

$$\angle AOC=\frac{1}{3}\angle AOB=\angle AQB$$

又 $OA=OC$,$QA=QB$. 故 $\triangle AOC\backsim\triangle AQB$.

又 $\overset{\frown}{BC}=\dfrac{2}{3}\overset{\frown}{AB}$,故 $\angle CAB=\dfrac{1}{2}\angle COB=\dfrac{1}{3}\angle AOB$. 因此

$$\begin{aligned}\angle CAQ&=\angle CAB+\angle BAQ\\&=\angle COA+\angle CAO\\&=180^\circ-\angle ACO\end{aligned}$$

$$\angle CBQ=\angle CBA+\angle ABQ=\frac{1}{2}\angle AOC+\angle ACO=90^\circ$$

设$\odot O$半径为R，$\angle AOC=\alpha$. 则

$$\frac{AM}{BM}=\frac{S_{\triangle AQC}}{S_{\triangle BQC}}=\frac{AC\cdot AQ\cdot \sin\angle CAQ}{BC\cdot BQ\cdot \sin\angle CBQ}$$
$$=\frac{AC\cdot \sin\angle CAQ}{BC}$$
$$=\frac{AC\cdot \sin\angle ACO}{BC}$$

又在$\odot O$中有

$$AC=2r\cdot \sin\frac{\alpha}{2}, BC=2r\cdot \sin\angle BOC$$
$$=2r\cdot \sin\alpha, \angle ACO=90^\circ-\frac{1}{2}\alpha$$

故

$$\frac{AM}{BM}=\frac{AC\cdot \sin\angle ACO}{BC}=\frac{2r\cdot \sin\frac{\alpha}{2}\cdot \cos\frac{\alpha}{2}}{2r\cdot \sin\alpha}=\frac{1}{2}$$

故点$M=C'$，对称地有$N=D'$. 又CC'与DD'交点唯一.

因此$Q=CM\cap DN=CC'\cap DD'=P$. 所以$\angle APB=\angle AQB=\frac{1}{3}\angle AOB$.

命题证毕.

4.6 AB，CD都是$\odot O$的直径，$\angle AOC=60^\circ$，在劣弧$\overset{\frown}{CB}$上任取一点P，PA，PD分别交CD，AB于点M，N，求证：$PA\cdot PD=PA\cdot PM+PD\cdot PN$.

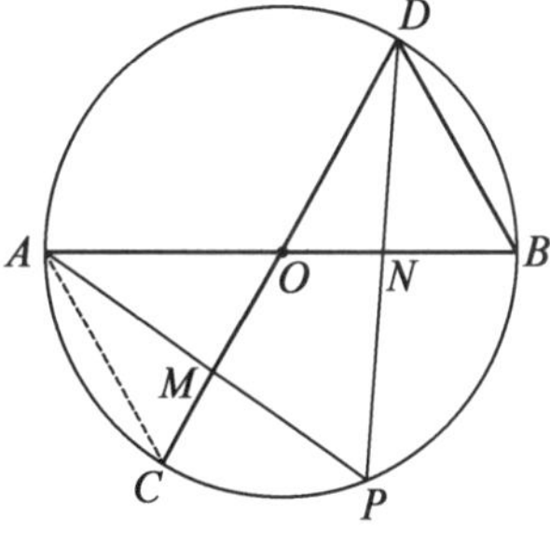

4.6 题图

证 如4.6题图，由$\angle CAM=\angle ODN$，$\angle ACM=60^\circ=\angle DON$及$AC=DO$（易知$\triangle ACO$，$\triangle BDO$都是正三角形）. 可知

$$\triangle ACM\cong\triangle DON, CM=ON$$

又$\angle AOC=60^\circ=\angle APD$，故$O$，$N$，$P$，$M$四点共圆.

设$\odot O$半径为1. 则有

$$AO\cdot AN=AM\cdot AP=AP^2-PA\cdot PM \qquad ①$$
$$DO\cdot DM=DN\cdot DP=DP^2-PD\cdot PN \qquad ②$$
$$AO\cdot AN+DO\cdot DM=AN+DM=2+ON+OM$$
$$=2+CM+OM=3=AD^2=AP^2+PD^2-AP\cdot PD \qquad ③$$

式①+②-③即得

$$AP\cdot PD=PA\cdot PM+PD\cdot PN$$

证毕.

4.7 $\triangle ABC$中，$\angle A=60^\circ$，则$\angle A$的平分线与$\triangle ABC$的欧拉线垂直.

证 如4.7题图,由$\angle A=60^\circ$,设$\triangle ABC$外心,垂心分别为点O,H.则

$$\angle BOC=2\angle BAC=120^\circ$$
$$\angle BHC=180^\circ-\angle BAC=120^\circ$$

所以$\angle BOC=\angle BHC$,B,O,H,C四点共圆.设直线OH(即$\triangle ABC$的欧拉线)交AB于点E,$\angle A$的平分线交BC于点D,则有

$$\begin{aligned}\angle AEH+\angle BAD&=\angle ABO+\angle EOB+\angle BAD\\&=\angle ABO+\angle HCB+\angle BAD\\&=90^\circ-\angle C+90^\circ-\angle B+\frac{\angle A}{2}\\&=180^\circ-120^\circ+30^\circ=90^\circ\end{aligned}$$

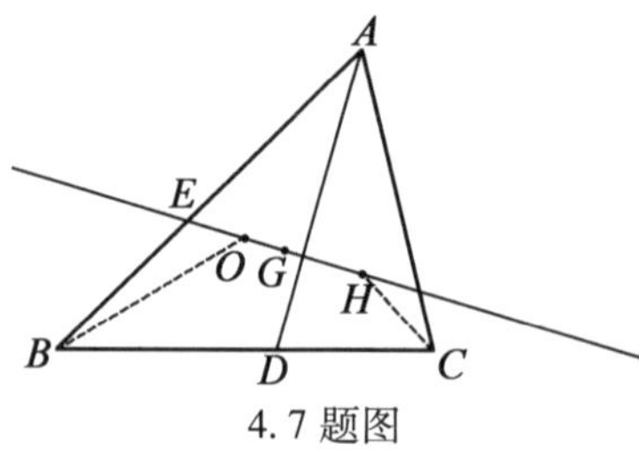

4.7题图

所以$\angle A$的平分线与$\triangle ABC$的欧拉线垂直.证毕.

注:$\angle A=60^\circ$时还有很多好的性质,读者可试从$AO=AH$及AD平分$\angle OAH$来证明本结论.此外,四边形$BOHC$所在的圆上还包含$\triangle ABC$的内心点I.

4.8 证明:AB,CD分别是一圆之两弦,AC,BD交于点P,则$\triangle PAB,\triangle PCD$的外心及垂心共圆.

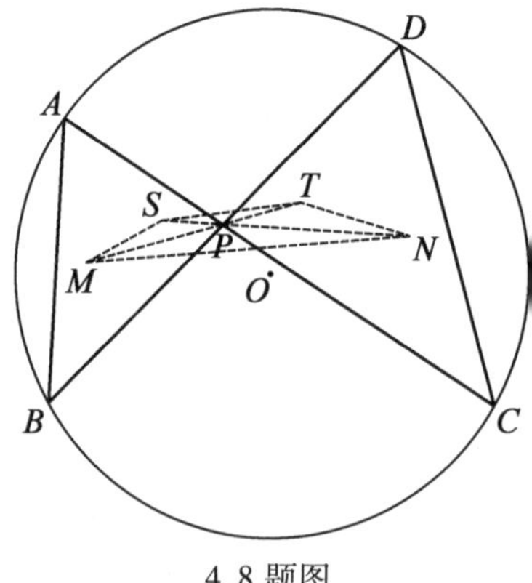

4.8题图

证 如4.8题图,由于AB,CD是一圆之两弦,故$\angle PAB=\angle PDC$

$$\angle PBA=\angle PCD\Rightarrow\triangle PAB\backsim\triangle PDC$$

设点M,点N分别为$\triangle PAB$和$\triangle PDC$的外心.点S,点T分别为$\triangle PAB$和$\triangle PCD$的垂心.

联结PM,PN,PS,PT,则

$$\begin{aligned}\angle DPT&=90^\circ-\angle PDC\\&=90^\circ-\angle PAB\\&=\angle MPB\end{aligned}$$

故M,P,T三点共线.类似可得N,P,S三点共线.

又由$\triangle PAB\backsim\triangle PDC$且点$M$和$N$,点$S$和$T$是两组相似的对应点.

故有$\frac{PS}{PT}=\frac{PM}{PN}$.又$\angle MPN=\angle SPT$,故$\triangle MPN\backsim\triangle SPT$.进而有

$$\angle TSN=\angle TSP=\angle NMP=\angle NMT$$

因此S,M,N,T四点共圆.

综上所述,命题证毕.

4.9 给定$\odot O$及圆内非圆心一点A,在圆周上找三点B,C,D,使得四边形$ABCD$的面积最大.

证　如4.9题图,对四边形 $ABCD$,联结对角线 AC 与 BD 交于点 O. 则有

$$S_{\text{四边形}ABCD}=\frac{1}{2}AC\cdot BD\cdot\sin\angle APB\leqslant\frac{1}{2}AC\cdot BD$$

而对于圆周上的点 B,C,D,设 $\odot O$ 半径为 R. 则 $BD\leqslant 2R$, $AC\leqslant OA+R$,故

$$S_{\text{四边形}ABCD}\leqslant\frac{1}{2}\cdot(OA+R)\cdot 2R=R(OA+R)$$

当且仅当

$$AC\perp BD, BD=2R, AC=OA+R.$$

上述不等式的取到等号.

故我们延长 AO 交圆周于点 C,过点 O 作 AC 垂线交圆周于点 B,D.

此时即为所求面积最大的四边形 $ABCD$.

注:图中的一些点 B,C,D 的选取有助于帮助读者直观地考察一些四边形 $ABCD$ 的面积较小的情形.

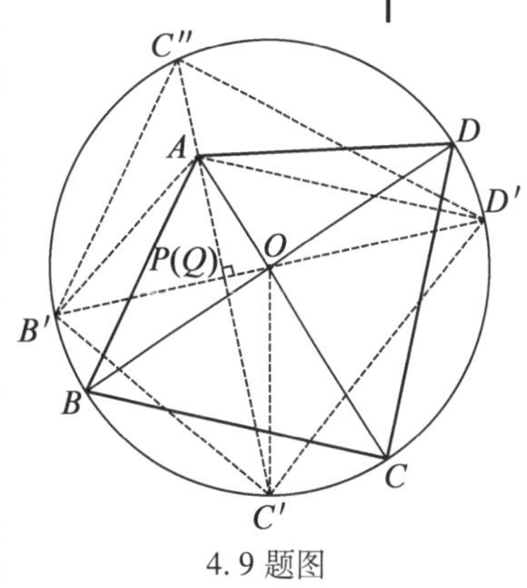

4.9 题图

4.10　已知 $\odot O$ 半径为 r,点 A 为圆外一点,过点 A 作直线 l(与 AO 不同),交 $\odot O$ 点于 B,C,且点 B 在 A,C 之间,作直线 l 关于 AO 的对称直线交 $\odot O$ 于点 D,E,且点 E 在点 A,D 之间,证明:四边形 $BCDE$ 的两条对角线交点是定点,即不依赖于直线 l 的位置.

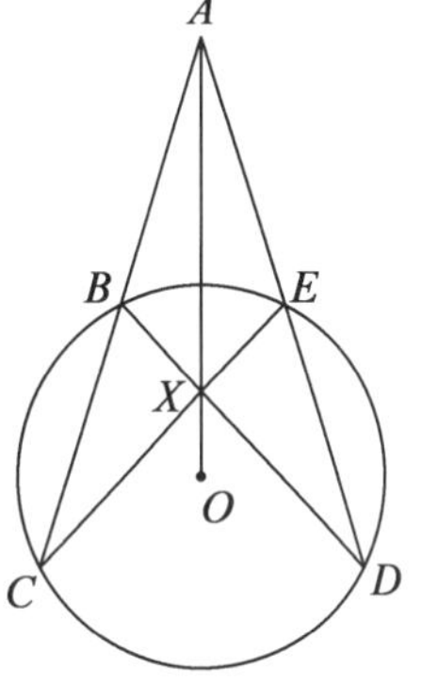

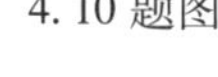
4.10 题图

证　如4.10题图,由对称性可知,BD 与 CE 的交点应在 AO 上. 设该点为点 X. 注意到

$$\begin{aligned}\angle ABX&=180^\circ-\angle CBD\\&=180^\circ-\frac{1}{2}\angle COD\\&=\frac{1}{2}(360^\circ-\angle COD)\\&=\frac{1}{2}(\angle AOC+\angle AOD)=\angle AOC\end{aligned}$$

所以 B,X,O,C 四点共圆,从而考虑点 A 对 $\odot O$ 的幂,有

$$AO^2-r^2=AB\cdot AC=AX\cdot AO$$

于是 $AX=\dfrac{AO^2-r^2}{AO}$ 为定值. 因此点 X 是 AO 上的定点.

证毕.

4.11　已知圆内接六边形 $ABCDEF$, $AB=BC=a$, $CD=DE=b$, $EF=FA=c$,证明:六边形 $ABCDEF$ 有3对互相垂直的对角线.

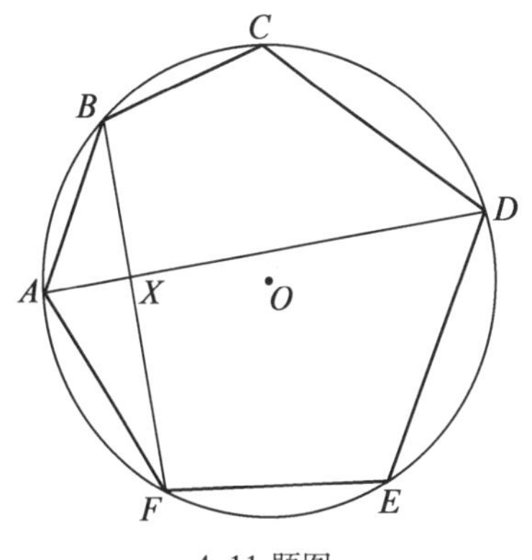

4.11 题图

证 如4.11题图,我们来证明 $AD \perp BF, BE \perp FD, CF \perp BD$. 以 $AD \perp BF$ 为例,直接计算圆周角对应弧可知

$$\begin{aligned}&\angle ABF + \angle BAD \\ =&\frac{1}{2}(\overset{\frown}{AF} + \overset{\frown}{BC} + \overset{\frown}{CD}) \\ =&\frac{1}{4}[(\overset{\frown}{AF} + \overset{\frown}{FE}) + (\overset{\frown}{BC} + \overset{\frown}{AB}) + (\overset{\frown}{CD} + \overset{\frown}{DE})] \\ =&\frac{1}{4} \cdot 2\pi = \frac{\pi}{2}\end{aligned}$$

所以 $AD \perp BF$. 另两个垂直关系类似可证.

4.12 点 C 是半圆 O 的直径 AB 上一内点,过点 C 作两条直线与 AB 成相等夹角,它们与半圆分别交于点 D,E(异于点 A,B);过点 D 作直线 CD 的垂线交半圆于点 K,点 K 异于点 E,证明:$KE /\!/ AB$.

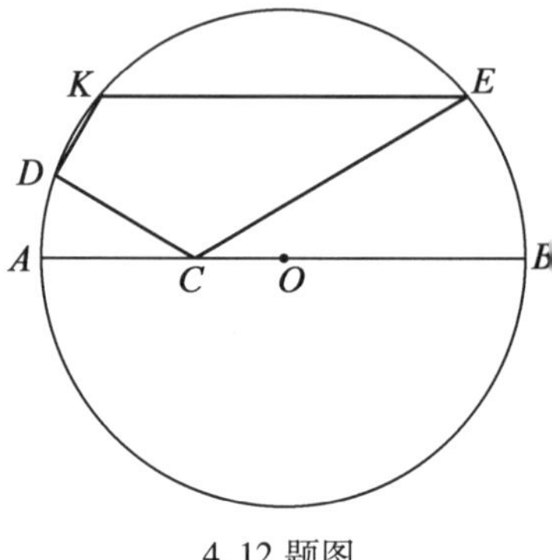

4.12 题图

证 如4.12题图,设点 F 是点 E 关于 AB 的对称点,由于 AB 是直径,故点 F 亦在 $\odot O$ 上(这里将半圆扩为整圆).

由题设,$\angle DCA = \angle ECB$. 又 $\angle ECB = \angle FCB$, 故 $\angle DCA = \angle FCB$,导出 D,C,F 共线.

因 $DF \perp DK$,故 KF 为直径,从而 $KE \perp EF$. 又由对称可知 $EF \perp AB$,所以 $KE /\!/ AB$.

结论证毕.

4.13 点 A 是 $\odot O$ 外一点,点 M 为 $\odot O$ 上动点,MN 是直径,求 $\triangle AMN$ 外心的轨迹.

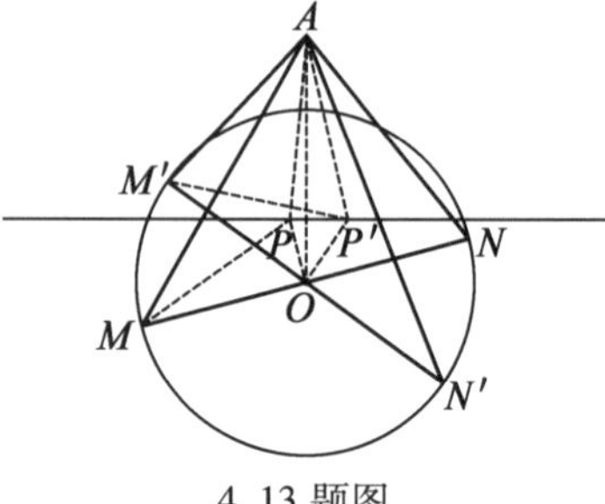

4.13 题图

证 如4.13题图,设 MN 和 $M'N'$ 是 $\odot O$ 的两条直径.

点 P 和点 P' 分别是 $\triangle AMN$ 和 $\triangle AM'N'$ 的外心. 我们证明 $PP' \perp AO$.

联结 $AO, AP, AP', OP, OP', MP, M'P'$. 则有 $AP = MP, AP' = M'P'$.

又由于点 O 是 MN 和 $M'N'$ 的中点,故 $OP \perp MN, OP' \perp M'N'$. 故有

$$\begin{aligned}&AP^2 - OP^2 = MP^2 - OP^2 = MO^2 \\ =& M'O^2 = M'P'^2 - OP'^2 = AP'^2 - OP'^2\end{aligned}$$

于是可知 $PP' \perp AO$.

由 MN 和 $M'N'$ 的任意性知点 P 的轨迹应为一条垂直于 AO 的直线(取直线 MN 趋向于直线 AO 时点 P 向直线两端无限延伸).

综上所述，所求外心的轨迹即为与 AO 垂直的直线 PP'.

4.14　锐角△ABC 中，AD，BE 是高，以 BC 为直径作圆与直线 AD 交于点 P，以 AC 为直径作圆与直线 BE 交于点 Q，证明：$CP = CQ$.

证　如4.14题图，由条件知点 P 在以 BC 为直径的圆上，故 $BP \perp PC$.

又 $PD \perp BC$

$$CP^2 = CD \cdot CB \quad ①$$

同理

$$CQ^2 = CE \cdot CA \quad ②$$

又易知 A，E，D，B 四点共圆，故

$$CD \cdot CB = CE \cdot CA \quad ③$$

由①②③式立得 $CP = CQ$. 证毕.

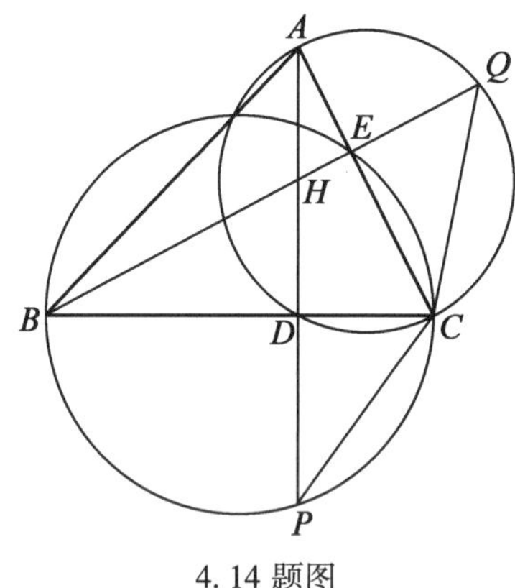

4.14 题图

4.15　给定圆 Γ 和它的弦 AB（非直径），记点 C 是 Γ 的优弧 $\overset{\frown}{AB}$ 上任一点，记点 K，L 分别为 A，B 以 BC，AC 为轴的对称点，证明：线段 KL，AB 的中点之距离与 C 的位置无关.

证　如4.15题图，记 AB 中点为点 M，KL 中点为点 N.

设 AK 与 BC 交于点 X. 因点 A，K 关于 BC 对称，故 $AK \perp BC$ 且 X 为 AK 中点. 从而 $MX \underset{=}{\parallel} \frac{1}{2}BK$，$XN \underset{=}{\parallel} \frac{1}{2}AL$. 于是 $MX = XN = \frac{1}{2}AB$.

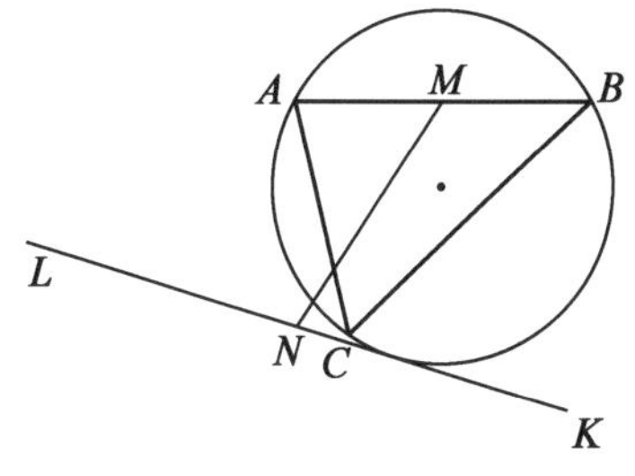

4.15 题图

由余弦定理

$$\begin{aligned} MN^2 &= MX^2 + XN^2 - 2MX \cdot XN\cos\angle MXN \\ &= \frac{1}{2}AB^2(1 - \cos\angle MXN) \end{aligned} \quad (*)$$

注意$\angle ALK+\angle BKL=\angle ABC+\angle BAC<180^\circ$,故可延长$LA$,$KB$交于点$Y$. 由$MX /\!/ KY$,$XN /\!/ LY$可知

$\angle MXN=180^\circ-\angle LYK=\angle ALK+\angle BKL=180^\circ-\angle ACB$为定角.

从而由(*)式知MN为定长,与点C的位置无关.

命题证毕.

4.16 如4.16题图,点O是锐角$\triangle ABC$外心,过点A,O的圆分别与边AB,AC交于不同于点A的点P,Q,若$PQ=BC$,求直线PQ与BC所夹不超过直角的角度大小.

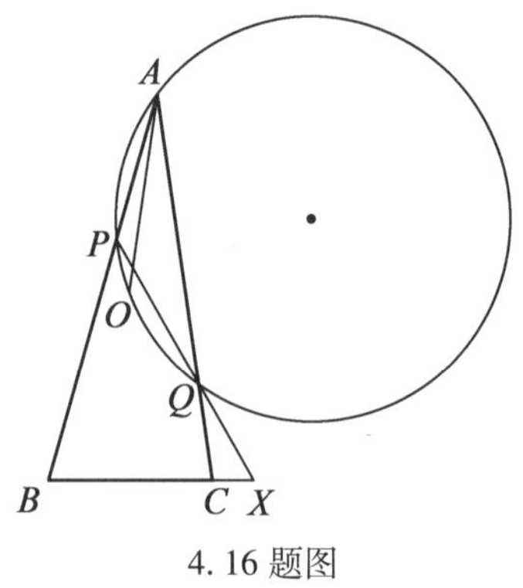

4.16题图

解 设$\angle APO=\theta$,则由正弦定理

$$\frac{AO}{\sin\theta}=\frac{PQ}{\sin\angle BAC}=\frac{BC}{\sin\angle BAC}=2AO$$

所以$\sin\theta=\frac{1}{2}$,$\theta=30^\circ$或150°.

不妨设$\angle APO=150^\circ$,$\angle AQO=30^\circ$,则有

$$\begin{aligned}\angle APQ-\angle ABC&=\angle APO-\angle OPQ-\angle ABC\\&=150^\circ-\angle OAC-\angle ABC\\&=150^\circ-90^\circ=60^\circ\end{aligned}$$

这是一个锐角,所以它就是直线PQ与BC所夹不超过直角的角度. 故答案为60°.

4.17 在凸四边形$ABCD$中,$BC=CD$,$AB\neq AD$,$\angle BAC=\angle DAC$,过点A,C的圆与AB,AD分别交于点N,M,若$BN=a$,求DM.

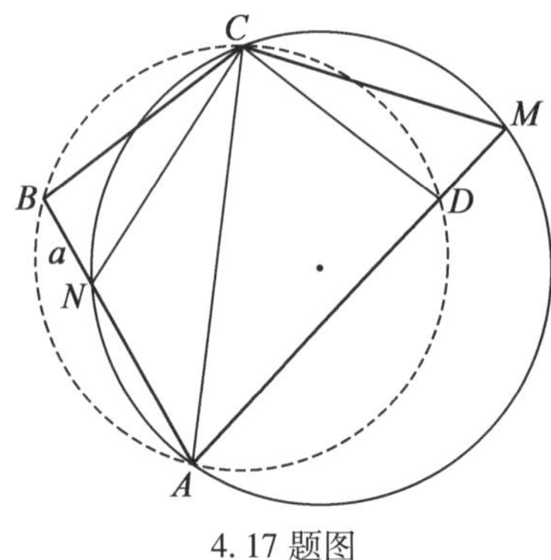

4.17题图

证 如4.17题图,在$\triangle ABC$与$\triangle ADC$中,由正弦定理,有

$$\begin{aligned}\frac{\sin\angle ADC}{AC}&=\frac{\sin\angle DAC}{CD}\\&=\frac{\sin\angle BAC}{BC}\\&=\frac{\sin\angle ABC}{AC}\end{aligned}$$

故$\sin\angle ABC=\sin\angle ADC$.

因此$\angle ABC=\angle ADC$或$\angle ABC+\angle ADC=180^\circ$.

若$\angle ABC=\angle ADC$,则$\triangle ABC\cong\triangle ADC$(AAS)进而$AB=AD$,矛盾.

故只可能$\angle ABC+\angle ADC=180^\circ$. 进而$\angle CBN=180^\circ-\angle CDA=\angle CDM$,又由$A$,$M$,$C$,$N$四点共圆,故$\angle CNB=\angle CMD$.

注意到 $CB=CD$,则有 $\triangle CBN\cong\triangle CDM$(AAS).

因此 $DM=BN=a$ 即为所求.

注:题中的条件"$BC=CD,AB\neq AD,\angle BAC=\angle DAC$"是常用的判定 A,B,C,D 四点共圆的一组条件. 利用正弦定理是一种不用添加辅助线的证明方法. 另外利用旋转和全等也可证明,在此略去.

4.18　已知锐角 $\triangle ABC$ 的垂心是点 H,点 X 为三角形内任一点,以 HX 为直径的圆与直线 AH,AX 分别还交于点 A_1,A_2,类似地定义点 B_1,B_2,C_1,C_2,证明:A_1A_2,B_1B_2,C_1C_2 三线共点.

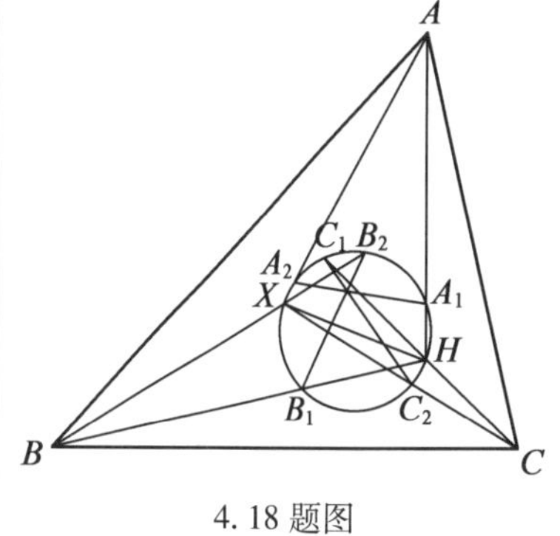

4.18 题图

证　不妨设 X 落在 $\triangle ABH$ 内(如4.18 题图),我们有

$$\angle B_1C_1A_1=180^\circ-\angle B_1HA_1=180^\circ-\angle BHA=\angle BCA$$

$$\angle C_1B_1A_1=\angle C_1HA_1=180^\circ-\angle CHA=\angle CBA$$

故 $\triangle A_1B_1C_1\backsim\triangle ABC$.

注意到

$$\begin{aligned}\angle A_2A_1B_1&=\angle A_2HB_1\\&=\angle A_2HX+\angle XHB\\&=90^\circ-\angle AXH+\angle XHB\\&=90^\circ-(\angle AXH-\angle XHB)\\&=90^\circ-\angle ABH-\angle XAB\\&=\angle BAC-\angle XAB=\angle XAC\end{aligned}$$

做出 $\triangle ABC$ 中点 X 的等角共轭点 Y,则 $\angle A_2A_1B_1=\angle YAB$,即 A_1A_2 与 AY 是相似三角形 $\triangle A_1B_1C_1$ 与 $\triangle ABC$ 的对应线.

同理 B_1B_2 与 BY,C_1C_2 与 CY 亦是对应线. 由于 AY,BY,CY 共点,故 A_1A_2,B_1B_2,C_1C_2 亦共点.

结论证毕.

4.19　凸六边形 $ABCDEF$ 满足 $\angle A=\angle C=\angle E,AB=BC$,$CD=DE,EF=FA$,求证:$AD,BE,CF$ 共点.

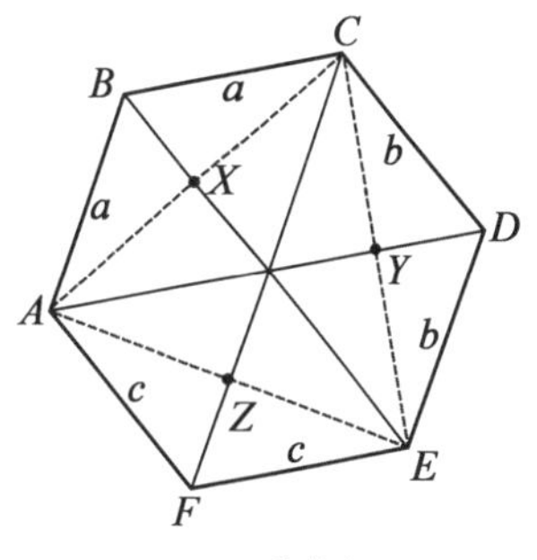

4.19 题图

证　如4.19 题图,考虑运用 Ceva 定理的逆定理.

设 $\angle A=\angle C=\angle E=\theta$, $\angle BAC=\angle BCA=\alpha$, $\angle DCE=\angle DEC=\beta$, $\angle FEA=\angle FAE=\gamma$, AC 与 BE 交于点 X, CE 与 AD 交于点 Y, EA 与 CF 交于点 Z.

则

$$\frac{AX}{XC}=\frac{S_{\triangle BAE}}{S_{\triangle BCE}}=\frac{\frac{1}{2}BA\cdot AE\sin\angle BAE}{\frac{1}{2}BC\cdot CE\sin\angle BCE}=\frac{AE}{CE}\cdot\frac{\sin(\theta-\gamma)}{\sin(\theta-\beta)}$$

同理

$$\frac{CY}{YE}=\frac{CA}{EA}\cdot\frac{\sin(\theta-\alpha)}{\sin(\theta-\gamma)},\frac{EZ}{ZA}=\frac{EC}{AC}\cdot\frac{\sin(\theta-\beta)}{\sin(\theta-\alpha)}$$

上面三式相乘,得$\frac{AX}{XC}\cdot\frac{CY}{YE}\cdot\frac{EZ}{ZA}=1$,所以由 Ceva 定理的逆定理,知 AD,BE,CF 三线共点.

证毕.

4.20 在 Rt$\triangle ABC$ 中,$\angle B=90°$,$AB>BC$,以 AB 为直径的半圆 Γ 与点 C 在 AB 的同侧,点 P 为半圆 Γ 上一点且满足 $BP=BC$,点 Q 为 AB 上一点且满足 $AP=AQ$,证明:CQ 的中点在半圆 Γ 上.

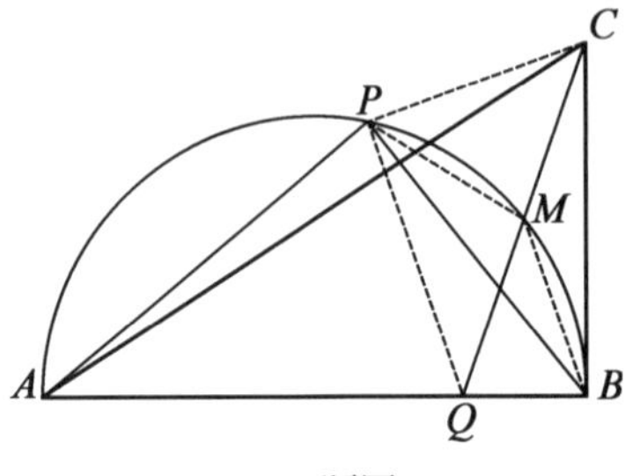

4.20 题图

证 如4.20 题图,设 CQ 的中点为 M,联结 PC,PQ,PM,BM.

由于 AB 为半圆 Γ 的直径,且点 P 在半圆 Γ 上,故 $\angle APB=90°$.

因此

$$\angle PAQ=90°-\angle PBA=\angle PBC$$

又 $AP=AQ,BP=BC$,故$\triangle PAQ\backsim\triangle PBC$.

进而$\angle APQ=\angle BPC$,得到$\angle CPQ=\angle BPA=90°$.

在直角三角形$\triangle CPQ$ 和$\triangle CBQ$ 中,注意到点 M 是 CQ 中点,因此有

$$MP=MQ=MB\Rightarrow \text{点 } M \text{ 是} \triangle BQP \text{ 外心}$$

故

$$\angle PMB=2(180°-\angle PQB)=2\angle PQA=180°-\angle PAQ$$

因此 A,B,M,P 四点共圆,即 CQ 的中点在半圆 Γ 上,命题证毕.

4.21 已知$\odot O$ 过$\triangle ABC$ 的两个顶点 A,B,且与边 AC,BC 分别交于点 L,N,设点 M 是在$\triangle ABC$ 内部的弧 $\overset{\frown}{LN}$ 的中点,AM 与 BL,AM 与 BN,BM 与 AL,BM 与 AN 分别交于点 D,F,G,E,证明:(1)$DE/\!/FG$;(2)若四边形 $DEFG$ 是平行四边形,则四边形 $DEFG$ 是菱形.

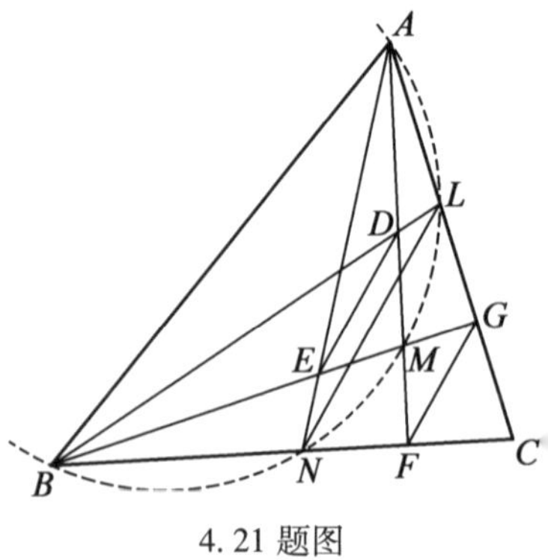

4.21 题图

证 (1)如4.21 题图,由 A,L,N,B 四点共圆知,$\angle CAN=\angle CBL$,$\triangle CAN\backsim\triangle CBL$

$$\frac{CA}{AN}=\frac{CB}{BL} \quad ①$$

因点 M 是 $\overset{\frown}{LN}$ 中点，故 MA、MB 分别平分 $\angle NAC$ 和 $\angle LBC$. 从而

$$\frac{CA}{AN}=\frac{CF}{FN},\frac{CB}{BL}=\frac{CG}{GL}$$

结合①式知 $\frac{CF}{FN}=\frac{CG}{GL}$. 从而 $FG/\!/NL$.

又因为 $\angle EAD=\frac{1}{2}\angle NAL=\frac{1}{2}\angle NBL=\angle EBD$，所以 A,B,E,D 四点共圆，于是

$$\angle BDE=\angle BAN=\angle BLN,DE/\!/NL$$

综上知，$DE/\!/NL/\!/FG$.

(2)若四边形 $DEFG$ 是平行四边形，则 $EM=MG$. 在 $\triangle AEG$ 中，角平分线 AM 同时亦为中线，故 $AE=AG$，$AM\perp EG$. 这说明四边形 $DEFG$ 是对角线垂直的平行四边形，故其为菱形. 结论得证.

4.22　求所有边长为 $2a$ 的菱形，使得存在一个圆与菱形的每条边相交，且圆内的弦长都等于 a.

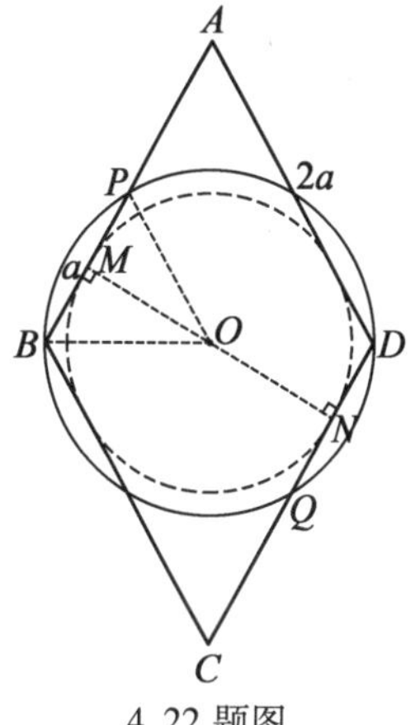

4.22 题图

证　如 4.22 题图，设四边形 $ABCD$ 为菱形，不妨设 $\angle A=\angle C\leqslant 90°$.

若存在满足条件的圆 O，作 OM 垂直于 AB 交于点 M，ON 垂直于 CD 交于点 N.

由于 $\odot O$ 在 AB 与 CD 边上所截弦长均为 a，故有 $OM=ON$.

由四边形 $ABCD$ 是菱形知点 O 在 BC 与 AD 中点连线上，同理可知点 O 也在 AB 与 CD 中点连线上.

于是可知，若存在满足条件的圆，则其圆心点 O 一定是菱形 $ABCD$ 的中心(即对角线交点).

反之，我们从菱形 $ABCD$ 的中心 O 点为圆心，以 OM 为半径作圆，则其与菱形四边均相切.

保持圆心为点 O，逐渐使半径增大直到半径为 OB.

由于 $OB\leqslant OA$，我们设 $\odot O$ 在 AB 与 CD 上的另一个交点分别为点 P,Q(除点 B,D 外). 则 $\odot O$ 在菱形四边上所截弦长随着半径 $OM\to OB$，连续地从 $0\to BP$.

故要使满足题意的圆存在，只要 $BP\geqslant a$ 即可.

则

$$OB^2=BM\cdot BA\geqslant\frac{1}{2}BP\cdot BA=a^2$$

$$\Rightarrow OB\geqslant a\Rightarrow\angle ABO\leqslant 60°\Rightarrow\angle ABC\leqslant 120°$$

同理若 $\angle B=\angle D\leqslant 90°$，则 $\angle A\leqslant 120°$.

综上所述，所有满足条件的菱形即为邻角之差的绝对值不大

于60°的菱形.

4.23 在锐角$\triangle ABC$中,点D为点A在BC上的投影,点E,F分别是点D关于AB,AC的对称点,R_1,R_2分别是$\triangle BDE$,$\triangle CDF$的外接圆半径,r_1,r_2分别是$\triangle BDE$,$\triangle CDF$的内切圆半径,证明:$|S_{\triangle ABD}-S_{\triangle ACD}|\geqslant|R_1r_1-R_2r_2|$.

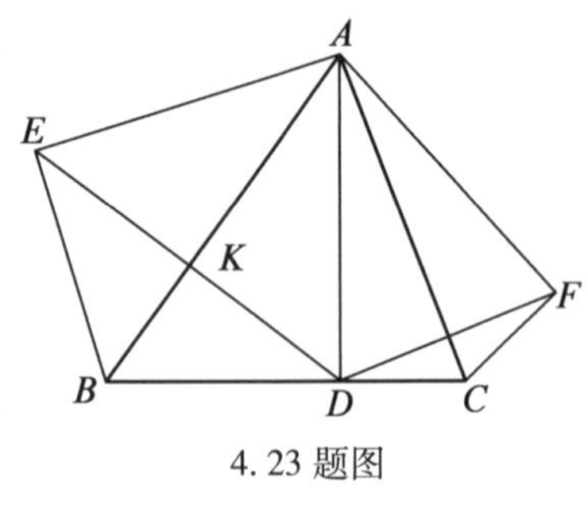

4.23 题图

证 如4.23题图,由$\angle AEB=\angle ADB=90°$知$A$,$E$,$B$,$D$四点共圆且$AB$为直径,从而$R_1=\frac{1}{2}AB$.

设AB与DE交于点K则$DK=KE$,$r_1=DK\tan\frac{\angle KDB}{2}$.

所以

$$R_1r_1=\frac{1}{2}AB\cdot DK\tan\frac{\angle KDB}{2}=S_{\triangle ABD}\tan\left(\frac{\pi}{4}-\frac{B}{2}\right)$$

同理$R_2r_2=S_{\triangle ACD}\tan\left(\frac{\pi}{4}-\frac{C}{2}\right)$.

又$\frac{S_{\triangle ABD}}{S_{\triangle ACD}}=\frac{BD}{CD}=\frac{\cot B}{\cot C}$,故只需证对锐角$\angle B$,$\angle C$有

$$|\cot B-\cot C|\geqslant\left|\cot B\tan\left(\frac{\pi}{4}-\frac{B}{2}\right)-\cot C\tan\left(\frac{\pi}{4}-\frac{C}{2}\right)\right|$$

记$y=\tan\frac{B}{2}$,$z=\tan\frac{C}{2}$,则上式等价于

$$\left|\frac{1-y^2}{2y}-\frac{1-z^2}{2z}\right|\geqslant\left|\frac{1-y^2}{2y}\cdot\frac{1-y}{1+y}-\frac{1-z^2}{2z}\cdot\frac{1-z}{1+z}\right|$$

$$\Leftrightarrow|z-y|\cdot\frac{1+yz}{2yz}\geqslant|z-y|\cdot\frac{|1-yz|}{2yz}$$

最后一式显然成立,故原命题得证.

4.24 已知点A,B分别为圆上两点,点P为不同于点A,B的Γ上的一动点,若点M为$\angle APB$的平分线的反向延长线上一点,且满足$MP=AP+PB$,求点M的运动轨迹.

证 如4.24题图,设圆上两点K_1,K_2,满足$\overset{\frown}{AK_1}=\overset{\frown}{K_1B}$,$\overset{\frown}{AK_2}=\overset{\frown}{K_2B}$.

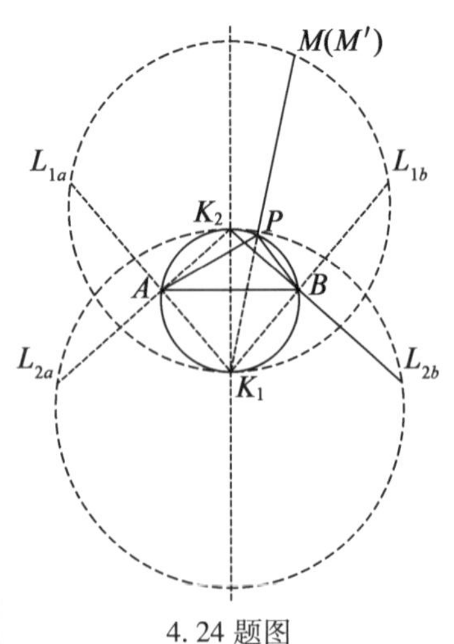

4.24 题图

若点P在$\overset{\frown}{AK_2B}$上,则$\angle APK_1=\angle BPK_1$,$PK_1$即为$\angle APB$的平分线,故点$M$在$K_1P$延长线上.

延长K_1A至点L_{1a},延长K_1B至点L_{1b},满足$L_{1a}A=L_{1b}B=AB$,作一圆过K_1,L_{1a},L_{1b}三点.

以$\overset{\frown}{L_{1a}L_{1b}}$表示该圆上的$L_{1a}$与$L_{1b}$之间且不过点$K_1$的弧.

我们下面证明：点 P 在$\overset{\frown}{AK_2B}$上时，点 M 的轨迹为$\overset{\frown}{L_{1a}L_{1b}}$.

延长 K_1P 交圆于点 M'.

由对称性，圆 $K_1L_{1a}L_{1b}$与圆 Γ 关于 K_1K_2 对称，若两圆交于除点 K_1 外的另一点，则该点也在点 K_1K_2 上.

只能为点 K_2，进而两圆重合，矛盾.

故知圆 $K_1L_{1a}L_{1b}$与圆 Γ 切于点 K_1，进而点 K_1 是两圆的位似中心.

因此，有$\dfrac{PM'}{AL_{1a}}=\dfrac{PK_1}{AK_1}$. 即

$$PM'=\frac{PK_1}{AK_1}\cdot AL_{1a}=AB\cdot\frac{PK_1}{AK_1}$$

而 $BK_1=AK_1$，故有$\dfrac{PK_1}{AK_1}=\dfrac{PA+PB}{AB}$.

故 $PM'=\dfrac{PA+PB}{AB}\cdot AB=PA+PB=PM\Rightarrow M=M'$.

于是点 M 在$\overset{\frown}{L_{1a}L_{1b}}$上，又点 P 在$\overset{\frown}{AK_2B}$上从点 A 连续变化到 B 时，由于 $P\to A$ 时 $M\to L_{1a}$，$P\to B$ 时 $M\to L_{1b}$，故点 M 从 L_{1a}连续变化到 L_{1b}.

进而点 M 的轨迹即为$\overset{\frown}{L_{1a}L_{1b}}$. 类似定义 L_{2a}，L_{2b}. 同理可知点 P 在$\overset{\frown}{AK_1B}$上时，点 M 的轨迹为$\overset{\frown}{L_{2a}L_{2b}}$.

综上所述，所求点 M 的轨迹为$\overset{\frown}{L_{1a}L_{1b}}\cup\overset{\frown}{L_{2a}L_{2b}}$（不包括点 L_{1a}，L_{1b}，L_{2a}，L_{2b}）.

4.25　已知$\triangle ABC$ 的 3 条高分别是 AD，BE，CF，点 P 是$\triangle ABC$ 外心，点 Q，R，S 满足：(1) PQ，QR，RS 等于$\triangle ABC$ 的外接圆半径；(2) 有向线段$\overrightarrow{PQ}$与$\overrightarrow{AD}$，$\overrightarrow{QR}$与$\overrightarrow{BE}$，$\overrightarrow{RS}$与$\overrightarrow{CF}$方向分别相同，证明：点 S 是$\triangle ABC$ 内心.

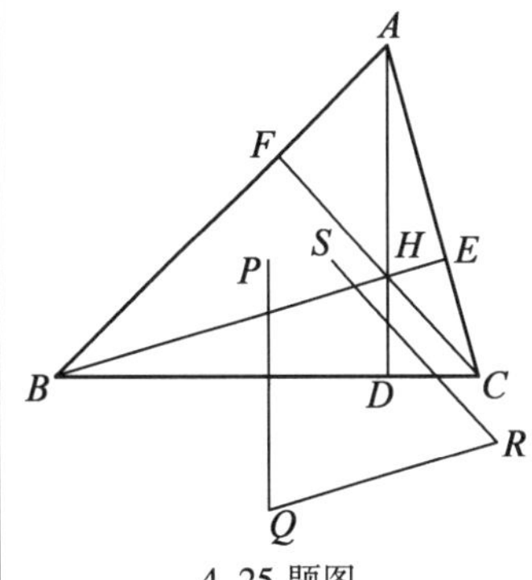

4.25 题图

证　如 4.25 题图，首先，易知点 Q 为$\triangle ABC$ 外接圆的$\overset{\frown}{BC}$（不含点 A）之中点.

设$\triangle ABC$ 垂心为点 H.

由$\overrightarrow{RS}$与$\overrightarrow{CF}$，$\overrightarrow{RQ}$与$\overrightarrow{EB}$方向分别相同和

$$\angle SRQ=\angle FHB=\angle BAC=\angle QPC$$

又 $QR=RS=PQ=PC$，故$\triangle QRS\backsim\triangle QPC$

$$\begin{aligned}\angle SQR&=\angle CQP=90^\circ-\frac{\angle BAC}{2}\\&=\angle ABE+\angle BAQ=\angle AQR\quad（这里用到 BE/\!/QR）\end{aligned}$$

于是点 S 在 AQ 上,又 $QS=QC$,故由鸡爪定理逆定理知,点 S 为 $\triangle ABC$ 内心.

命题得证.

4.26 如4.26题图,已知半径为 r 的圆上依次有5个点 A, B,C,D,E,且 $AC=BD=CE=r$,则以 $\triangle ACD$,$\triangle BCD$,$\triangle BCE$ 的垂心为顶点的三角形是直角三角形.

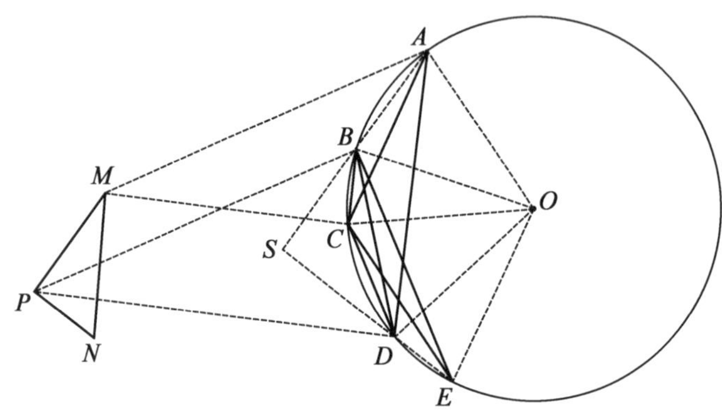

4.26 题图

证 在圆内接四边形 $ABCD$ 中,$AC=BD$,故知四边形 $ABCD$ 为等腰梯形(或正方形),故有 $BC/\!/AD$. 同理有 $CD/\!/BE$.

回到原题,设 $\triangle ACD$,$\triangle BCD$,$\triangle BCE$ 的垂心分别为点 M,P, N,我们证明 $MP\perp NP$.

联结 $MA,MC,PB,PD,OA,OB,OC,OD,OE$. 延长 AB 与 ED 交于点 S. 则知 $MA\perp CD$,$PB\perp CD$,故 $MA/\!/PB$.

又 $MC\perp AD$,$PD\perp BC$,且 $AD/\!/BC$,故 $MC/\!/PD$.

因此 $\angle AMC=\angle BPD$.

又

$$\begin{aligned}\angle ACM&=\angle ACB+90^\circ=\angle ADB+90^\circ\\&=180^\circ-(90^\circ-\angle ADB)=180^\circ-\angle BDP\end{aligned}$$

在 $\triangle ACM$ 及 $\triangle BDP$ 中,由正弦定理,有

$$\frac{AM}{AC}=\frac{\sin\angle ACM}{\sin\angle AMC}=\frac{\sin\angle BDP}{\sin\angle BPD}=\frac{BP}{BD}$$

又 $AC=BD$,故 $AM=BP$. 故知 $MA \perp\!\!\!\!= PB$,四边形 $AMPB$ 是平行四边形.

于是有 $MP \perp\!\!\!\!= AB$,同理可得 $NP \perp\!\!\!\!= ED$.

故要证 $MP\perp NP$,只需证明 $AS\perp DS$.

注意到 $\angle ABD+\angle BDE=\angle ACD+\angle BCE=\angle BCD+\angle ACE$.

利用 $AC=BD=CE=r$ 知

$$\angle BOD=60^\circ, \angle ACO=\angle OCE=60^\circ$$

故$\angle BCD=150°$，$\angle ACE=120°$，进而$\angle ABD+\angle BDE=270°$. 于是

$$\angle SBD+\angle SDB=360°-(\angle ABD+\angle BDE)=90°$$

得到$\angle BSD=90°$，进而$AS\perp DS$，$MP\perp NP$成立.

4.27 在锐角$\triangle ABC$中，高CE与高BD交于点H，以DE为直径的圆分别交AB，AC于点F，G，FG与AH交于点K，已知$BC=25$，$BD=20$，$BE=7$，求AK.

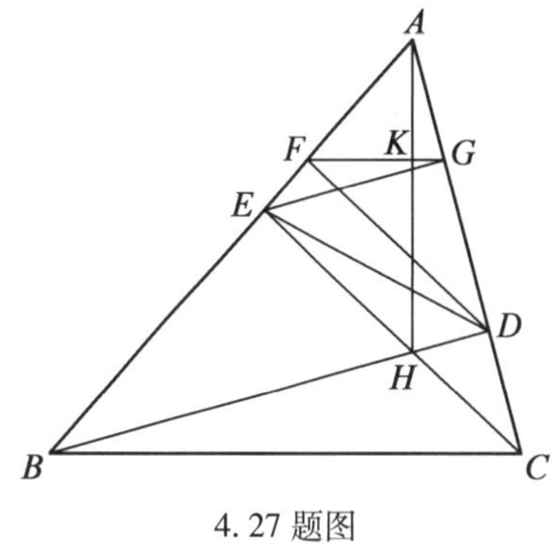

4.27 题图

解 如4.27题图，记角A，B，C为$\triangle ABC$三内角，我们有

$$\cos B=\frac{7}{25},\sin B=\frac{24}{25},\sin C=\frac{4}{5},\cos C=\frac{3}{5}$$

所以$\sin A=\sin(B+C)=\frac{24}{25}\cdot\frac{3}{5}+\frac{7}{25}\cdot\frac{4}{5}=\frac{4}{5}$，$\cos A=\frac{3}{5}$.

由于D，E，F，G四点共圆，B，C，D，E四点共圆，所以$\angle AFG=\angle ADE=\angle ABC$，$FG/\!/BC$，$AK\perp FG$. 从而

$$\begin{aligned}AK&=AG\sin C=AE\cos A\sin C=EC\cot A\cos A\sin C\\&=24\cdot\frac{3}{4}\cdot\frac{3}{5}\cdot\frac{4}{5}=\frac{216}{25}\end{aligned}$$

4.28 一圆与$\triangle ABC$三边BC，CA，AB的交点依次为点D_1，D_2；E_1，E_2；F_1，F_2. 线段D_1E_1与D_2F_2交于点L，线段E_1F_1与E_2D_2交于点M，线段F_1D_1与F_2E_2交于点N，求证：AL，BM，CN共点.

证 如4.28题图，联结E_2F_1，F_2D_1，D_2E_1.

在$\triangle ALE_1$与$\triangle ALF_2$中，由正弦定理

$$\sin\angle E_1AL=\frac{E_1L}{AL}\cdot\sin\angle AE_1L$$

$$\sin\angle F_2AL=\frac{F_2L}{AL}\cdot\sin\angle AF_2L$$

故

$$\begin{aligned}\frac{\sin\angle CAL}{\sin\angle BAL}&=\frac{\sin\angle E_1AL}{\sin\angle F_2AL}\\&=\frac{E_1L\cdot\sin\angle AE_1L}{F_2L\cdot\sin\angle AF_2L}\\&=\frac{D_2E_1}{F_2D_1}\cdot\frac{\sin\angle E_2E_1D_1}{\sin\angle F_1F_2D_2}\end{aligned}$$

类似还有

$$\frac{\sin\angle ABM}{\sin\angle CBM}=\frac{E_2F_1}{D_2E_1}\cdot\frac{\sin\angle F_2F_1E_1}{\sin\angle D_1D_2E_2}$$

$$\frac{\sin\angle BCN}{\sin\angle ACN}=\frac{F_2D_1}{E_2F_1}\cdot\frac{\sin\angle D_2D_1F_1}{\sin\angle E_1E_2F_2}$$

故由

$$\sin\angle E_2E_1D_1=\sin\angle D_1D_2E_2,$$
$$\sin\angle F_2F_1E_1=\sin\angle E_1E_2F_2$$
$$\sin\angle D_2D_1F_1=\sin\angle F_1F_2D_2$$

知$\frac{\sin\angle CAL}{\sin\angle BAL}\cdot\frac{\sin\angle ABM}{\sin\angle CBM}\cdot\frac{\sin\angle BCN}{\sin\angle ACN}=1$.

由角元塞瓦逆定理得,AL,BM,CN 三线共点.

综上所述,命题证毕.

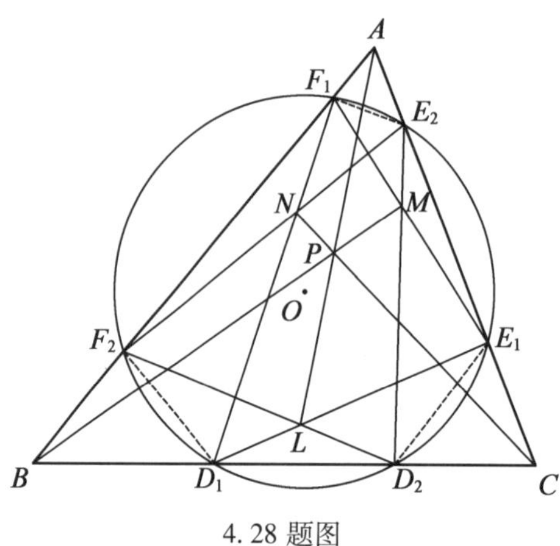

4.28 题图

4.29 AB 为等腰$\triangle ABC$ 的底边,CD 是$\triangle ABC$ 的一条高,点 P 为 CD 上一点,点 E 为 AP 与 BC 的交点,点 F 是 BP 与 AC 的交点,若$\triangle ABP$ 与四边形 $PECF$ 的内切圆半径相等,求证:$\triangle ADP$ 与$\triangle BCP$ 的内切圆半径相等.

证 如4.29题图,记$\triangle ABP$,四边形 $PECF$ 的内切圆分别为 Γ_1,Γ_2.

作出 Γ_1,Γ_2 外公切线中离点 F 较近的一条,设该线 l 交 BF 于点 X,交直线 AB 于点 Y,交直线 BC 于点 Z. 由 Γ_1,Γ_2 的半径相等以及 Γ_1,Γ_2 均关于 CD 对称知,$l/\!/CD$.

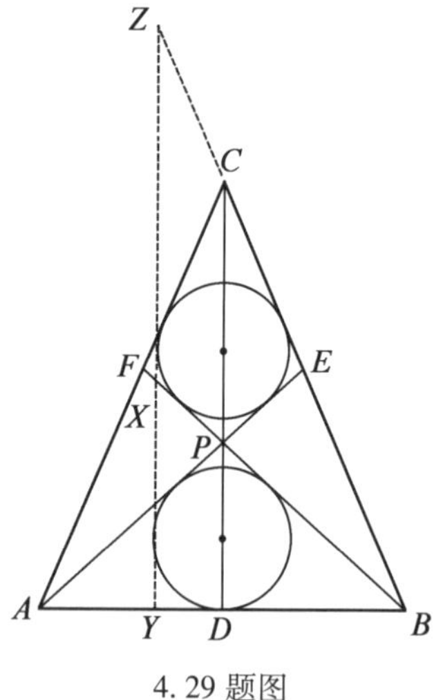

4.29 题图

注意到圆 Γ_1 同时是$\triangle BXY$ 的内切圆,圆 Γ_2 同时是$\triangle BXZ$ 的内切圆,而$\triangle BPD\backsim\triangle BXY$,$\triangle BPC\backsim\triangle BXZ$.

记$\triangle BPD$,$\triangle BPC$ 内切圆半径分别为 r_1,r_2,Γ_1,Γ_2 的半径同为 r,则有

$$\frac{r_1}{r}=\frac{BP}{BX}=\frac{r_2}{r}$$

故 $r_1=r_2$. 又$\triangle ADP\cong\triangle BDP$. 故$\triangle ADP$ 与$\triangle BCP$ 内切圆半径

相等.

证毕.

4.30 在 Rt$\triangle ABC$ 中,$AC>CB$,CD 是斜边 AB 之高,点 I_1,I_2 分别是$\triangle ACD$,$\triangle BCD$ 的内心,直线 I_1I_2 分别交 AC 于点 E,CD 于点 K,BC 于点 F,交直线 AB 于点 G,过点 C 作$\triangle ABC$ 外接圆切线交直线 AB 于点 T,$\angle CTB$ 的平分线交 AC 于点 R,交 BC 于点 S,求证:(1)$\frac{1}{BC}+\frac{1}{AC}=\frac{1}{KC}$;(2)$\frac{BG}{AG}=\frac{FB}{EA}$;(3)$RS/\!/I_1I_2$.

证　(1)如 4.30 题图,首先,由 $\angle I_1CD=\frac{1}{2}\angle ACD=\frac{1}{2}\angle CBD=\angle I_2BD$,$\angle I_1DC=45°=\angle I_2DB$.

知$\triangle I_1CD\backsim\triangle I_2BD$,从而$\triangle DI_1I_2\backsim\triangle DCB$,$\angle I_1I_2D=\angle CBD$,这导出 I_2,F,B,D 四点共圆,$\angle CFI_2=\angle I_2DB=45°$.

由$\angle CDI_2=\angle CFI_2$,$\angle I_2CD=\angle I_2CF$ 知$\triangle CI_2D\cong\triangle CI_2F$.

于是 $CD=CF$. 同理 $CD=CE$.

在$\triangle CEF$ 中,有$\frac{\sin\angle ECF}{CK}=\frac{\sin\angle ECK}{CF}+\frac{\sin\angle FCK}{CE}$,即

$$\frac{1}{CK}=\frac{\sin\angle ACD}{CD}+\frac{\sin\angle BCD}{CD}=\frac{1}{CB}+\frac{1}{CA}$$

(2)对$\triangle ABC$ 及截线 EFG 使用 Menelaus 定理知

$$\frac{CE}{EA}\cdot\frac{AG}{GB}\cdot\frac{BF}{FC}=1$$

由 $CE=CF$ 立得$\frac{BG}{AG}=\frac{FB}{EA}$.

(3)由于

$$\begin{aligned}\angle ATR&=\frac{1}{2}\angle ATC=\frac{1}{2}(\angle ABC-\angle BCT)\\&=\frac{1}{2}(\angle ABC-\angle BAC)\end{aligned}$$

$$\angle AGE=\angle I_2BD-\angle BI_2G,\ \angle I_2BD=\frac{1}{2}\angle ABC$$

$$\begin{aligned}\angle BI_2G&=180°-\angle I_1I_2D-\angle DI_2B\\&=180°-\angle ABC-\left(90°+\frac{1}{2}\angle DCB\right)\\&=\frac{1}{2}\angle DCB=\frac{1}{2}\angle BAC\end{aligned}$$

(这里可知 A,B,I_2,I_1 四点共圆)

所以$\angle ATR=\angle AGE$,故 $RS/\!/I_1I_2$.

命题证毕.

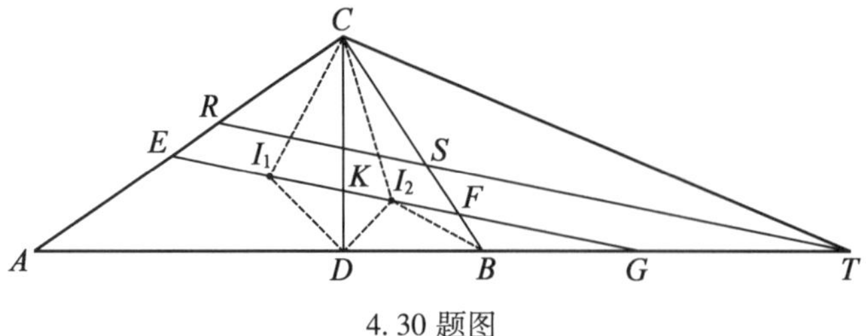

4.30 题图

4.31 在半径为 1 的圆中,AE,FB 是两条互相垂直的直径,在弧 $\overset{\frown}{EF}$ 上取点 C,弦 AC 交 OF 于 P,弦 CB 交 OE 于点 Q,求四边形 $APQB$ 的面积.

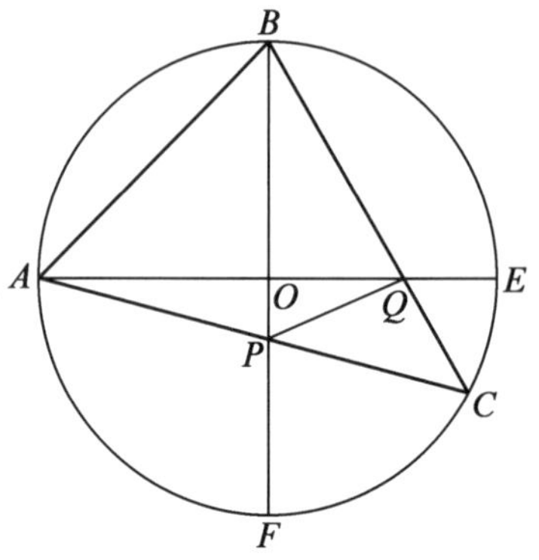

4.31 题图

证 如4.31题图,由 $S_{四边形APQB}=\dfrac{1}{2}AQ\cdot BP$,我们设 $OP=x$,$OQ=y$.

因 $\angle OAP+\angle OBQ=\angle AOB-\angle ACB=45°$,所以

$$1=\tan(\angle OAP+\angle OBQ)=\frac{\tan\angle OAP+\tan\angle OBQ}{1-\tan\angle OAP\cdot\tan\angle OBQ}=\frac{x+y}{1-xy}$$

变形得 $(1+x)(1+y)=2$,故 $S_{四边形APQB}=1$.

4.32 自圆的弦 AB 两端点作此弦的垂线与弧 $\overset{\frown}{AB}$ 上任一点 C 的切线交于点 E,F,若 OC 与 AB 交于点 D,求证:(1) $CE\cdot CF=AD\cdot BD$;(2) $CD^2=AE\cdot BF$.

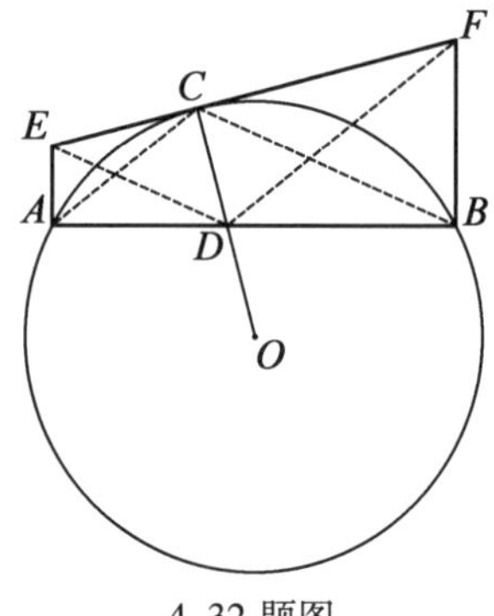

4.32 题图

证 如4.32题图,联结 AC,BC,DE,DF. 由 EC 与⊙O 切于点 C 知 $OC\perp EF$. 又 $AE\perp AB$,$BF\perp AB$.

故 $\angle EAD=\angle ECD=90°$,$\angle FBD=\angle FCD=90°$.

因此 A,D,C,E 四点共圆. B,D,C,F 四点共圆.

故

$$\begin{aligned}\angle EDA&=\angle ECA=\angle CBA\\&=\angle DBC=\angle DFC\end{aligned}$$

又 $\angle EAD=\angle DCF=90°$. 因此 $\triangle EAD\backsim\triangle DCF$.

同理,有 $\triangle FBD\backsim\triangle DCE$,故有 $\dfrac{CE}{BD}=\dfrac{DE}{FD}=\dfrac{AD}{CF}$.

即 $CE\cdot CF=AD\cdot BD$,问题(1)证毕.

同时

$$\frac{CD}{BF}=\frac{DE}{FD}=\frac{AE}{CD}$$

即 $CD^2=AE\cdot BF$. 问题(2)证毕.

综上所述,命题证毕.

4.33 给定凸四边形 $ABCD$，$BC=AD$，且 BC 不平行于 AD，设点 E,F 分别在 BC,AD 内部，满足 $BE=DF$，AC,BD 交于点 P，直线 BD,EF 交于点 Q，直线 EF,AC 交于点 R，证明：当点 E,F 变动时，$\triangle PQR$ 的外接圆经过除点 P 外的另一个定点.

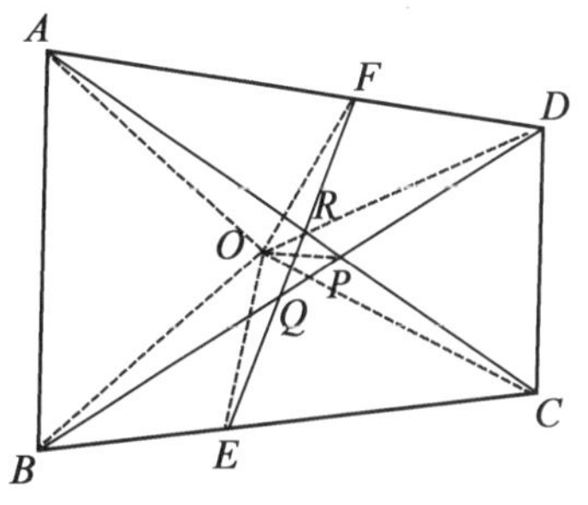

4.33 题图

证 如4.33题图，首先证明：$\triangle APD$ 的外接圆与 $\triangle BPC$ 的外接圆不相切.

事实上，若两外接圆相切，作出公切线并利用弦切角知

$$\angle APB=\angle ADP+\angle BCP$$

又 $\angle APB=\angle ADP+\angle DAP$，所以 $\angle BCP=\angle DAP$，$AD\parallel BC$ 与题设矛盾.

所以我们可以取出 $\triangle APD$ 外接圆与 $\triangle BPC$ 外接圆除点 P 外另一交点，记为点 O. 我们证明：$\triangle PQR$ 外接圆总过点 O.

由

$$\angle ODA=\angle OPA=\angle OBC,\angle OAD=\angle OPB=\angle OCB$$

知 $\triangle OAD\backsim\triangle OCB$，而点 E,F 为 AD,CB 上的对应点，故 $\triangle OAF\backsim\triangle OCE$ 且顺相似，这导致 $\triangle OAC\backsim\triangle OFE$，$\angle OFE=\angle OAC$，故 O,A,F,R 四点共圆. 于是

$$\angle ORQ=\angle OAF=\angle OAD=\angle OCB=\angle OPQ$$

所以 O,Q,P,R 四点共圆，即 $\triangle PQR$ 外接圆过点 O.

命题证毕.

4.34 定圆内有一定直径 AB，AB 上有一定点 P，过点 P 任作一弦 CD，联结 BC,BD 交过点 A 的切线于点 E,F，证明：$AE\cdot AF$ 是常数.

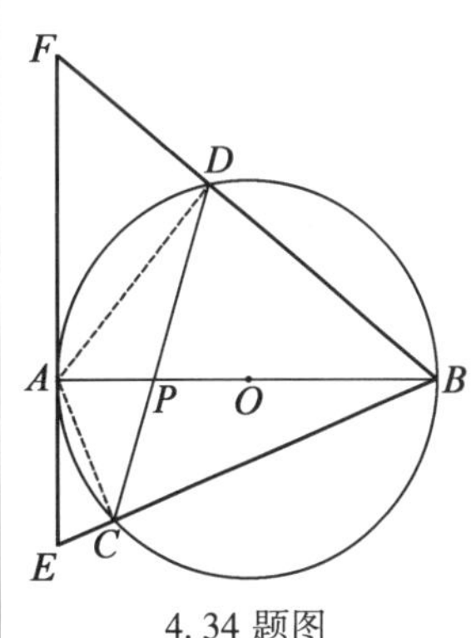

4.34 题图

证 如4.34题图，由 $AB\perp AE$，$AC\perp BE$ 知 $\triangle BAC\backsim\triangle BEA$，从而

$$\frac{AE}{AB}=\frac{CA}{CB}$$

同理
$$\frac{AF}{AB}=\frac{DA}{DB}$$

所以

$$\frac{AE\cdot AF}{AB^2}=\frac{CA\cdot DA}{CB\cdot DB}=\frac{\frac{1}{2}\cdot CA\cdot DA\sin\angle CAD}{\frac{1}{2}\cdot CB\cdot DB\sin\angle CBD}$$

$$=\frac{S_{\triangle CAD}}{S_{\triangle CBD}}=\frac{AP}{BP}$$

于是 $AE\cdot AF=AB^2\cdot\frac{AP}{BP}$为常数. 证毕.

刘培杰数学工作室
已出版(即将出版)图书目录——初等数学

书　名	出版时间	定　价	编号
新编中学数学解题方法全书(高中版)上卷(第2版)	2018－08	58.00	951
新编中学数学解题方法全书(高中版)中卷(第2版)	2018－08	68.00	952
新编中学数学解题方法全书(高中版)下卷(一)(第2版)	2018－08	58.00	953
新编中学数学解题方法全书(高中版)下卷(二)(第2版)	2018－08	58.00	954
新编中学数学解题方法全书(高中版)下卷(三)(第2版)	2018－08	68.00	955
新编中学数学解题方法全书(初中版)上卷	2008－01	28.00	29
新编中学数学解题方法全书(初中版)中卷	2010－07	38.00	75
新编中学数学解题方法全书(高考复习卷)	2010－01	48.00	67
新编中学数学解题方法全书(高考真题卷)	2010－01	38.00	62
新编中学数学解题方法全书(高考精华卷)	2011－03	68.00	118
新编平面解析几何解题方法全书(专题讲座卷)	2010－01	18.00	61
新编中学数学解题方法全书(自主招生卷)	2013－08	88.00	261
数学奥林匹克与数学文化(第一辑)	2006－05	48.00	4
数学奥林匹克与数学文化(第二辑)(竞赛卷)	2008－01	48.00	19
数学奥林匹克与数学文化(第二辑)(文化卷)	2008－07	58.00	36′
数学奥林匹克与数学文化(第三辑)(竞赛卷)	2010－01	48.00	59
数学奥林匹克与数学文化(第四辑)(竞赛卷)	2011－08	58.00	87
数学奥林匹克与数学文化(第五辑)	2015－06	98.00	370
世界著名平面几何经典著作钩沉——几何作图专题卷(共3卷)	2022－01	198.00	1460
世界著名平面几何经典著作钩沉(民国平面几何老课本)	2011－03	38.00	113
世界著名平面几何经典著作钩沉(建国初期平面三角老课本)	2015－08	38.00	507
世界著名解析几何经典著作钩沉——平面解析几何卷	2014－01	38.00	264
世界著名数论经典著作钩沉(算术卷)	2012－01	28.00	125
世界著名数学经典著作钩沉——立体几何卷	2011－02	28.00	88
世界著名三角学经典著作钩沉(平面三角卷Ⅰ)	2010－06	28.00	69
世界著名三角学经典著作钩沉(平面三角卷Ⅱ)	2011－01	38.00	78
世界著名初等数论经典著作钩沉(理论和实用算术卷)	2011－07	38.00	126
发展你的空间想象力(第3版)	2021－01	98.00	1464
空间想象力进阶	2019－05	68.00	1062
走向国际数学奥林匹克的平面几何试题诠释．第1卷	2019－07	88.00	1043
走向国际数学奥林匹克的平面几何试题诠释．第2卷	2019－09	78.00	1044
走向国际数学奥林匹克的平面几何试题诠释．第3卷	2019－03	78.00	1045
走向国际数学奥林匹克的平面几何试题诠释．第4卷	2019－09	98.00	1046
平面几何证明方法全书	2007－08	35.00	1
平面几何证明方法全书习题解答(第2版)	2006－12	18.00	10
平面几何天天练上卷·基础篇(直线型)	2013－01	58.00	208
平面几何天天练中卷·基础篇(涉及圆)	2013－01	28.00	234
平面几何天天练下卷·提高篇	2013－01	58.00	237
平面几何专题研究	2013－07	98.00	258
几何学习题集	2020－10	48.00	1217
通过解题学习代数几何	2021－04	88.00	1301

刘培杰数学工作室

已出版(即将出版)图书目录——初等数学

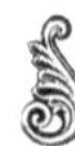

书　　名	出版时间	定　价	编号
最新世界各国数学奥林匹克中的平面几何试题	2007—09	38.00	14
数学竞赛平面几何典型题及新颖解	2010—07	48.00	74
初等数学复习及研究(平面几何)	2008—09	68.00	38
初等数学复习及研究(立体几何)	2010—06	38.00	71
初等数学复习及研究(平面几何)习题解答	2009—01	58.00	42
几何学教程(平面几何卷)	2011—03	68.00	90
几何学教程(立体几何卷)	2011—07	68.00	130
几何变换与几何证题	2010—06	88.00	70
计算方法与几何证题	2011—06	28.00	129
立体几何技巧与方法	2014—04	88.00	293
几何瑰宝——平面几何 500 名题暨 1500 条定理(上、下)	2021—07	168.00	1358
三角形的解法与应用	2012—07	18.00	183
近代的三角形几何学	2012—07	48.00	184
一般折线几何学	2015—08	48.00	503
三角形的五心	2009—06	28.00	51
三角形的六心及其应用	2015—10	68.00	542
三角形趣谈	2012—08	28.00	212
解三角形	2014—01	28.00	265
探秘三角形:一次数学旅行	2021—10	68.00	1387
三角学专门教程	2014—09	28.00	387
图天下几何新题试卷.初中(第 2 版)	2017—11	58.00	855
圆锥曲线习题集(上册)	2013—06	68.00	255
圆锥曲线习题集(中册)	2015—01	78.00	434
圆锥曲线习题集(下册・第 1 卷)	2016—10	78.00	683
圆锥曲线习题集(下册・第 2 卷)	2018—01	98.00	853
圆锥曲线习题集(下册・第 3 卷)	2019—10	128.00	1113
圆锥曲线的思想方法	2021—08	48.00	1379
圆锥曲线的八个主要问题	2021—10	48.00	1415
论九点圆	2015—05	88.00	645
近代欧氏几何学	2012—03	48.00	162
罗巴切夫斯基几何学及几何基础概要	2012—07	28.00	188
罗巴切夫斯基几何学初步	2015—06	28.00	474
用三角、解析几何、复数、向量计算解数学竞赛几何题	2015—03	48.00	455
美国中学几何教程	2015—04	88.00	458
三线坐标与三角形特征点	2015—04	98.00	460
坐标几何学基础.第 1 卷,笛卡儿坐标	2021—08	48.00	1398
坐标几何学基础.第 2 卷,三线坐标	2021—09	28.00	1399
平面解析几何方法与研究(第 1 卷)	2015—05	18.00	471
平面解析几何方法与研究(第 2 卷)	2015—06	18.00	472
平面解析几何方法与研究(第 3 卷)	2015—07	18.00	473
解析几何研究	2015—01	38.00	425
解析几何学教程.上	2016—01	38.00	574
解析几何学教程.下	2016—01	38.00	575
几何学基础	2016—01	58.00	581
初等几何研究	2015—02	58.00	444
十九和二十世纪欧氏几何学中的片段	2017—01	58.00	696
平面几何中考.高考.奥数一本通	2017—07	28.00	820
几何学简史	2017—08	28.00	833
四面体	2018—01	48.00	880
平面几何证明方法思路	2018—12	68.00	913

刘培杰数学工作室

已出版(即将出版)图书目录——初等数学

书　　名	出版时间	定　价	编号
平面几何图形特性新析.上篇	2019-01	68.00	911
平面几何图形特性新析.下篇	2018-06	88.00	912
平面几何范例多解探究.上篇	2018-04	48.00	910
平面几何范例多解探究.下篇	2018-12	68.00	914
从分析解题过程学解题:竞赛中的几何问题研究	2018-07	68.00	946
从分析解题过程学解题:竞赛中的向量几何与不等式研究(全2册)	2019-06	138.00	1090
从分析解题过程学解题:竞赛中的不等式问题	2021-01	48.00	1249
二维、三维欧氏几何的对偶原理	2018-12	38.00	990
星形大观及闭折线论	2019-03	68.00	1020
立体几何的问题和方法	2019-11	58.00	1127
三角代换论	2021-05	58.00	1313
俄罗斯平面几何问题集	2009-08	88.00	55
俄罗斯立体几何问题集	2014-03	58.00	283
俄罗斯几何大师——沙雷金论数学及其他	2014-01	48.00	271
来自俄罗斯的5000道几何习题及解答	2011-03	58.00	89
俄罗斯初等数学问题集	2012-05	38.00	177
俄罗斯函数问题集	2011-03	38.00	103
俄罗斯组合分析问题集	2011-01	48.00	79
俄罗斯初等数学万题选——三角卷	2012-11	38.00	222
俄罗斯初等数学万题选——代数卷	2013-08	68.00	225
俄罗斯初等数学万题选——几何卷	2014-01	68.00	226
俄罗斯《量子》杂志数学征解问题100题选	2018-08	48.00	969
俄罗斯《量子》杂志数学征解问题又100题选	2018-08	48.00	970
俄罗斯《量子》杂志数学征解问题	2020-05	48.00	1138
463个俄罗斯几何老问题	2012-01	28.00	152
《量子》数学短文精粹	2018-09	38.00	972
用三角、解析几何等计算解来自俄罗斯的几何题	2019-11	88.00	1119
基谢廖夫平面几何	2022-01	48.00	1461
数学:代数、数学分析和几何(10—11年级)	2021-01	48.00	1250
立体几何.10—11年级	2022-01	58.00	1472
谈谈素数	2011-03	18.00	91
平方和	2011-03	18.00	92
整数论	2011-05	38.00	120
从整数谈起	2015-10	28.00	538
数与多项式	2016-01	38.00	558
谈谈不定方程	2011-05	28.00	119
解析不等式新论	2009-06	68.00	48
建立不等式的方法	2011-03	98.00	104
数学奥林匹克不等式研究(第2版)	2020-07	68.00	1181
不等式研究(第二辑)	2012-02	68.00	153
不等式的秘密(第一卷)(第2版)	2014-02	38.00	286
不等式的秘密(第二卷)	2014-01	38.00	268
初等不等式的证明方法	2010-06	38.00	123
初等不等式的证明方法(第二版)	2014-11	38.00	407
不等式・理论・方法(基础卷)	2015-07	38.00	496
不等式・理论・方法(经典不等式卷)	2015-07	38.00	497
不等式・理论・方法(特殊类型不等式卷)	2015-07	48.00	498
不等式探究	2016-03	38.00	582
不等式探秘	2017-01	88.00	689
四面体不等式	2017-01	68.00	715
数学奥林匹克中常见重要不等式	2017-09	38.00	845

刘培杰数学工作室
已出版(即将出版)图书目录——初等数学

书　　名	出版时间	定　价	编号
三正弦不等式	2018－09	98.00	974
函数方程与不等式:解法与稳定性结果	2019－04	68.00	1058
数学不等式.第1卷,对称多项式不等式	2022－01	78.00	1455
数学不等式.第2卷,对称有理不等式与对称无理不等式	2022－01	88.00	1456
数学不等式.第3卷,循环不等式与非循环不等式	2022－01	88.00	1457
数学不等式.第4卷,Jensen不等式的扩展与加细	即将出版	88.00	1458
数学不等式.第5卷,创建不等式与解不等式的其他方法	即将出版	88.00	1459
同余理论	2012－05	38.00	163
[x]与{x}	2015－04	48.00	476
极值与最值.上卷	2015－06	28.00	486
极值与最值.中卷	2015－06	38.00	487
极值与最值.下卷	2015－06	28.00	488
整数的性质	2012－11	38.00	192
完全平方数及其应用	2015－08	78.00	506
多项式理论	2015－10	88.00	541
奇数、偶数、奇偶分析法	2018－01	98.00	876
不定方程及其应用.上	2018－12	58.00	992
不定方程及其应用.中	2019－01	78.00	993
不定方程及其应用.下	2019－02	98.00	994
历届美国中学生数学竞赛试题及解答(第一卷)1950－1954	2014－07	18.00	277
历届美国中学生数学竞赛试题及解答(第二卷)1955－1959	2014－04	18.00	278
历届美国中学生数学竞赛试题及解答(第三卷)1960－1964	2014－06	18.00	279
历届美国中学生数学竞赛试题及解答(第四卷)1965－1969	2014－04	28.00	280
历届美国中学生数学竞赛试题及解答(第五卷)1970－1972	2014－06	18.00	281
历届美国中学生数学竞赛试题及解答(第六卷)1973－1980	2017－07	18.00	768
历届美国中学生数学竞赛试题及解答(第七卷)1981－1986	2015－01	18.00	424
历届美国中学生数学竞赛试题及解答(第八卷)1987－1990	2017－05	18.00	769
历届中国数学奥林匹克试题集(第3版)	2021－10	58.00	1440
历届加拿大数学奥林匹克试题集	2012－08	38.00	215
历届美国数学奥林匹克试题集:1972～2019	2020－04	88.00	1135
历届波兰数学竞赛试题集.第1卷,1949～1963	2015－03	18.00	453
历届波兰数学竞赛试题集.第2卷,1964～1976	2015－03	18.00	454
历届巴尔干数学奥林匹克试题集	2015－05	38.00	466
保加利亚数学奥林匹克	2014－10	38.00	393
圣彼得堡数学奥林匹克试题集	2015－01	38.00	429
匈牙利奥林匹克数学竞赛题解.第1卷	2016－05	28.00	593
匈牙利奥林匹克数学竞赛题解.第2卷	2016－05	28.00	594
历届美国数学邀请赛试题集(第2版)	2017－10	78.00	851
普林斯顿大学数学竞赛	2016－06	38.00	669
亚太地区数学奥林匹克竞赛题	2015－07	18.00	492
日本历届(初级)广中杯数学竞赛试题及解答.第1卷(2000～2007)	2016－05	28.00	641
日本历届(初级)广中杯数学竞赛试题及解答.第2卷(2008～2015)	2016－05	38.00	642
越南数学奥林匹克题选:1962－2009	2021－07	48.00	1370
360个数学竞赛问题	2016－08	58.00	677
奥数最佳实战题.上卷	2017－06	38.00	760
奥数最佳实战题.下卷	2017－05	58.00	761
哈尔滨市早期中学数学竞赛试题汇编	2016－07	28.00	672
全国高中数学联赛试题及解答:1981—2019(第4版)	2020－07	138.00	1176
2021年全国高中数学联合竞赛模拟题集	2021－04	30.00	1302
20世纪50年代全国部分城市数学竞赛试题汇编	2017－07	28.00	797

刘培杰数学工作室
已出版(即将出版)图书目录——初等数学

书　　名	出版时间	定　价	编号
国内外数学竞赛题及精解:2018～2019	2020－08	45.00	1192
国内外数学竞赛题及精解:2019～2020	2021－11	58.00	1439
许康华竞赛优学精选集.第一辑	2018－08	68.00	949
天问叶班数学问题征解 100 题.Ⅰ,2016－2018	2019－05	88.00	1075
天问叶班数学问题征解 100 题.Ⅱ,2017－2019	2020－07	98.00	1177
美国初中数学竞赛:AMC8 准备(共 6 卷)	2019－07	138.00	1089
美国高中数学竞赛:AMC10 准备(共 6 卷)	2019－08	158.00	1105
王连笑教你怎样学数学:高考选择题解题策略与客观题实用训练	2014－01	48.00	262
王连笑教你怎样学数学:高考数学高层次讲座	2015－02	48.00	432
高考数学的理论与实践	2009－08	38.00	53
高考数学核心题型解题方法与技巧	2010－01	28.00	86
高考思维新平台	2014－03	38.00	259
高考数学压轴题解题诀窍(上)(第 2 版)	2018－01	58.00	874
高考数学压轴题解题诀窍(下)(第 2 版)	2018－01	48.00	875
北京市五区文科数学三年高考模拟题详解:2013～2015	2015－08	48.00	500
北京市五区理科数学三年高考模拟题详解:2013～2015	2015－09	68.00	505
向量法巧解数学高考题	2009－08	28.00	54
高中数学课堂教学的实践与反思	2021－11	48.00	791
数学高考参考	2016－01	78.00	589
新课程标准高考数学解答题各种题型解法指导	2020－08	78.00	1196
全国及各省市高考数学试题审题要津与解法研究	2015－02	48.00	450
高中数学章节起始课的教学研究与案例设计	2019－05	28.00	1064
新课标高考数学——五年试题分章详解(2007～2011)(上、下)	2011－10	78.00	140,141
全国中考数学压轴题审题要津与解法研究	2013－04	78.00	248
新编全国及各省市中考数学压轴题审题要津与解法研究	2014－05	58.00	342
全国及各省市 5 年中考数学压轴题审题要津与解法研究(2015 版)	2015－04	58.00	462
中考数学专题总复习	2007－04	28.00	6
中考数学较难题常考题型解题方法与技巧	2016－09	48.00	681
中考数学难题常考题型解题方法与技巧	2016－09	48.00	682
中考数学中档题常考题型解题方法与技巧	2017－08	68.00	835
中考数学选择填空压轴好题妙解 365	2017－05	38.00	759
中考数学:三类重点考题的解法例析与习题	2020－04	48.00	1140
中小学数学的历史文化	2019－11	48.00	1124
初中平面几何百题多思创新解	2020－01	58.00	1125
初中数学中考备考	2020－01	58.00	1126
高考数学之九章演义	2019－08	68.00	1044
化学可以这样学:高中化学知识方法智慧感悟疑难辨析	2019－07	58.00	1103
如何成为学习高手	2019－09	58.00	1107
高考数学:经典真题分类解析	2020－04	78.00	1134
高考数学解答题破解策略	2020－11	58.00	1221
从分析解题过程学解题:高考压轴题与竞赛题之关系探究	2020－08	88.00	1179
教学新思考:单元整体视角下的初中数学教学设计	2021－03	58.00	1278
思维再拓展:2020 年经典几何题的多解探究与思考	即将出版		1279
中考数学小压轴汇编初讲	2017－07	48.00	788
中考数学大压轴专题微言	2017－09	48.00	846
怎么解中考平面几何探索题	2019－06	48.00	1093
北京中考数学压轴题解题方法突破(第 7 版)	2021－11	68.00	1442
助你高考成功的数学解题智慧:知识是智慧的基础	2016－01	58.00	596
助你高考成功的数学解题智慧:错误是智慧的试金石	2016－04	58.00	643
助你高考成功的数学解题智慧:方法是智慧的推手	2016－04	68.00	657
高考数学奇思妙解	2016－04	38.00	610
高考数学解题策略	2016－05	48.00	670
数学解题泄天机(第 2 版)	2017－10	48.00	850

刘培杰数学工作室
已出版(即将出版)图书目录——初等数学

书　　名	出版时间	定　价	编号
高考物理压轴题全解	2017－04	58.00	746
高中物理经典问题 25 讲	2017－05	28.00	764
高中物理教学讲义	2018－01	48.00	871
高中物理答疑解惑 65 篇	2021－11	48.00	1462
中学物理基础问题解析	2020－08	48.00	1183
2016 年高考文科数学真题研究	2017－04	58.00	754
2016 年高考理科数学真题研究	2017－04	78.00	755
2017 年高考理科数学真题研究	2018－01	58.00	867
2017 年高考文科数学真题研究	2018－01	48.00	868
初中数学、高中数学脱节知识补缺教材	2017－06	48.00	766
高考数学小题抢分必练	2017－10	48.00	834
高考数学核心素养解读	2017－09	38.00	839
高考数学客观题解题方法和技巧	2017－10	38.00	847
十年高考数学精品试题审题要津与解法研究	2021－10	98.00	1427
中国历届高考数学试题及解答.1949－1979	2018－01	38.00	877
历届中国高考数学试题及解答.第二卷,1980—1989	2018－10	28.00	975
历届中国高考数学试题及解答.第三卷,1990—1999	2018－10	48.00	976
数学文化与高考研究	2018－03	48.00	882
跟我学解高中数学题	2018－07	58.00	926
中学数学研究的方法及案例	2018－05	58.00	869
高考数学抢分技能	2018－07	68.00	934
高一新生常用数学方法和重要数学思想提升教材	2018－06	38.00	921
2018 年高考数学真题研究	2019－01	68.00	1000
2019 年高考数学真题研究	2020－05	88.00	1137
高考数学全国卷六道解答题常考题型解题诀窍:理科(全 2 册)	2019－07	78.00	1101
高考数学全国卷 16 道选择、填空题常考题型解题诀窍.理科	2018－09	88.00	971
高考数学全国卷 16 道选择、填空题常考题型解题诀窍.文科	2020－01	88.00	1123
新课程标准高中数学各种题型解法大全.必修一分册	2021－06	58.00	1315
高中数学一题多解	2019－06	58.00	1087
历届中国高考数学试题及解答:1917－1999	2021－08	98.00	1371
突破高原:高中数学解题思维探究	2021－08	48.00	1375
高考数学中的"取值范围"	2021－10	48.00	1429
新课程标准高中数学各种题型解法大全.必修二分册	2022－01	68.00	1471
新编 640 个世界著名数学智力趣题	2014－01	88.00	242
500 个最新世界著名数学智力趣题	2008－06	48.00	3
400 个最新世界著名数学最值问题	2008－09	48.00	36
500 个世界著名数学征解问题	2009－06	48.00	52
400 个中国最佳初等数学征解老问题	2010－01	48.00	60
500 个俄罗斯数学经典老题	2011－01	28.00	81
1000 个国外中学物理好题	2012－04	48.00	174
300 个日本高考数学题	2012－05	38.00	142
700 个早期日本高考数学试题	2017－02	88.00	752
500 个前苏联早期高考数学试题及解答	2012－05	28.00	185
546 个早期俄罗斯大学生数学竞赛题	2014－03	38.00	285
548 个来自美苏的数学好问题	2014－11	28.00	396
20 所苏联著名大学早期入学试题	2015－02	18.00	452
161 道德国工科大学生必做的微分方程习题	2015－05	28.00	469
500 个德国工科大学生必做的高数习题	2015－06	28.00	478
360 个数学竞赛问题	2016－08	58.00	677
200 个趣味数学故事	2018－02	48.00	857
470 个数学奥林匹克中的最值问题	2018－10	88.00	985
德国讲义日本考题.微积分卷	2015－04	48.00	456
德国讲义日本考题.微分方程卷	2015－04	38.00	457
二十世纪中叶中、英、美、日、法、俄高考数学试题精选	2017－06	38.00	783

刘培杰数学工作室
已出版(即将出版)图书目录——初等数学 

书　名	出版时间	定　价	编号
中国初等数学研究　2009 卷(第 1 辑)	2009－05	20.00	45
中国初等数学研究　2010 卷(第 2 辑)	2010－05	30.00	68
中国初等数学研究　2011 卷(第 3 辑)	2011－07	60.00	127
中国初等数学研究　2012 卷(第 4 辑)	2012－07	48.00	190
中国初等数学研究　2014 卷(第 5 辑)	2014－02	48.00	288
中国初等数学研究　2015 卷(第 6 辑)	2015－06	68.00	493
中国初等数学研究　2016 卷(第 7 辑)	2016－04	68.00	609
中国初等数学研究　2017 卷(第 8 辑)	2017－01	98.00	712
初等数学研究在中国. 第 1 辑	2019－03	158.00	1024
初等数学研究在中国. 第 2 辑	2019－10	158.00	1116
初等数学研究在中国. 第 3 辑	2021－05	158.00	1306
几何变换(Ⅰ)	2014－07	28.00	353
几何变换(Ⅱ)	2015－06	28.00	354
几何变换(Ⅲ)	2015－01	38.00	355
几何变换(Ⅳ)	2015－12	38.00	356
初等数论难题集(第一卷)	2009－05	68.00	44
初等数论难题集(第二卷)(上、下)	2011－02	128.00	82,83
数论概貌	2011－03	18.00	93
代数数论(第二版)	2013－08	58.00	94
代数多项式	2014－06	38.00	289
初等数论的知识与问题	2011－02	28.00	95
超越数论基础	2011－03	28.00	96
数论初等教程	2011－03	28.00	97
数论基础	2011－03	18.00	98
数论基础与维诺格拉多夫	2014－03	18.00	292
解析数论基础	2012－08	28.00	216
解析数论基础(第二版)	2014－01	48.00	287
解析数论问题集(第二版)(原版引进)	2014－05	88.00	343
解析数论问题集(第二版)(中译本)	2016－04	88.00	607
解析数论基础(潘承洞,潘承彪著)	2016－07	98.00	673
解析数论导引	2016－07	58.00	674
数论入门	2011－03	38.00	99
代数数论入门	2015－03	38.00	448
数论开篇	2012－07	28.00	194
解析数论引论	2011－03	48.00	100
Barban Davenport Halberstam 均值和	2009－01	40.00	33
基础数论	2011－03	28.00	101
初等数论 100 例	2011－05	18.00	122
初等数论经典例题	2012－07	18.00	204
最新世界各国数学奥林匹克中的初等数论试题(上、下)	2012－01	138.00	144,145
初等数论(Ⅰ)	2012－01	18.00	156
初等数论(Ⅱ)	2012－01	18.00	157
初等数论(Ⅲ)	2012－01	28.00	158

刘培杰数学工作室

已出版(即将出版)图书目录——初等数学

书　名	出版时间	定　价	编号
平面几何与数论中未解决的新老问题	2013-01	68.00	229
代数数论简史	2014-11	28.00	408
代数数论	2015-09	88.00	532
代数、数论及分析习题集	2016-11	98.00	695
数论导引提要及习题解答	2016-01	48.00	559
素数定理的初等证明.第2版	2016-09	48.00	686
数论中的模函数与狄利克雷级数(第二版)	2017-11	78.00	837
数论:数学导引	2018-01	68.00	849
范氏大代数	2019-02	98.00	1016
解析数学讲义.第一卷,导来式及微分、积分、级数	2019-04	88.00	1021
解析数学讲义.第二卷,关于几何的应用	2019-04	68.00	1022
解析数学讲义.第三卷,解析函数论	2019-04	78.00	1023
分析·组合·数论纵横谈	2019-04	58.00	1039
Hall代数:民国时期的中学数学课本:英文	2019-08	88.00	1106
数学精神巡礼	2019-01	58.00	731
数学眼光透视(第2版)	2017-06	78.00	732
数学思想领悟(第2版)	2018-01	68.00	733
数学方法溯源(第2版)	2018-08	68.00	734
数学解题引论	2017-05	58.00	735
数学史话览胜(第2版)	2017-01	48.00	736
数学应用展观(第2版)	2017-08	68.00	737
数学建模尝试	2018-04	48.00	738
数学竞赛采风	2018-01	68.00	739
数学测评探营	2019-05	58.00	740
数学技能操握	2018-03	48.00	741
数学欣赏拾趣	2018-02	48.00	742
从毕达哥拉斯到怀尔斯	2007-10	48.00	9
从迪利克雷到维斯卡尔迪	2008-01	48.00	21
从哥德巴赫到陈景润	2008-05	98.00	35
从庞加莱到佩雷尔曼	2011-08	138.00	136
博弈论精粹	2008-03	58.00	30
博弈论精粹.第二版(精装)	2015-01	88.00	461
数学 我爱你	2008-01	28.00	20
精神的圣徒　别样的人生——60位中国数学家成长的历程	2008-09	48.00	39
数学史概论	2009-06	78.00	50
数学史概论(精装)	2013-03	158.00	272
数学史选讲	2016-01	48.00	544
斐波那契数列	2010-02	28.00	65
数学拼盘和斐波那契魔方	2010-07	38.00	72
斐波那契数列欣赏(第2版)	2018-08	58.00	948
Fibonacci数列中的明珠	2018-06	58.00	928
数学的创造	2011-02	48.00	85
数学美与创造力	2016-01	48.00	595
数海拾贝	2016-01	48.00	590
数学中的美(第2版)	2019-04	68.00	1057
数论中的美学	2014-12	38.00	351

刘培杰数学工作室
已出版(即将出版)图书目录——初等数学

书　　名	出版时间	定　价	编号
数学王者　科学巨人——高斯	2015－01	28.00	428
振兴祖国数学的圆梦之旅:中国初等数学研究史话	2015－06	98.00	490
二十世纪中国数学史料研究	2015－10	48.00	536
数字谜、数阵图与棋盘覆盖	2016－01	58.00	298
时间的形状	2016－01	38.00	556
数学发现的艺术:数学探索中的合情推理	2016－07	58.00	671
活跃在数学中的参数	2016－07	48.00	675
数海趣史	2021－05	98.00	1314
数学解题——靠数学思想给力(上)	2011－07	38.00	131
数学解题——靠数学思想给力(中)	2011－07	48.00	132
数学解题——靠数学思想给力(下)	2011－07	38.00	133
我怎样解题	2013－01	48.00	227
数学解题中的物理方法	2011－06	28.00	114
数学解题的特殊方法	2011－06	48.00	115
中学数学计算技巧(第2版)	2020－10	48.00	1220
中学数学证明方法	2012－01	58.00	117
数学趣题巧解	2012－03	28.00	128
高中数学教学通鉴	2015－05	58.00	479
和高中生漫谈:数学与哲学的故事	2014－08	28.00	369
算术问题集	2017－03	38.00	789
张教授讲数学	2018－07	38.00	933
陈永明实话实说数学教学	2020－04	68.00	1132
中学数学学科知识与教学能力	2020－06	58.00	1155
怎样把课讲好:大罕数学教学随笔	2022－03	58.00	1484
中国高考评价体系下高考数学探秘	2022－03	48.00	1487
自主招生考试中的参数方程问题	2015－01	28.00	435
自主招生考试中的极坐标问题	2015－04	28.00	463
近年全国重点大学自主招生数学试题全解及研究.华约卷	2015－02	38.00	441
近年全国重点大学自主招生数学试题全解及研究.北约卷	2016－05	38.00	619
自主招生数学解证宝典	2015－09	48.00	535
中国科学技术大学创新班数学真题解析	2022－03	48.00	1488
格点和面积	2012－07	18.00	191
射影几何趣谈	2012－04	28.00	175
斯潘纳尔引理——从一道加拿大数学奥林匹克试题谈起	2014－01	28.00	228
李普希兹条件——从几道近年高考数学试题谈起	2012－10	18.00	221
拉格朗日中值定理——从一道北京高考试题的解法谈起	2015－10	18.00	197
闵科夫斯基定理——从一道清华大学自主招生试题谈起	2014－01	28.00	198
哈尔测度——从一道冬令营试题的背景谈起	2012－08	28.00	202
切比雪夫逼近问题——从一道中国台北数学奥林匹克试题谈起	2013－04	38.00	238
伯恩斯坦多项式与贝齐尔曲面——从一道全国高中数学联赛试题谈起	2013－03	38.00	236
卡塔兰猜想——从一道普特南竞赛试题谈起	2013－06	18.00	256
麦卡锡函数和阿克曼函数——从一道前南斯拉夫数学奥林匹克试题谈起	2012－08	18.00	201
贝蒂定理与拉姆贝克莫斯尔定理——从一个拣石子游戏谈起	2012－08	18.00	217
皮亚诺曲线和豪斯道夫分球定理——从无限集谈起	2012－08	18.00	211
平面凸图形与凸多面体	2012－10	28.00	218
斯坦因豪斯问题——从一道二十五省市自治区中学数学竞赛试题谈起	2012－07	18.00	196

刘培杰数学工作室

已出版(即将出版)图书目录——初等数学

书　　名	出版时间	定　价	编号
纽结理论中的亚历山大多项式与琼斯多项式——从一道北京市高一数学竞赛试题谈起	2012－07	28.00	195
原则与策略——从波利亚"解题表"谈起	2013－04	38.00	244
转化与化归——从三大尺规作图不能问题谈起	2012－08	28.00	214
代数几何中的贝祖定理(第一版)——从一道 IMO 试题的解法谈起	2013－08	18.00	193
成功连贯理论与约当块理论——从一道比利时数学竞赛试题谈起	2012－04	18.00	180
素数判定与大数分解	2014－08	18.00	199
置换多项式及其应用	2012－10	18.00	220
椭圆函数与模函数——从一道美国加州大学洛杉矶分校(UCLA)博士资格考题谈起	2012－10	28.00	219
差分方程的拉格朗日方法——从一道 2011 年全国高考理科试题的解法谈起	2012－08	28.00	200
力学在几何中的一些应用	2013－01	38.00	240
从根式解到伽罗华理论	2020－01	48.00	1121
康托洛维奇不等式——从一道全国高中联赛试题谈起	2013－03	28.00	337
西格尔引理——从一道第 18 届 IMO 试题的解法谈起	即将出版		
罗斯定理——从一道前苏联数学竞赛试题谈起	即将出版		
拉克斯定理和阿廷定理——从一道 IMO 试题的解法谈起	2014－01	58.00	246
毕卡大定理——从一道美国大学数学竞赛试题谈起	2014－07	18.00	350
贝齐尔曲线——从一道全国高中联赛试题谈起	即将出版		
拉格朗日乘子定理——从一道 2005 年全国高中联赛试题的高等数学解法谈起	2015－05	28.00	480
雅可比定理——从一道日本数学奥林匹克试题谈起	2013－04	48.00	249
李天岩－约克定理——从一道波兰数学竞赛试题谈起	2014－06	28.00	349
整系数多项式因式分解的一般方法——从克朗耐克算法谈起	即将出版		
布劳维不动点定理——从一道前苏联数学奥林匹克试题谈起	2014－01	38.00	273
伯恩赛德定理——从一道英国数学奥林匹克试题谈起	即将出版		
布查特－莫斯特定理——从一道上海市初中竞赛试题谈起	即将出版		
数论中的同余数问题——从一道普特南竞赛试题谈起	即将出版		
范·德蒙行列式——从一道美国数学奥林匹克试题谈起	即将出版		
中国剩余定理:总数法构建中国历史年表	2015－01	28.00	430
牛顿程序与方程求根——从一道全国高考试题解法谈起	即将出版		
库默尔定理——从一道 IMO 预选试题谈起	即将出版		
卢丁定理——从一道冬令营试题的解法谈起	即将出版		
沃斯滕霍姆定理——从一道 IMO 预选试题谈起	即将出版		
卡尔松不等式——从一道莫斯科数学奥林匹克试题谈起	即将出版		
信息论中的香农熵——从一道近年高考压轴题谈起	即将出版		
约当不等式——从一道希望杯竞赛试题谈起	即将出版		
拉比诺维奇定理	即将出版		
刘维尔定理——从一道《美国数学月刊》征解问题的解法谈起	即将出版		
卡塔兰恒等式与级数求和——从一道 IMO 试题的解法谈起	即将出版		
勒让德猜想与素数分布——从一道爱尔兰竞赛试题谈起	即将出版		
天平称重与信息论——从一道基辅市数学奥林匹克试题谈起	即将出版		
哈密尔顿－凯莱定理:从一道高中数学联赛试题的解法谈起	2014－09	18.00	376
艾思特曼定理——从一道 CMO 试题的解法谈起	即将出版		

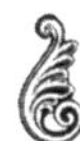

刘培杰数学工作室
已出版(即将出版)图书目录——初等数学

书　　名	出版时间	定　价	编号
阿贝尔恒等式与经典不等式及应用	2018－06	98.00	923
迪利克雷除数问题	2018－07	48.00	930
幻方、幻立方与拉丁方	2019－08	48.00	1092
帕斯卡三角形	2014－03	18.00	294
蒲丰投针问题——从 2009 年清华大学的一道自主招生试题谈起	2014－01	38.00	295
斯图姆定理——从一道"华约"自主招生试题的解法谈起	2014－01	18.00	296
许瓦兹引理——从一道加利福尼亚大学伯克利分校数学系博士生试题谈起	2014－08	18.00	297
拉姆塞定理——从王诗宬院士的一个问题谈起	2016－04	48.00	299
坐标法	2013－12	28.00	332
数论三角形	2014－04	38.00	341
毕克定理	2014－07	18.00	352
数林掠影	2014－09	48.00	389
我们周围的概率	2014－10	38.00	390
凸函数最值定理:从一道华约自主招生题的解法谈起	2014－10	28.00	391
易学与数学奥林匹克	2014－10	38.00	392
生物数学趣谈	2015－01	18.00	409
反演	2015－01	28.00	420
因式分解与圆锥曲线	2015－01	18.00	426
轨迹	2015－01	28.00	427
面积原理:从常庚哲命的一道 CMO 试题的积分解法谈起	2015－01	48.00	431
形形色色的不动点定理:从一道 28 届 IMO 试题谈起	2015－01	38.00	439
柯西函数方程:从一道上海交大自主招生的试题谈起	2015－02	28.00	440
三角恒等式	2015－02	28.00	442
无理性判定:从一道 2014 年"北约"自主招生试题谈起	2015－01	38.00	443
数学归纳法	2015－03	18.00	451
极端原理与解题	2015－04	28.00	464
法雷级数	2014－08	18.00	367
摆线族	2015－01	38.00	438
函数方程及其解法	2015－05	38.00	470
含参数的方程和不等式	2012－09	28.00	213
希尔伯特第十问题	2016－01	38.00	543
无穷小量的求和	2016－01	28.00	545
切比雪夫多项式:从一道清华大学金秋营试题谈起	2016－01	38.00	583
泽肯多夫定理	2016－03	38.00	599
代数等式证题法	2016－01	28.00	600
三角等式证题法	2016－01	28.00	601
吴大任教授藏书中的一个因式分解公式:从一道美国数学邀请赛试题的解法谈起	2016－06	28.00	656
易卦——类万物的数学模型	2017－08	68.00	838
"不可思议"的数与数系可持续发展	2018－01	38.00	878
最短线	2018－01	38.00	879

书　　名	出版时间	定　价	编号
幻方和魔方(第一卷)	2012－05	68.00	173
尘封的经典——初等数学经典文献选读(第一卷)	2012－07	48.00	205
尘封的经典——初等数学经典文献选读(第二卷)	2012－07	38.00	206

书　　名	出版时间	定　价	编号
初级方程式论	2011－03	28.00	106
初等数学研究(Ⅰ)	2008－09	68.00	37
初等数学研究(Ⅱ)(上、下)	2009－05	118.00	46,47

刘培杰数学工作室
已出版(即将出版)图书目录——初等数学

书　　名	出版时间	定　价	编号
趣味初等方程妙题集锦	2014－09	48.00	388
趣味初等数论选美与欣赏	2015－02	48.00	445
耕读笔记(上卷):一位农民数学爱好者的初数探索	2015－04	28.00	459
耕读笔记(中卷):一位农民数学爱好者的初数探索	2015－05	28.00	483
耕读笔记(下卷):一位农民数学爱好者的初数探索	2015－05	28.00	484
几何不等式研究与欣赏.上卷	2016－01	88.00	547
几何不等式研究与欣赏.下卷	2016－01	48.00	552
初等数列研究与欣赏・上	2016－01	48.00	570
初等数列研究与欣赏・下	2016－01	48.00	571
趣味初等函数研究与欣赏.上	2016－09	48.00	684
趣味初等函数研究与欣赏.下	2018－09	48.00	685
三角不等式研究与欣赏	2020－10	68.00	1197
新编平面解析几何解题方法研究与欣赏	2021－10	78.00	1426
火柴游戏	2016－05	38.00	612
智力解谜.第1卷	2017－07	38.00	613
智力解谜.第2卷	2017－07	38.00	614
故事智力	2016－07	48.00	615
名人们喜欢的智力问题	2020－01	48.00	616
数学大师的发现、创造与失误	2018－01	48.00	617
异曲同工	2018－09	48.00	618
数学的味道	2018－01	58.00	798
数学千字文	2018－10	68.00	977
数贝偶拾——高考数学题研究	2014－04	28.00	274
数贝偶拾——初等数学研究	2014－04	38.00	275
数贝偶拾——奥数题研究	2014－04	48.00	276
钱昌本教你快乐学数学(上)	2011－12	48.00	155
钱昌本教你快乐学数学(下)	2012－03	58.00	171
集合、函数与方程	2014－01	28.00	300
数列与不等式	2014－01	38.00	301
三角与平面向量	2014－01	28.00	302
平面解析几何	2014－01	38.00	303
立体几何与组合	2014－01	28.00	304
极限与导数、数学归纳法	2014－01	38.00	305
趣味数学	2014－03	28.00	306
教材教法	2014－04	68.00	307
自主招生	2014－05	58.00	308
高考压轴题(上)	2015－01	48.00	309
高考压轴题(下)	2014－10	68.00	310
从费马到怀尔斯——费马大定理的历史	2013－10	198.00	Ⅰ
从庞加莱到佩雷尔曼——庞加莱猜想的历史	2013－10	298.00	Ⅱ
从切比雪夫到爱尔特希(上)——素数定理的初等证明	2013－07	48.00	Ⅲ
从切比雪夫到爱尔特希(下)——素数定理100年	2012－12	98.00	Ⅲ
从高斯到盖尔方特——二次域的高斯猜想	2013－10	198.00	Ⅳ
从库默尔到朗兰兹——朗兰兹猜想的历史	2014－01	98.00	Ⅴ
从比勃巴赫到德布朗斯——比勃巴赫猜想的历史	2014－02	298.00	Ⅵ
从麦比乌斯到陈省身——麦比乌斯变换与麦比乌斯带	2014－02	298.00	Ⅶ
从布尔到豪斯道夫——布尔方程与格论漫谈	2013－10	198.00	Ⅷ
从开普勒到阿诺德——三体问题的历史	2014－05	298.00	Ⅸ
从华林到华罗庚——华林问题的历史	2013－10	298.00	Ⅹ

刘培杰数学工作室
已出版(即将出版)图书目录——初等数学

书　　名	出版时间	定　价	编号
美国高中数学竞赛五十讲.第1卷(英文)	2014－08	28.00	357
美国高中数学竞赛五十讲.第2卷(英文)	2014－08	28.00	358
美国高中数学竞赛五十讲.第3卷(英文)	2014－09	28.00	359
美国高中数学竞赛五十讲.第4卷(英文)	2014－09	28.00	360
美国高中数学竞赛五十讲.第5卷(英文)	2014－10	28.00	361
美国高中数学竞赛五十讲.第6卷(英文)	2014－11	28.00	362
美国高中数学竞赛五十讲.第7卷(英文)	2014－12	28.00	363
美国高中数学竞赛五十讲.第8卷(英文)	2015－01	28.00	364
美国高中数学竞赛五十讲.第9卷(英文)	2015－01	28.00	365
美国高中数学竞赛五十讲.第10卷(英文)	2015－02	38.00	366
三角函数(第2版)	2017－04	38.00	626
不等式	2014－01	38.00	312
数列	2014－01	38.00	313
方程(第2版)	2017－04	38.00	624
排列和组合	2014－01	28.00	315
极限与导数(第2版)	2016－04	38.00	635
向量(第2版)	2018－08	58.00	627
复数及其应用	2014－08	28.00	318
函数	2014－01	38.00	319
集合	2020－01	48.00	320
直线与平面	2014－01	28.00	321
立体几何(第2版)	2016－04	38.00	629
解三角形	即将出版		323
直线与圆(第2版)	2016－11	38.00	631
圆锥曲线(第2版)	2016－09	48.00	632
解题通法(一)	2014－07	38.00	326
解题通法(二)	2014－07	38.00	327
解题通法(三)	2014－05	38.00	328
概率与统计	2014－01	28.00	329
信息迁移与算法	即将出版		330
IMO 50年.第1卷(1959－1963)	2014－11	28.00	377
IMO 50年.第2卷(1964－1968)	2014－11	28.00	378
IMO 50年.第3卷(1969－1973)	2014－09	28.00	379
IMO 50年.第4卷(1974－1978)	2016－04	38.00	380
IMO 50年.第5卷(1979－1984)	2015－04	38.00	381
IMO 50年.第6卷(1985－1989)	2015－04	58.00	382
IMO 50年.第7卷(1990－1994)	2016－01	48.00	383
IMO 50年.第8卷(1995－1999)	2016－06	38.00	384
IMO 50年.第9卷(2000－2004)	2015－04	58.00	385
IMO 50年.第10卷(2005－2009)	2016－01	48.00	386
IMO 50年.第11卷(2010－2015)	2017－03	48.00	646

刘培杰数学工作室
已出版(即将出版)图书目录——初等数学

书　　名	出版时间	定　价	编号
数学反思(2006—2007)	2020—09	88.00	915
数学反思(2008—2009)	2019—01	68.00	917
数学反思(2010—2011)	2018—05	58.00	916
数学反思(2012—2013)	2019—01	58.00	918
数学反思(2014—2015)	2019—03	78.00	919
数学反思(2016—2017)	2021—03	58.00	1286
历届美国大学生数学竞赛试题集.第一卷(1938—1949)	2015—01	28.00	397
历届美国大学生数学竞赛试题集.第二卷(1950—1959)	2015—01	28.00	398
历届美国大学生数学竞赛试题集.第三卷(1960—1969)	2015—01	28.00	399
历届美国大学生数学竞赛试题集.第四卷(1970—1979)	2015—01	18.00	400
历届美国大学生数学竞赛试题集.第五卷(1980—1989)	2015—01	28.00	401
历届美国大学生数学竞赛试题集.第六卷(1990—1999)	2015—01	28.00	402
历届美国大学生数学竞赛试题集.第七卷(2000—2009)	2015—08	18.00	403
历届美国大学生数学竞赛试题集.第八卷(2010—2012)	2015—01	18.00	404
新课标高考数学创新题解题诀窍:总论	2014—09	28.00	372
新课标高考数学创新题解题诀窍:必修1～5分册	2014—08	38.00	373
新课标高考数学创新题解题诀窍:选修2—1,2—2,1—1,1—2分册	2014—09	38.00	374
新课标高考数学创新题解题诀窍:选修2—3,4—4,4—5分册	2014—09	18.00	375
全国重点大学自主招生英文数学试题全攻略:词汇卷	2015—07	48.00	410
全国重点大学自主招生英文数学试题全攻略:概念卷	2015—01	28.00	411
全国重点大学自主招生英文数学试题全攻略:文章选读卷(上)	2016—09	38.00	412
全国重点大学自主招生英文数学试题全攻略:文章选读卷(下)	2017—01	58.00	413
全国重点大学自主招生英文数学试题全攻略:试题卷	2015—07	38.00	414
全国重点大学自主招生英文数学试题全攻略:名著欣赏卷	2017—03	48.00	415
劳埃德数学趣题大全.题目卷.1:英文	2016—01	18.00	516
劳埃德数学趣题大全.题目卷.2:英文	2016—01	18.00	517
劳埃德数学趣题大全.题目卷.3:英文	2016—01	18.00	518
劳埃德数学趣题大全.题目卷.4:英文	2016—01	18.00	519
劳埃德数学趣题大全.题目卷.5:英文	2016—01	18.00	520
劳埃德数学趣题大全.答案卷:英文	2016—01	18.00	521
李成章教练奥数笔记.第1卷	2016—01	48.00	522
李成章教练奥数笔记.第2卷	2016—01	48.00	523
李成章教练奥数笔记.第3卷	2016—01	38.00	524
李成章教练奥数笔记.第4卷	2016—01	38.00	525
李成章教练奥数笔记.第5卷	2016—01	38.00	526
李成章教练奥数笔记.第6卷	2016—01	38.00	527
李成章教练奥数笔记.第7卷	2016—01	38.00	528
李成章教练奥数笔记.第8卷	2016—01	48.00	529
李成章教练奥数笔记.第9卷	2016—01	28.00	530

刘培杰数学工作室
已出版(即将出版)图书目录——初等数学

书　　名	出版时间	定　价	编号
第19～23届"希望杯"全国数学邀请赛试题审题要津详细评注(初一版)	2014－03	28.00	333
第19～23届"希望杯"全国数学邀请赛试题审题要津详细评注(初二、初三版)	2014－03	38.00	334
第19～23届"希望杯"全国数学邀请赛试题审题要津详细评注(高一版)	2014－03	28.00	335
第19～23届"希望杯"全国数学邀请赛试题审题要津详细评注(高二版)	2014－03	38.00	336
第19～25届"希望杯"全国数学邀请赛试题审题要津详细评注(初一版)	2015－01	38.00	416
第19～25届"希望杯"全国数学邀请赛试题审题要津详细评注(初二、初三版)	2015－01	58.00	417
第19～25届"希望杯"全国数学邀请赛试题审题要津详细评注(高一版)	2015－01	48.00	418
第19～25届"希望杯"全国数学邀请赛试题审题要津详细评注(高二版)	2015－01	48.00	419
物理奥林匹克竞赛大题典——力学卷	2014－11	48.00	405
物理奥林匹克竞赛大题典——热学卷	2014－04	28.00	339
物理奥林匹克竞赛大题典——电磁学卷	2015－07	48.00	406
物理奥林匹克竞赛大题典——光学与近代物理卷	2014－06	28.00	345
历届中国东南地区数学奥林匹克试题集(2004～2012)	2014－06	18.00	346
历届中国西部地区数学奥林匹克试题集(2001～2012)	2014－07	18.00	347
历届中国女子数学奥林匹克试题集(2002～2012)	2014－08	18.00	348
数学奥林匹克在中国	2014－06	98.00	344
数学奥林匹克问题集	2014－01	38.00	267
数学奥林匹克不等式散论	2010－06	38.00	124
数学奥林匹克不等式欣赏	2011－09	38.00	138
数学奥林匹克超级题库(初中卷上)	2010－01	58.00	66
数学奥林匹克不等式证明方法和技巧(上、下)	2011－08	158.00	134,135
他们学什么:原民主德国中学数学课本	2016－09	38.00	658
他们学什么:英国中学数学课本	2016－09	38.00	659
他们学什么:法国中学数学课本.1	2016－09	38.00	660
他们学什么:法国中学数学课本.2	2016－09	28.00	661
他们学什么:法国中学数学课本.3	2016－09	38.00	662
他们学什么:苏联中学数学课本	2016－09	28.00	679
高中数学题典——集合与简易逻辑·函数	2016－07	48.00	647
高中数学题典——导数	2016－07	48.00	648
高中数学题典——三角函数·平面向量	2016－07	48.00	649
高中数学题典——数列	2016－07	58.00	650
高中数学题典——不等式·推理与证明	2016－07	38.00	651
高中数学题典——立体几何	2016－07	48.00	652
高中数学题典——平面解析几何	2016－07	78.00	653
高中数学题典——计数原理·统计·概率·复数	2016－07	48.00	654
高中数学题典——算法·平面几何·初等数论·组合数学·其他	2016－07	68.00	655

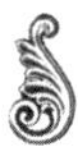

刘培杰数学工作室
已出版(即将出版)图书目录——初等数学

书　　名	出版时间	定　价	编号
台湾地区奥林匹克数学竞赛试题.小学一年级	2017—03	38.00	722
台湾地区奥林匹克数学竞赛试题.小学二年级	2017—03	38.00	723
台湾地区奥林匹克数学竞赛试题.小学三年级	2017—03	38.00	724
台湾地区奥林匹克数学竞赛试题.小学四年级	2017—03	38.00	725
台湾地区奥林匹克数学竞赛试题.小学五年级	2017—03	38.00	726
台湾地区奥林匹克数学竞赛试题.小学六年级	2017—03	38.00	727
台湾地区奥林匹克数学竞赛试题.初中一年级	2017—03	38.00	728
台湾地区奥林匹克数学竞赛试题.初中二年级	2017—03	38.00	729
台湾地区奥林匹克数学竞赛试题.初中三年级	2017—03	28.00	730
不等式证题法	2017—04	28.00	747
平面几何培优教程	2019—08	88.00	748
奥数鼎级培优教程.高一分册	2018—09	88.00	749
奥数鼎级培优教程.高二分册.上	2018—04	68.00	750
奥数鼎级培优教程.高二分册.下	2018—04	68.00	751
高中数学竞赛冲刺宝典	2019—04	68.00	883
初中尖子生数学超级题典.实数	2017—07	58.00	792
初中尖子生数学超级题典.式、方程与不等式	2017—08	58.00	793
初中尖子生数学超级题典.圆、面积	2017—08	38.00	794
初中尖子生数学超级题典.函数、逻辑推理	2017—08	48.00	795
初中尖子生数学超级题典.角、线段、三角形与多边形	2017—07	58.00	796
数学王子——高斯	2018—01	48.00	858
坎坷奇星——阿贝尔	2018—01	48.00	859
闪烁奇星——伽罗瓦	2018—01	58.00	860
无穷统帅——康托尔	2018—01	48.00	861
科学公主——柯瓦列夫斯卡娅	2018—01	48.00	862
抽象代数之母——埃米·诺特	2018—01	48.00	863
电脑先驱——图灵	2018—01	58.00	864
昔日神童——维纳	2018—01	48.00	865
数坛怪侠——爱尔特希	2018—01	68.00	866
传奇数学家徐利治	2019—09	88.00	1110
当代世界中的数学.数学思想与数学基础	2019—01	38.00	892
当代世界中的数学.数学问题	2019—01	38.00	893
当代世界中的数学.应用数学与数学应用	2019—01	38.00	894
当代世界中的数学.数学王国的新疆域(一)	2019—01	38.00	895
当代世界中的数学.数学王国的新疆域(二)	2019—01	38.00	896
当代世界中的数学.数林撷英(一)	2019—01	38.00	897
当代世界中的数学.数林撷英(二)	2019—01	48.00	898
当代世界中的数学.数学之路	2019—01	38.00	899

刘培杰数学工作室

已出版(即将出版)图书目录——初等数学

书　名	出版时间	定　价	编号
105 个代数问题:来自 AwesomeMath 夏季课程	2019—02	58.00	956
106 个几何问题:来自 AwesomeMath 夏季课程	2020—07	58.00	957
107 个几何问题:来自 AwesomeMath 全年课程	2020—07	58.00	958
108 个代数问题:来自 AwesomeMath 全年课程	2019—01	68.00	959
109 个不等式:来自 AwesomeMath 夏季课程	2019—04	58.00	960
国际数学奥林匹克中的 110 个几何问题	即将出版		961
111 个代数和数论问题	2019—05	58.00	962
112 个组合问题:来自 AwesomeMath 夏季课程	2019—05	58.00	963
113 个几何不等式:来自 AwesomeMath 夏季课程	2020—08	58.00	964
114 个指数和对数问题:来自 AwesomeMath 夏季课程	2019—09	48.00	965
115 个三角问题:来自 AwesomeMath 夏季课程	2019—09	58.00	966
116 个代数不等式:来自 AwesomeMath 全年课程	2019—04	58.00	967
117 个多项式问题:来自 AwesomeMath 夏季课程	2021—09	58.00	1409
紫色彗星国际数学竞赛试题	2019—02	58.00	999
数学竞赛中的数学:为数学爱好者、父母、教师和教练准备的丰富资源.第一部	2020—04	58.00	1141
数学竞赛中的数学:为数学爱好者、父母、教师和教练准备的丰富资源.第二部	2020—07	48.00	1142
和与积	2020—10	38.00	1219
数论:概念和问题	2020—12	68.00	1257
初等数学问题研究	2021—03	48.00	1270
数学奥林匹克中的欧几里得几何	2021—10	68.00	1413
数学奥林匹克题解新编	2022—01	58.00	1430
澳大利亚中学数学竞赛试题及解答(初级卷)1978～1984	2019—02	28.00	1002
澳大利亚中学数学竞赛试题及解答(初级卷)1985～1991	2019—02	28.00	1003
澳大利亚中学数学竞赛试题及解答(初级卷)1992～1998	2019—02	28.00	1004
澳大利亚中学数学竞赛试题及解答(初级卷)1999～2005	2019—02	28.00	1005
澳大利亚中学数学竞赛试题及解答(中级卷)1978～1984	2019—03	28.00	1006
澳大利亚中学数学竞赛试题及解答(中级卷)1985～1991	2019—03	28.00	1007
澳大利亚中学数学竞赛试题及解答(中级卷)1992～1998	2019—03	28.00	1008
澳大利亚中学数学竞赛试题及解答(中级卷)1999～2005	2019—03	28.00	1009
澳大利亚中学数学竞赛试题及解答(高级卷)1978～1984	2019—05	28.00	1010
澳大利亚中学数学竞赛试题及解答(高级卷)1985～1991	2019—05	28.00	1011
澳大利亚中学数学竞赛试题及解答(高级卷)1992～1998	2019—05	28.00	1012
澳大利亚中学数学竞赛试题及解答(高级卷)1999～2005	2019—05	28.00	1013
天才中小学生智力测验题.第一卷	2019—03	38.00	1026
天才中小学生智力测验题.第二卷	2019—03	38.00	1027
天才中小学生智力测验题.第三卷	2019—03	38.00	1028
天才中小学生智力测验题.第四卷	2019—03	38.00	1029
天才中小学生智力测验题.第五卷	2019—03	38.00	1030
天才中小学生智力测验题.第六卷	2019—03	38.00	1031
天才中小学生智力测验题.第七卷	2019—03	38.00	1032
天才中小学生智力测验题.第八卷	2019—03	38.00	1033
天才中小学生智力测验题.第九卷	2019—03	38.00	1034
天才中小学生智力测验题.第十卷	2019—03	38.00	1035
天才中小学生智力测验题.第十一卷	2019—03	38.00	1036
天才中小学生智力测验题.第十二卷	2019—03	38.00	1037
天才中小学生智力测验题.第十三卷	2019—03	38.00	1038

刘培杰数学工作室

已出版(即将出版)图书目录——初等数学

书　　名	出版时间	定　价	编号
重点大学自主招生数学备考全书:函数	2020—05	48.00	1047
重点大学自主招生数学备考全书:导数	2020—08	48.00	1048
重点大学自主招生数学备考全书:数列与不等式	2019—10	78.00	1049
重点大学自主招生数学备考全书:三角函数与平面向量	2020—08	68.00	1050
重点大学自主招生数学备考全书:平面解析几何	2020—07	58.00	1051
重点大学自主招生数学备考全书:立体几何与平面几何	2019—08	48.00	1052
重点大学自主招生数学备考全书:排列组合·概率统计·复数	2019—09	48.00	1053
重点大学自主招生数学备考全书:初等数论与组合数学	2019—08	48.00	1054
重点大学自主招生数学备考全书:重点大学自主招生真题.上	2019—04	68.00	1055
重点大学自主招生数学备考全书:重点大学自主招生真题.下	2019—04	58.00	1056
高中数学竞赛培训教程:平面几何问题的求解方法与策略.上	2018—05	68.00	906
高中数学竞赛培训教程:平面几何问题的求解方法与策略.下	2018—06	78.00	907
高中数学竞赛培训教程:整除与同余以及不定方程	2018—01	88.00	908
高中数学竞赛培训教程:组合计数与组合极值	2018—04	48.00	909
高中数学竞赛培训教程:初等代数	2019—04	78.00	1042
高中数学讲座:数学竞赛基础教程(第一册)	2019—06	48.00	1094
高中数学讲座:数学竞赛基础教程(第二册)	即将出版		1095
高中数学讲座:数学竞赛基础教程(第三册)	即将出版		1096
高中数学讲座:数学竞赛基础教程(第四册)	即将出版		1097
新编中学数学解题方法 1000 招丛书.实数(初中版)	即将出版		1291
新编中学数学解题方法 1000 招丛书.式(初中版)	即将出版		1292
新编中学数学解题方法 1000 招丛书.方程与不等式(初中版)	2021—04	58.00	1293
新编中学数学解题方法 1000 招丛书.函数(初中版)	即将出版		1294
新编中学数学解题方法 1000 招丛书.角(初中版)	即将出版		1295
新编中学数学解题方法 1000 招丛书.线段(初中版)	即将出版		1296
新编中学数学解题方法 1000 招丛书.三角形与多边形(初中版)	2021—04	48.00	1297
新编中学数学解题方法 1000 招丛书.圆(初中版)	即将出版		1298
新编中学数学解题方法 1000 招丛书.面积(初中版)	2021—07	28.00	1299
高中数学题典精编.第一辑.函数	2022—01	58.00	1444
高中数学题典精编.第一辑.导数	2022—01	68.00	1445
高中数学题典精编.第一辑.三角函数·平面向量	2022—01	68.00	1446
高中数学题典精编.第一辑.数列	2022—01	58.00	1447
高中数学题典精编.第一辑.不等式·推理与证明	2022—01	58.00	1448
高中数学题典精编.第一辑.立体几何	2022—01	58.00	1449
高中数学题典精编.第一辑.平面解析几何	2022—01	68.00	1450
高中数学题典精编.第一辑.统计·概率·平面几何	2022—01	58.00	1451
高中数学题典精编.第一辑.初等数论·组合数学·数学文化·解题方法	2022—01	58.00	1452

联系地址:哈尔滨市南岗区复华四道街 10 号　**哈尔滨工业大学出版社刘培杰数学工作室**

网　　址:http://lpj.hit.edu.cn/

邮　　编:150006

联系电话:0451—86281378　　13904613167

E-mail:lpj1378@163.com